AF458580

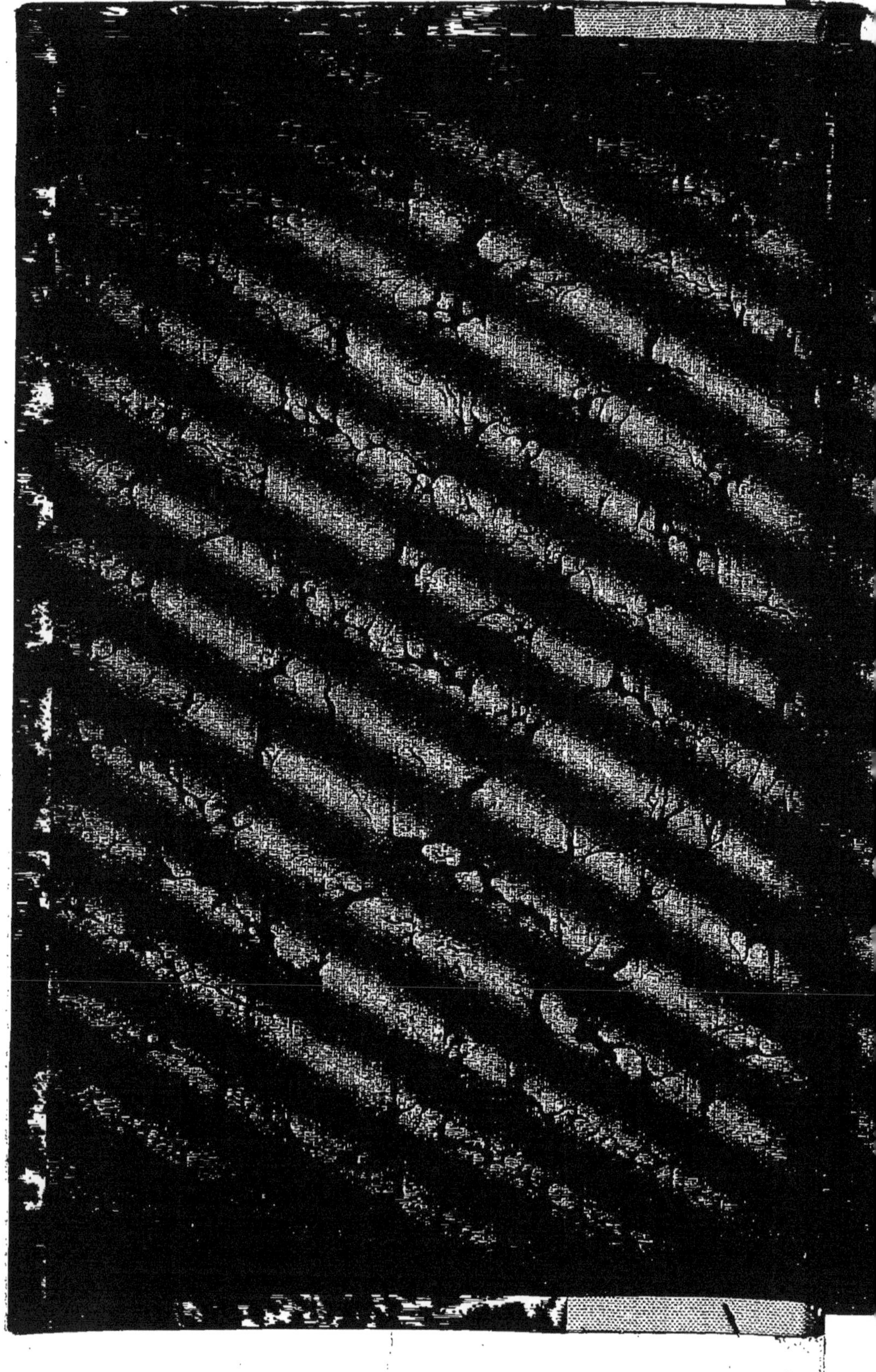

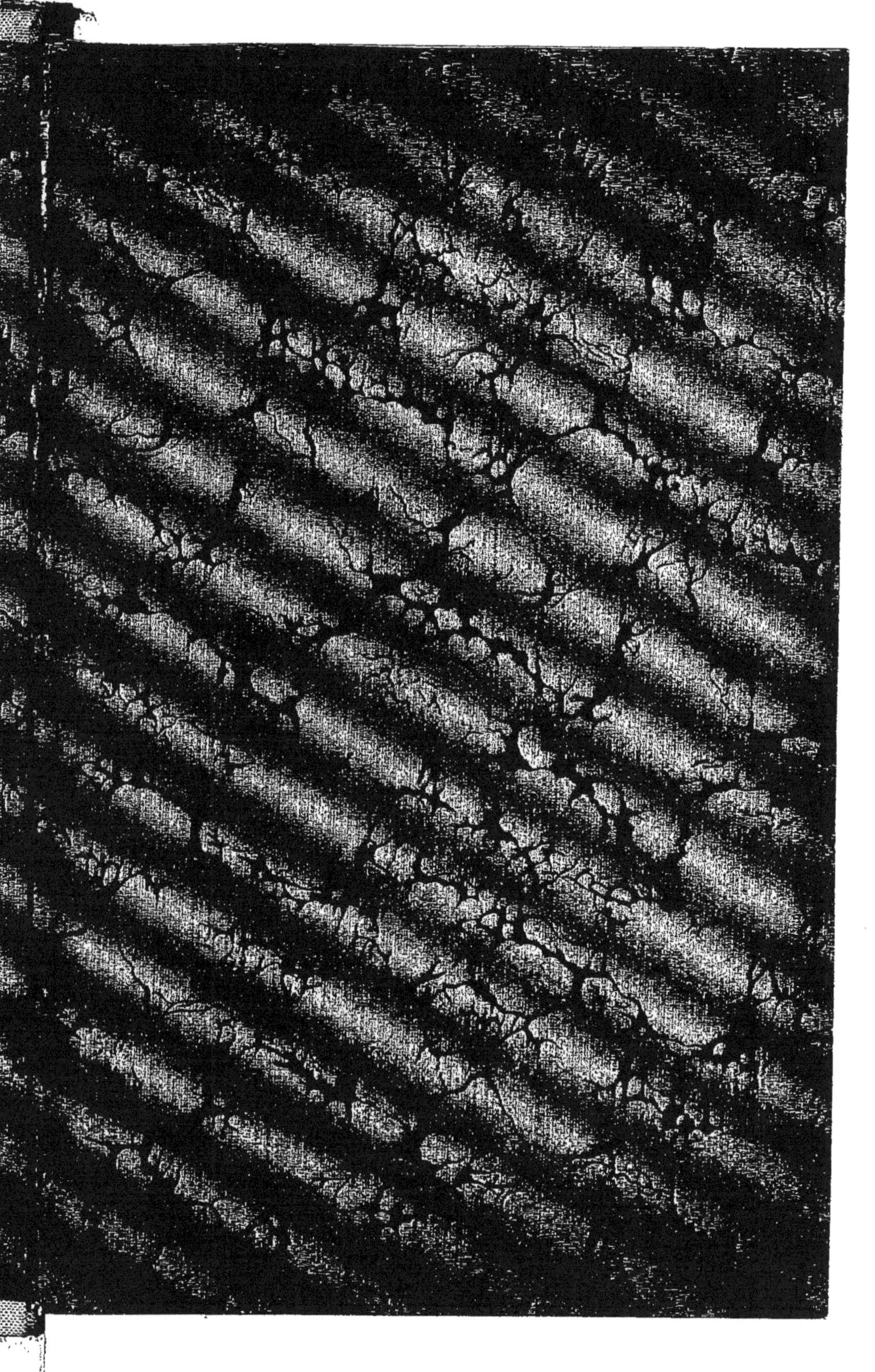

MARTIN REL.

EXERCICES D'ARITHMÉTIQUE

(PROBLÈMES ET THÉORÈMES)

ÉNONCÉS ET SOLUTIONS DÉVELOPPÉES DES QUESTIONS PROPOSÉES DANS LES DEUX OUVRAGES D'ARITHMÉTIQUE

À L'USAGE

DES ÉTABLISSEMENTS D'INSTRUCTION

DES ASPIRANTS AU BACCALAURÉAT ÈS SCIENCES ET AUX DIVERSES ÉCOLES DU GOUVERNEMENT

PAR

M. PH. ANDRÉ

TROISIÈME ÉDITION

REVUE ET CORRIGÉE

PARIS

LIBRAIRIE CLASSIQUE DE F.-E. ANDRÉ-GUÉDON

SUCCESSEUR DE MADAME VEUVE THIÉRIOT

[illegible]

EXERCICES

D'ARITHMÉTIQUE

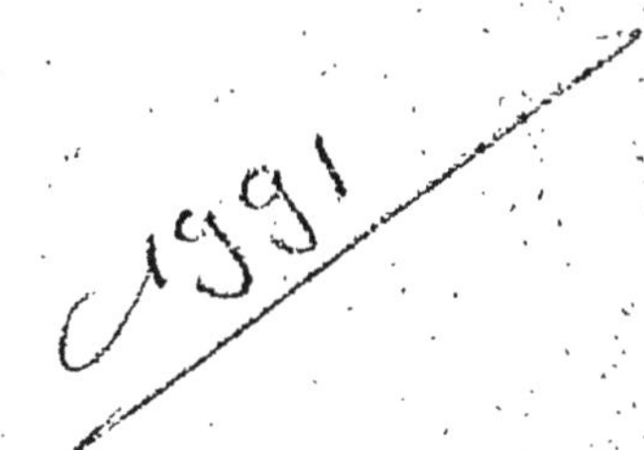

OUVRAGES DE M. PH. ANDRÉ

Nouveau Cours d'Arithmétique (nº 4), rédigé conformément aux programmes officiels de l'Enseignement secondaire classique et de l'Enseignement secondaire spécial, à l'usage des *Établissements d'Instruction*, des aspirants au baccalauréat ès sciences et aux Écoles du Gouvernement, contenant un très grand nombre de questions usuelles, résolues et à résoudre. *Sixième édit.* 1 v. in-8, br. 4 fr.

Éléments d'Arithmétique (nº 3), à l'usage de *toutes les institutions*, des aspirants au baccalauréat ès lettres, au brevet de capacité et aux élèves de 1re et de 2e année de l'Enseignement spécial contenant un très grand nombre de questions usuelles résolues et à résoudre. *Quatrième édition.* 1 vol. in-8, br. 3 fr.

Exercices d'Arithmétique (*Problèmes et Théorèmes*), ou énoncés et solutions développées des questions proposées dans le *Nouveau Cours d'Arithmétique* (nº 4) et dans les *Eléments* (nº 3), à l'usage des établissements d'instruction, des aspirants au baccalauréat ès sciences et aux diverses écoles du Gouvernement. *Deuxième édition.* 1 beau volume in-8, broché . . . . 5 fr.

Arithmétique à l'usage des Classes élémentaires. Ouvrage composé sur un plan tout à fait nouveau. *Cinquième édition*, 1 vol. in-12, cart . . 80 c.

Solutions des Exercices proposés dans l'Arithmétique, à l'usage des classes élémentaires. 1 vol. in-12, cartonné. . . . . 60 c.

Nouveau Cours de Géométrie, théorique et pratique, rédigé conformément aux nouveaux programmes officiels, à l'usage des établissements d'instruction, des aspirants au baccalauréat ès sciences et aux écoles du Gouvernement, contenant plus de 1100 problèmes résolus et à résoudre, trois Traités très complets : Levé des plans, Arpentage, Partage des terres, des Notions de Nivellement et un grand nombre de questions usuelles. *Onzième édition.* 1 magnifique vol. in-12 de 500 pages, cart. . . . . 4 fr.

Éléments de Géométrie, théorique et pratique, à l'usage de toutes les Institutions, contenant plus de 1000 problèmes résolus et à résoudre, trois Traités très complets : Levé des plans, Arpentage, Partage des terres, des Notions de Nivellement, le Cubage des bois, le Jaugeage des tonneaux, etc. *Dixième édition.* 1 très beau vol. in-12 de plus de 400 pages, cart.. . . . . 3 fr.

Exercices de Géométrie (*Problèmes et Théorèmes*), énoncés et solutions développées des questions proposées dans les deux ouvrages de Géométrie, à l'usage des *Etablissements d'Instruction*, des aspirants au baccalauréat ès sciences et aux Écoles du Gouvernement. *Cinquième édition.* 1 fort vol. in-8, broché. . . 6 fr.

Nouveau Cours complet d'Algèbre élémentaire (nº 4), conforme au programme de l'enseignement classique, à l'usage des *Établissements d'instruction*, des aspirants au baccalauréat ès sciences et aux diverses Écoles du Gouvernement, contenant un très grand nombre d'exercices. *Troisième édition, revue et corrigée.* 1 volume in-8, broché . . . . 4 fr.

Éléments d'Algèbre (nº 3), à l'usage des aspirants au baccalauréat ès lettres et de tous les *Etablissements d'Instruction*, contenant un très grand nombre d'exercices. *Deuxième édition, revue et corrigée.* 1 vol. in-8, br. . . . 3 fr.

Cours d'Algèbre de l'enseignement spécial, à l'usage des établissements d'instruction, des aspirants au diplôme d'études et de toutes les personnes qui désirent connaître la théorie mathématique de la plupart des grandes opérations financières, contenant un grand nombre d'exercices. *Deuxième édit.* 1 v. in-8, br. 4 fr.

Exercices d'Algèbre (*Problèmes et Théorèmes*), énoncés et solutions développées des questions proposées dans les Algèbres (nº 4 et nº 3), ainsi que dans le Cours de l'enseignement spécial à l'usage des *Etablissements d'Instruction*, des aspirants au baccalauréat ès sciences et aux Écoles du Gouvernement. 1 vol. in-8, br. 6 fr.

Algèbre Élémentaire, théorique et pratique, à l'usage des Écoles professionnelles, des Pensionnats et des Écoles normales. *Neuvième édition.* 1 vol. in-12. cartonné. . . . . 1 fr. 60

Nouveau Cours d'Exercices et de Problèmes d'Algèbre, ou énoncés et solutions développées des questions proposées dans l'Algèbre élémentaire. *Cinquième édition.* 1 vol. in-12, broché. . . . . 1 fr. 60

Nouveau Cours de Trigonométrie, d'après le programme officiel, contenant un grand nombre d'exercices résolus et à résoudre. *Quatrième édition.* 1 volume in-8, broché. . . . . 2 fr.

Paris. — Imp. E. Capiomont et V. Renault, 6, rue des Poitevins.

EXERCICES
D'ARITHMÉTIQUE

(PROBLÈMES ET THÉORÈMES)

ÉNONCÉS ET SOLUTIONS DÉVELOPPÉES DES QUESTIONS PROPOSÉES
DANS LES DEUX OUVRAGES D'ARITHMÉTIQUE

A L'USAGE

DES ÉTABLISSEMENTS D'INSTRUCTION
DES ASPIRANTS AU BACCALAURÉAT ÈS SCIENCES ET AUX
DIVERSES ÉCOLES DU GOUVERNEMENT

PAR

M. PH. ANDRÉ

TROISIÈME ÉDITION
REVUE ET CORRIGÉE

PARIS
LIBRAIRIE CLASSIQUE DE F.-E. ANDRÉ GUÉDON
SUCCESSEUR DE MADAME VEUVE THIÉRIOT
15, rue Séguier, 15

PRÉFACE

La bienveillance accordée à tous nos ouvrages, nous impose le devoir de chercher, de plus en plus, à les rendre dignes de la faveur qu'ils rencontrent partout.

Ce recueil a donc été composé avec la plus scrupuleuse attention. Nous n'avons pas cru devoir nous limiter à de nombreuses et minutieuses recherches, nous avons en outre consulté des hommes *spéciaux*, qui se sont toujours empressés de se mettre à notre disposition. Aussi, ce volume contient-il de précieuses notions sur l'*agriculture*, l'*économie domestique*, le *commerce*, l'*industrie en général*, la *physique*, la *chimie*, la *mécanique*, la *cosmographie*, etc, etc. Toutes les questions d'*intérêt* et d'*escompte*, toutes les questions de Bourse (*rentes sur l'État, actions, obligations*), ont été traitées avec la plus grande simplicité. Enfin, les intéressantes questions d'*assurances sur la vie* ont rarement reçu, dans un ouvrage classique, des développements aussi pratiques.

On sait qu'il existe des données très-variables, par exemple, celles qui sont relatives aux prix des divers combustibles, des denrées alimentaires, etc. Ainsi, le prix de la houille et du coke a plus que doublé dans l'année 1872, et par le fait celui du charbon a considérablement augmenté. Nous avons choisi alors une moyenne pour toute donnée variable ; mais pour les autres, rien n'a été pris au hasard : nous avons constamment cherché à nous mettre en harmonie avec la réalité des faits.

Toutes les notions, aussi utiles qu'instructives, renfermées dans nos exercices, sont complétées par de nombreuses notes qui font, de notre ouvrage, *un livre à part*.

Nous dirons, d'ailleurs, que nous nous sommes attaché à traiter chaque question avec toute la clarté et toute la précision désirables.

EXERCICES
D'ARITHMÉTIQUE
(PROBLÈMES ET THÉORÈMES).

EXERCICES SUR LES QUATRE OPÉRATIONS

1. *Une personne qui a une rente annuelle de* 2 490 *fr., veut consacrer* 300 *fr. chaque année en bonnes œuvres. Combien peut-elle en moyenne dépenser par jour ?*

Cette personne aura à dépenser par an 2 490f — 300 = 2 190f.
Elle pourra par conséquent dépenser par jour 2 190 : 365 ou 6f.

2. *Un marchand de vin a besoin de réaliser* 1 250 *fr. Combien doit-il vendre d'hectolitres à* 25 *fr. l'un pour obtenir cette somme, et avoir encore* 400 *fr. à sa disposition?*

Ce marchand doit réaliser en tout 1 250 + 400 ou 1 650f.
Pour obtenir cette somme il doit donc vendre un nombre d'hectolitres égal à 1 650 : 25 ou 66 hectolitres.

3. *Un train parcourant en moyenne* 32 *kilomètres par heure est sorti de Paris à* 11 *heures du soir, et il est arrivé à Lyon à* 3 *heures du soir le lendemain. Quelle est la distance de Paris à Lyon?*

De 11 heures du soir à 3 heures du soir le lendemain il y a 16 heures ; la distance parcourue est donc égale à 32 × 16 ou 512km : telle est la distance de Paris à Lyon.

4. *On emploie en France environ* 36 000 *kilogrammes de phosphore pour la fabrication des allumettes;* 24 000 *kilogrammes sont employés à d'autres usages ou exportés. A combien de kilogrammes s'élève la production annuelle du phosphore en France, et quelle somme représente-t-elle si le kilogramme est estimé* 8 *fr.?*

La production annuelle s'élève à 36 000 + 24 000 = 60 000kg.
Cette production représente une somme égale à 8 × 60 000 = 480 000 fr.

5. *Le volume du soleil est égal à 1 280 000 fois environ le volume de la terre; celui de la terre est 50 fois plus considérable que celui de la lune. Combien le volume du soleil vaut-il de fois le volume de la lune?*

Il est facile de voir que le volume du soleil vaut le volume de la lune un nombre de fois égal à

$$1\,280\,000 \times 50 = 64\,000\,000 \text{ fois le volume de la lune.}$$

6. *Un cultivateur vend au marché 32 quintaux de blé à 25 fr. le quintal, et 12 quintaux d'avoine à 16 fr. l'un. Il dépense 128 fr. en acquisitions et frais de voyage. Il est parti au marché avec 30 fr. Combien doit-il rapporter?*

	Recettes	Dépenses
1° 12 quintaux à 25^{f}.	800^{f}	
2° 16 — à 12.	192	
3° Il a emporté	30	
4° Il dépense.		128^{f}
	$1\,022^{f}$ — 128 = 894.	

Le cultivateur doit rapporter 894^{f}.

7. *Démontrer que si à la somme de deux nombres, on ajoute leur différence, on obtient le double du plus grand, et que si on retranche cette différence, on obtient le double du plus petit.*

1° Ce qui manque au plus petit nombre pour égaler le plus grand est précisément la différence; donc si on l'ajoute à la somme, c'est-à-dire au plus grand nombre augmenté du plus petit, on aura 2 fois le plus grand.

2° La somme se compose évidemment de 2 fois le plus petit nombre augmenté de la différence des deux nombres : donc si de la somme on retranche la différence, le reste exprimera 2 fois le plus petit nombre.

8. *Un propriétaire a deux vergers qui renferment ensemble 320 pieds d'arbres. Il y a 60 arbres de plus dans l'un que dans l'autre : combien y en a-t-il dans chacun?*

Si de 320 on retranche 60, il est évident que le reste 260 exprime 2 fois le nombre d'arbres du verger qui en contient le moins : il y a par conséquent dans ce verger 260 : 2 ou 130 arbres, et dans l'autre 130 + 60 ou 190 arbres.

9. *Quel est le nombre qui, divisé par 56, donne 728 pour quotient et 4 pour reste?*

Il est évident que ce nombre est égal à

$$56 \times 728 + 4 = 40\,772.$$

10. *On compte environ un décès par an pour 41 habitants et une naissance pour 35. Sur combien de décès et combien de naissances peut-on compter annuellement dans une ville de 86 100 habitants? De combien la population s'est-elle accrue au bout de l'année?*

Le nombre des décès par an peut être évalué à 86 100 : 41 = 2 100.

Celui des naissances à 86 100 : 35 = 2 460. La population peut donc s'accroître par an de 2 460 — 2 100, ou de 360 habitants.

11. *Un ouvrier gagne 5 fr. par jour, sa femme 2 fr. et son jeune fils 1 fr. Combien leur faudra-t-il de jours pour gagner 880 fr.? et au bout de ce temps, combien chacun aura-t-il gagné?*

On gagne chaque jour dans cette famille 5 + 2 + 1 = 8 fr. Pou gagner 880 fr., il faudra un nombre de jours égal à 880 : 8 = 110 jours.

Le père aura gagné pendant ce temps	5 × 110 = 550f
La mère — — —	2 × 110 = 220
Le fils — — —	1 × 110 = 110
	880f

12. *Le houblon en plein rapport produit année ordinaire, 900 kilogrammes de cônes secs et 9 000 kilogrammes de litière par hectare. Combien vaut cette récolte, le kilogramme de cônes secs se payant 2 fr. et les 100 kilog. de litière 1 fr.?*

1° Valeur des cônes secs :	2 × 900 = 1 800
2° Valeur de la litière	1 × 90 = 90
Valeur de la récolte.	1 890f

13. *Le blé richelle blanche demande par hectare 220 litres, lorsqu'on sème en lignes, et 320 litres lorsqu'on sème à la volée. Quelle est la valeur de la semence qu'on peut économiser en semant 15 hectares en lignes, au lieu de semer à la volée? On estime 4 fr. le double-décalitre, ou 20 litres.*

Différence par hectare : 320l — 220 = 100 litres ou 5 doubles-décalitres;

Pour 15 hectares, la différence sera 5 × 15 = 75 doubles-décalitres

La valeur de ce blé est égale à 4 × 75 = 300f.

14. *Un hectare de bon terrain produit, année ordinaire, 30 000 kilogrammes de betterave à sucre. Combien vaut cette récolte*

à 16 fr. les 1 000 kilogrammes? 25 kilogrammes de betterave donnant en moyenne 1 kilog. de sucre. Combien fera-t-on de kilogrammes de sucre avec cette récolte ? Enfin si les 100 kilogrammes de sucre valent 160 fr., quelle somme cette récolte représentera-t-elle transformée en sucre ?

1° La récolte des betteraves vaut $16 \times 30 = 480^f$.
2° La quantité de sucre sera égale à $30\,000 : 25 = 1\,200^{kg}$.
3° Cette récolte transformée en sucre vaudra $160 \times 12 = 1\,920^f$.

15. *Deux ouvriers travaillent ensemble : le premier gagne 1 fr. par jour de plus que le second. Après avoir travaillé chacun le même nombre de jours, le premier reçoit 96 fr. et le second 72 fr. On demande ce que chaque ouvrier gagnait par jour.*

Rép. 4 fr. et 3 fr.

La différence des salaires est 96 — 72 ou 24^f. Puisque le premier gagne par jour 1 fr. de plus que le second, la différence 24 fr. a été gagnée en 24 jours. Le premier ouvrier gagnait donc 96 : 24 ou 4 fr. par jour, et le second 72 : 24 ou 3 fr. par jour.

16. *Un ouvrier a pu placer 35 fr. par mois à la Caisse d'Epargne pendant les 11 premiers mois de l'année et 20 fr. le dernier mois. Dans son année, il a dépensé pour sa nourriture, son logement, etc., une somme de 1 095 fr. On demande : 1° combien il a gagné par jour pendant les 300 jours qu'il a travaillé ; 2° combien il a dépensé en moyenne par jour?*

Il a gagné en tout :

$$1\,095^f + 35 \times 11 + 20 = 1\,500^f.$$

Cet ouvrier a donc gagné $1\,500^f$ en 300 jours, ce qui fait 5 fr. par jour.

Sa dépense quotidienne a été de $1\,095 : 365 = 3^f$.

17. *Quel est le nombre qui, divisé par 8, donne un quotient tel qu'en le retranchant de 104, on trouve 40 pour reste?*

Le quotient retranché de 104 donne 40 pour reste; donc 104 — 40 égale le quotient ou 64 ; et $64 \times 8 = 512$, nombre cherché.

18. *Il y a dans une ferme 6 chevaux, 8 bœufs, 12 vaches et 50 moutons. En moyenne, un cheval produit 15^{mc} de fumier par an, un bœuf ou une vache 11^{mc}, et un mouton 1^{mc}. Quel sera, dans ces conditions, le poids du fumier produit dans la ferme pendant une année, on sait d'ailleurs que le mètre cube de fumier pèse 800 kilogrammes?*

Les 6 chevaux produiront un nombre de mètres cubes de fumier égal à . . . . $15 \times 6 = 90^{mc}$.
Les 20 vaches produiront $11 \times 20 = 220$
Les 50 moutons — $1 \times 50 = 50$

Ce qui fait un total de. . . . . 360^{mc} de fumier
Le poids de ce fumier sera égal à $800 \times 360 = 288\,000^{kg}$.

19. *Le physicien français, Léon Foucault, a trouvé, en* 1865, *que la lumière parcourt* 298 000 *kilomètres par seconde. On demande en lieues de 4 kilomètres, la distance de la terre au soleil; on sait d'ailleurs que la lumière du soleil nous arrive en* 8 *minutes* 18 *secondes.*

Rép. 37 101 000 lieues.

1 minute égale 60 secondes; et 8 minutes 18 secondes égalent $60 \times 8 + 18 = 498$ secondes.
La distance du soleil à la terre est donc égale à $298\,000 \times 498 = 148\,404\,000$ kilomètres.
La distance en lieues de 4^{km} sera par conséquent égale à
$148\,404\,000 : 4 = 37\,101\,000$ lieues.

20. *Un négociant a acheté* 600 *hectolitres de vin à* 19 *fr. l'un, et* 460 *hectolitres à* 25 *fr. l'un; les frais de transport et autres s'élèvent à 4 fr. par hectolitre. Combien ce négociant a-t-il revendu l'hectolitre du mélange; on sait qu'il a gagné* 2 540 *fr. sur le tout?*

Rép. 28 fr

Prix des 600 hectolitres : $19 \times 600 = 11\,400$
Prix des 460 hectolitres : $25 \times 460 = 11\,500$
Frais de transport et autres $(600 + 460) \times 4 = 4\,240$
Gain. . . . . $= 2\,540$

Les 1 060 hectol. doivent être revendus $29\,680^{f}$.
Le négociant doit revendre 1 hectol, $29\,680 : 1\,060 = 28^{f}$.

21. *Un père de famille a deux fils qui travaillent avec lui : le père, qui est un bon ouvrier, gagne* 5 *fr. par jour, le fils aîné* 4 *fr. et le plus jeune* 3 *fr. On dépense dans cette famille* 650 *fr. par an pour les vêtements, et, en moyenne,* 6 *fr. par jour, pour les vivres et autres frais. En comptant* 300 *jours de travail dans l'année, quelle économie peut-on faire annuellement dans cette famille ?*

Rép. 760^{f}.

Le père et les deux fils gagnent ensemble par jour $5 + 4 + 3 = 12^{f}$.
En 300 jours de travail ils gagneront $12 \times 300 = 3\,600^{f}$.

Dépenses. Pour les vêtements 650f
Vivres et autres frais 6 fr. par jour, pour
365 jours : $6 \times 365 =$ 2 190
2 840f

Economie annuelle : $3\,600 - 2\,840 = 760^f$.

22. *Un éleveur paye une certaine somme le droit de faire paître 28 bœufs dans un pré pendant 5 mois ; mais, 45 jours après, il ajoute 7 bœufs. Combien de temps peut-il encore laisser les 35 bœufs pour la même somme?*

RÉP. 84 jours.

Les 28 bœufs peuvent encore paître pendant 5 mois moins 45 jours, c'est-à-dire pendant 105 jours ; 1 bœuf pourrait paître pendant 105 jours $\times 28$ ou 2 940 jours. Les 35 bœufs pourront paître pendant un temps 35 fois moindre, ou pendant $2\,940 : 35 = 84$ jours.

23. *Une personne paye 103 fr. avec 29 pièces, tant de 2 fr. que de 5 fr. Combien donne-t-elle de pièces de chaque espèce?*

RÉP. 15 pièces de 5 fr. et 14 de 2 fr.

Si cette personne n'employait que des pièces de 2 fr., elle ne payerait que 58 fr. La différence est $103 - 58 = 45$. Or, en remplaçant une pièce de 2 fr. par une de 5 fr. la différence diminue de $5 - 2$ ou 3. Comme la différence doit diminuer de 45, la personne a dû donner $45 : 3$ ou 15 pièces de 5 fr., et par conséquent 14 de 2 fr.

24. *La distance de Paris à Lyon est de 512 kilom. L'express, parti de Lyon à 11^h du matin, fait 40 kilom. par heure ; un train omnibus, sorti de Paris à 1^h du soir, se rendant à Lyon, fait 32 kilom. à l'heure. A quelle heure et à quelle distance de chaque ville la rencontre aura-t-elle lieu?*

RÉP. 7 h. du soir ; à 192^{km} de Paris et à 320^{km} de Lyon.

Avant le départ du train omnibus l'express a déjà fait 40×2 ou 80^{km}. Il reste donc à faire $512 - 80 = 432^{km}$.

Par heure les deux trains font ensemble $40 + 32 = 72^{km}$. Pour faire 432^{km}, il leur faudra un nombre d'heures égal à $432 : 72 = 6$.

La rencontre aura donc lieu à $1 + 6$ ou 7 heures du soir.
On sera à une distance de Paris égale à $32 \times 6 = 192^{km}$.
Et à une distance de Lyon égale à $40 \times 8 = 320$
512^{km}.

25. *En revendant une propriété 3 740 fr., on a gagné le 10e du prix d'achat. Combien a-t-on gagné, et quel est le prix d'achat?*

3 740f = le prix d'achat plus le gain = 10 fois le gain plus 1 fois ou 11 fois le gain; par conséquent le gain

= 3 740 : 11 = 340f

et le prix d'achat = 340 × 10 = 3 400

Prix de vente. . . . 3 740f

26. *Trouver 3 nombres tels que la somme du 1er et du 2e soit 55; celle du 2e et du 3e, 45, et enfin celle du 1er et du 3e, 40.*

Rép. 15, 25, 30.

L'énoncé donne

1er + 2e = 55
2e + 3e = 45
1er + 3e = 40

En faisant la somme, on a

2 fois le 1er + 2 fois le 2e + 2 fois le 3e = 55 + 45 + 40 = 140
1 fois le 1er + 1 fois le 2e + 1 fois le 3e = 70

Donc
3e = 70 − 55 = 15
1er = 70 − 45 = 25
2e = 70 − 40 = 30

27. *On coule dans une usine 480 pièces en fonte; les unes pèsent 12 kilog. et les autres 20 kilog.; le poids total des 480 pièces est 7 520 kilog. On demande le nombre de pièces de chaque espèce?*

Rép. 220 pièces de 20kg et 260 de 12kg.

S'il n'y avait que des pièces de 12kg le poids de ces pièces serait 12 × 480 = 5 760kg. Pour atteindre le poids donné, il faut augmenter ce poids de 7 520 − 5 760 = 1 760kg.

Or, chaque fois qu'on remplace une pièce de 12kg par une de 20, le poids augmente de 8kg. Il faut par conséquent faire un nombre de substitutions égal à 1 760 : 8 = 220. Il y aura donc 220 pièces de 20kg et 480 − 220 = 260 de 12kg.

28. *Une montre avance de 1h 12m par jour. Elle a été mise à l'heure à midi. Quelle sera l'heure exacte le lendemain matin quand elle marquera 7 heures?*

Quand la montre marque 7 heures du matin, elle a parcouru depuis midi 19 fois 60 divisions. D'ailleurs, d'après l'énoncé, dans 24 heures elle parcourt 24 fois 60 divisions plus 72 ou 1 512. On peut donc dire : Sur 1 512 divisions la montre avance de 72 divisions ou minutes.

Sur 1, elle avance de $\frac{72}{1\,512}$.

Sur 1 140, $\frac{72 \times 1\,140}{1\,512} = 54^m 17^s$.

Donc, quand la montre marque 7 heures, il est $7^h - 54^m 17^s$ ou $6^h 5^m 43^s$.

29. *La somme de deux nombres est* 360 *et leur quotient* 5 *: on demande ces deux nombres?*

360 = le plus grand nombre plus le plus petit. Or, le plus grand contient 5 fois le plus petit ; donc 360 contient 6 fois le plus petit. Par conséquent le plus petit nombre = 360 : 6 = 60
et le plus grand = $60 \times 5 = 300$

30. *La différence de deux nombres est* 493, *et leur quotient* 30. *On demande ces deux nombres.*

Le plus grand nombre contient 30 fois le plus petit ; or, la différence c'est le plus grand diminué de 1 fois le plus petit ; donc 493 contient 29 fois le plus petit nombre, qui est par conséquent

493 : 29 = 17

Le plus grand est $17 \times 30 = 510$

31. *Le plus grand de deux nombres est* 380 *: en retranchant* 180 *de l'un et* 160 *de l'autre, on obtient* 240 *pour la somme des restes. On demande le plus petit nombre.*

La somme des nombres = 180 + 160 + 240 = 580
Le plus petit nombre = 580 — 380 = 200

32. *Le produit de deux nombres est* 180, *si l'on augmente le plus petit de ces nombres de* 3 *unités, on obtient* 225 *pour leur nouveau produit. Quels sont ces nombres?*

La différence entre les deux produits ou 45, vaut évidemment 3 fois le plus grand nombre. Ce nombre est donc 45 : 3 ou 15, et le plus petit 12.

33. *Le quotient de deux nombres est* 4, *le reste de leur division est* 76 *: trouver chacun des deux nombres, leur différence étant* 430 ?

RÉP. 118 et 548.

Le quotient des deux nombres étant 4 et le reste 76 ; le plus grand nombre égale 4 fois le plus petit plus 76, donc leur différence 430 contient 3 fois le plus petit plus 76. Si donc on retranche 76 de 430 le reste 354 sera égal à 3 fois le plus petit nombre : ce dernier est donc 118, et le plus grand $118 \times 4 + 76 = 548$.

34. *Démontrer que, si on multiplie la somme de deux nombres par leur différence, on obtient pour produit la différence de leurs carrés.*

Soient, en effet, les nombres 7 et 4. Leur somme est 7 + 4, et leur différence est 7 — 4. Il s'agit par conséquent d'effectuer le produit de 7 + 4 par 7 — 4.

$$\begin{array}{r} 7+4 \\ 7-4 \\ \hline 7\times7+4\times7 \qquad\qquad \\ -7\times4 \qquad\qquad \\ -4\times4 \\ \hline 7\times7 \qquad\qquad -4\times4 \end{array}$$

Il est évident que le produit de 7 + 4 par 7 est $7\times7+4\times7$. Or, on n'avait pas à multiplier 7 + 4 par 7, mais seulement par 7 — 4 ou par 3. Du produit trouvé $7\times7+4\times7$, il faut donc retrancher 4 fois (7 + 4), ou le produit de 7 + 4 par 4, lequel produit est égal à $7\times4+4\times4$. Le produit exact est donc égal à

$$7\times7+4\times7-7\times4-4\times4=7\times7-4\times4 \quad \text{C. q. f. d.}$$

35. *Les deux facteurs d'un produit sont égaux : que devient ce produit, si l'on augmente l'un des facteurs d'une unité, et si l'on diminue l'autre également d'une unité?*

Le 1er produit est $M\times M=M^2$. Le second produit $(M+1)\times(M-1)=M^2-1$. (Exercice 34).

Le second produit contient donc une unité de moins que le 1er.

36. *Un volume in-8 (16 pages par feuille) de 24 feuilles d'impression renferme 52 n à la ligne (en moyenne 52 lettres par ligne) et 44 lignes à la page. On demande combien ce volume ferait de feuilles, format in-12 (24 pages par feuille), de 30 n à la ligne et de 36 lignes à la page?*

RÉP. 34 environ.

Le volume in-8 contient un nombre de pages égal à

$16\times24=384$ pages.

Un nombre de lignes égal à $44\times384=16\,896$ lignes.

Un nombre de lettres égal à $52\times16\,896=878\,592$ lettres.

Le volume in-12 contient par page un nombre de lettres égal à

$30\times36=1\,080$ lettres.

Par feuille un nombre de

lettres égal à $24\times1\,080=25\,920$ lettres.

Le volume format in-12 fera donc un nombre de feuilles égal à

$878\,592 : 25\,920=33$ feuilles.

Mais comme il reste 23 232 lettres, c'est la valeur de plus de 21 pages.

Il faut par conséquent porter le nombre de feuilles à 34.

37. *On a acheté trois objets : le premier augmenté de la moitié du prix des deux autres, a coûté 129 fr. ; le second augmenté de la moitié du prix des deux autres, 151 fr. ; enfin le troisième augmenté également de la moitié du prix des deux autres, 144 fr. On demande le prix de chaque objet.*

RÉP. 46 fr.; 90 fr.; 76 fr.

Il est facile de voir que la somme 129 + 151 + 144 ou 424ᶠ vaut 2 fois le prix des trois objets. Le prix des trois objets est par conséquent 424 : 2 ou 212ᶠ. D'autre part, si l'on double 129, le produit 258 exprime 2 fois le prix du 1ᵉʳ objet, plus le prix du second et du 3ᵉ. Si donc de 258 on retranche 212, la différence 46 sera le prix du premier objet. De même en retranchant 212 de 2 fois 151 ou de 302, on obtient 90 fr. pour le prix du second. En procédant de même, on trouve 76 fr. pour le prix du 3

Vérification
$$46 + 45 + 38 = 129$$
$$90 + 23 + 38 = 151$$
$$76 + 23 + 45 = 144$$

38. *Un père a 30 ans de plus que son fils, et dans 4 ans l'âge du père sera quadruple de l'âge du fils. Quel est l'âge du père et du fils?*

RÉP. 36 ans ; 6 ans.

Dans 4 ans le père doit avoir 4 fois l'âge du fils ; mais il est évident que la différence des âges sera toujours 30 ans. Donc 30 ans exprime 3 fois l'âge du fils dans 4 ans ; donc dans 4 ans il aura 10 ans. Son âge actuel est 6 ans, et le père a 6 + 30 ou 36 ans.

39. *Un père a 41 ans, et son fils 5. Dans combien d'années l'âge du père ne vaudra-t-il plus que 3 fois l'âge du fils?*

RÉP. 13 ans.

La différence d'âge est 41 — 5 = 36 ans. A l'époque demandée l'age du père vaudra 3 fois l'âge du fils ; mais il est évident que la différence d'âge sera toujours 36 ans. Donc à cette époque 36 exprimera 2 fois l'âge du fils. Il aura par conséquent 18 ans Le temps demandé est 18 — 5 ou 13 ans. Le père aura alors 41 + 13 ou 54 ans. On a bien 54 = 18 × 3.

40. *On a construit une ferme dans des conditions telles qu'on peut assurer que sa durée probable sera de 100 ans. Les frais de construction se sont élevés à 20 000 fr. On demande combien devront être estimés les bâtiments 25 ans après la construction, en supposant que les matériaux conservent au bout de 100 années une valeur de 2 000 fr.*

Rép. 15 500 fr.

D'après les données, on estime que, dans l'espace de 100 ans, les bâtiments perdront de leur valeur 20 000 — 2 000 ou 18 000 fr. Si l'on suppose qu'ils perdent la même somme par an, cette perte sera égale à 18 000 : 100 ou 180 fr. En 25 ans les bâtiments auront donc perdu $180 \times 25 = 4\,500$ fr.

Par conséquent, ils ne vaudront plus que $20\,000 - 4\,500 = 15\,500$ fr.

41. *La somme des deux chiffres d'un nombre est 10; si l'on intervertit l'ordre de ces chiffres, on obtient un nouveau nombre qui renferme 54 unités de plus que le 1er. Quel est ce 1er nombre?*

Rép. 28.

En mettant une unité à la place d'une dizaine, on augmente le nombre de 9, donc en prenant le chiffre des unités pour le mettre à la place du chiffre des dizaines on augmente le nombre de 9 fois le chiffre des unités. De même, en mettant le chiffre des dizaines à la place de celui des unités on diminue le nombre de 9 fois le chiffre des dizaines, donc la différence entre 9 fois le chiffre des unités et 9 fois le chiffre des dizaines est 54 ou

9 fois le chiffre des unités — 9 fois celui des dizaines = 54

1 fois le chiffre des unités — 1 fois celui des dizaines = 54 : 9 = 6

La question est donc ramenée à celle-ci : trouver 2 chiffres dont la somme est 10 et leur différence 6.

Le plus grand (ex. 7) est $10 + 6$ ou $16 : 2 = 8$; l'autre est $8 - 6$ ou 2.

Le nombre demandé est donc 28.

EXERCICES SUR LES PROPRIÉTÉS DES NOMBRES.

42. *Trouver le* p. g. c. d. *des nombres :*

1 260 *et* 990 ; 346 500 *et* 22 050

Rép. 1° 90 ; 2° 3 150

43. *Trouver le* p. g. c. d. *des nombres :*

970 200 *et* 3 150 ; 99 000 *et* 831 600

RÉP. 1° 3 150 ; 2° 19 800

44. *Trouver le* p. g. c. d. *des nombres*

17 640, 31 500 *et* 420 ; 178 200, 196 560 *et* 3 825

RÉP. 1° 420 ; 2° 45

45. *Trouver le* p. g. c. d. *des nombres :*

9 800, 27 440, 384 160 *et* 12 250 ; 2 079, 1 089, 17 721 *et* 29 403

RÉP. 1° 490 ; 2° 99

46. *Trouver le* p. p. m. *des nombres :*

450 *et* 360 ; 980 *et* 616

RÉP. 1° 1 800 ; 2° 21 560

47. *Trouver le* p. p. m. *des nombres :*

150 *et* 84 ; 5 040 *et* 39 600

RÉP. 1° 2 100 ; 2° 277 200

48. *Trouver le* p. p. m. *des nombres :*

450, 1 500 *et* 900 ; 270 000 *et* 1 800

RÉP. 1° 4 500 ; 2° 270 000

49. *Trouver le* p. p. m. *des nombres :*

240, 300, 360 *et* 8 400 ; 2 016, 720, 4 032 *et* 6 048

RÉP. 1° 25 200 ; 2° 60 480

50. *Trouver le nombre des diviseurs de :*

4 200, 5 040 *et* 10 800

RÉP. 1° 24 ; 2° 60 ; 3° 60

En décomposant chacun de ces nombres en leurs facteurs premiers, on trouve :

$420 = 2^2 \times 3 \times 5 \times 7$: le nombre des diviseurs est (Cours 124)

$$(2+1) \times (1+1) \times (1+1) \times (1+1) = 24$$

$5\,040 = 2^4 \times 3^2 \times 5 \times 7$: le nombre des diviseurs est

$$(4+1) \times (2+1) \times (1+1) \times (1+1) = 60$$

$10\,800 = 2^4 \times 3^3 \times 5^2$: le nombre des diviseurs est

$$(4+1) \times (3 \times 1) \times (2+1) = 60$$

31. *En divisant* 427 *et* 322 *par le plus grand nombre possible, on obtient le reste* 7 *dans chaque division. Quel est ce nombre?*

RÉP. 105.

Il est évident que si l'on retranche 7 de chacun des nombres donnés, le nombre demandé sera le plus grand commun diviseur des deux restes. Ce *p. g. c. d.* est 105.

32. *En divisant* 1 271 *et* 341 *par le plus grand nombre possible, on obtient les restes* 11 *et* 5. *Quel est ce nombre?*

RÉP. 84.

Pour trouver le nombre demandé, il suffit, d'après l'exercice précédent, de retrancher 11 de 1271 et 5 de 341; puis de chercher le *p. g. c. d.* des deux restes 1 260 et 336 : on trouve 84.

33. *Combien y a-t-il au-dessous de* 100 000 *de nombres divisibles à la fois par* 225 *et* 315?

RÉP. 63.

Le *p. p. m.* de 225 et 315 est 1 575. Or, si l'on divise 100 000 par ce *p. p. m.*, on trouve 63 pour quotient entier. Par conséquent il y a 63 nombres au-dessous de 100 000 qui sont à la fois divisibles par 225 et 315. Ce sont les 63 premiers multiples de 1 575.

34. *Le* p. g. c. d. *de* 2 *nombres est* 18. *On demande quels sont ces* 2 *nombres, sachant que la série des quotients qu'on obtient dans la recherche de leur* p. g. c. d. *est* 11, 5, 1, 1 et 2.

RÉP. 5 634 et 504.

Le dernier quotient étant 2, le dernier dividende est 18×2 ou 36. D'ailleurs le *p. g. c. d.* 18 est le reste de la division précédente; et comme le diviseur de cette division est 36, le quotient 1 et le reste 18, le dividende est $36 \times 1 + 18$ ou 54. De même le dividende précédent est $54 \times 1 + 36$ ou 90. Le dividende précédent est $90 \times 5 + 54$ ou 504. Le dividende primitif est $504 \times 11 + 90$ ou 5 634. Les deux nombres demandés sont donc 5 634 et 504.

35. *Deux nombres entiers consécutifs sont premiers entre eux.*

En effet, tout diviseur commun aux deux nombres doit divise leur différence, or cette différence est l'unité : donc le diviseur commun ne peut être autre que l'unité, donc les 2 nombres sont premiers entre eux.

36. *Tout nombre premier qui ne divise pas un autre nombre est premier avec ce nombre.*

Exemple : le nombre premier 3 qui ne divise pas 25 est 1er avec ce nombre.

En effet, le nombre 3 n'est divisible que par 1 et 3 ; par suite, les diviseurs communs à 3 et à 25 ne peuvent être que 1 et 3 ; mais 3 ne divise pas 25 ; donc les nombres 3 et 25 n'ont pour diviseur commun que l'unité, donc ils sont premiers entre eux.

37. *Tout nombre premier, plus grand que* 3, *augmenté ou diminué de l'unité est divisible par* 3.

En effet, un nombre premier quelconque est un multiple de 3 augmenté de 1 ou de 2 au plus. Ainsi 7 est un multiple de 3 augmenté de 1 ; car $7 = 6 + 1$; 17 est un multiple de 3 augmenté de 2 ; car $17 = 15 + 2$, etc.

Il résulte de là que si un nombre premier est un multiple de 3 augmenté de 1, il deviendra divisible par 3 lorsqu'on le diminuera de 1, et que si un nombre premier est un multiple de 3 augmenté de 2, il deviendra divisible par 3 lorsqu'on l'augmentera d'une unité. Donc *tout nombre*, etc.

38. *Tout nombre premier plus grand que* 3, *augmenté ou diminué de l'unité est divisible par* 6.

En effet, un nombre premier quelconque devient divisible par 2 si on lui ajoute ou si on lui retranche une unité. Mais un nombre premier auquel, selon le cas, on ajoute ou l'on retranche une unité devient aussi divisible par 3 (exercice précédent) ; et un nombre divisible en même temps par 2 et par 3 l'est aussi par 2 fois 3 ou 6.

39. *Démontrer qu'un nombre est divisible par* 6, *lorsqu'en ajoutant au chiffre des unités* 4 *fois la somme de tous les autres, on obtient une somme divisible par* 6.

Ce caractère de divisibilité est facile à établir ; car on a

$$10 = 6 + 4$$

$$100 = 6 \times 10 + 4 \times 10 = 6 \times 10 + 6 \times 6 + 4 = 6 \times (10 + 6) + 4 = 6 \times 16 + 4$$

$$1\,000 = 6 \times 16 \times 10 + 4 \times 10 = 6 \times 166 + 4$$

$$10\,000 = 6 \times 166 \times 10 + 4 \times 10 = 6 \times 1\,666 + 4$$

$$\text{donc} \quad 10^n = \text{un multiple de } 6 + 4$$

D'après cela, soit un nombre tel que 5 238.

Ce nombre peut s'écrire

$$8 = \ldots\ldots\ldots\ldots\ldots\ldots\ldots\ldots\ldots\ 8$$
$$30 = 3\,(6+4) = \text{un multiple de } 6 + 4 \times 3$$
$$200 = 2\,(6 \times 16 + 4) = \text{un mult. de } 6 + 4 \times 2$$
$$5\,000 = 5\,(6 \times 166 + 4) = \text{un mult. de } 6 + 4 \times 5$$
$$5\,238 \qquad = \text{un mult. de } 6 + 4\,(3+2+5) + 8.$$

Si donc la quantité $4\,(3 + 2 + 5) + 8$ est divisible par 6, le nombre donné est lui-même divisible par 6 ; or, on a $4\,(3+2+5) + 8 = 48$, le nombre proposé est divisible par 6 puisque 48 l'est.

60. *Un propriétaire a fait faire une plantation de 700 sapins au plus. Si on les compte 6 à 6, 8 à 8, 10 à 10, 12 à 12, il reste toujours 5 ; mais si on les compte 11 à 11 il n'en reste pas. Combien y a-t-il d'arbres dans la plantation?*

RÉP. 605 arbres.

Le nombre demandé divisé par 6, ou par 8, ou par 10, ou par 12 donne toujours 5 pour reste. Or, $6 = 2 \times 3$, $8 = 2^3$, $10 = 5 \times 2$, $12 = 2^2 \times 3$.

Le plus petit multiple de ces nombres est donc $2^3 \times 3 \times 5 = 120$. Par conséquent le nombre 125 divisé par 6, ou par 8, ou par 10, ou par 12 donne toujours 5 pour reste ; mais si l'on divise 125 par 11, on trouve 4 pour reste ; de sorte que 125 est un multiple de 11 augmenté de 4. Par suite $125 - 4 =$ multiple de $11 = 121$. Or en divisant 121 par 6, ou par 8, etc., on a évidemment 1 pour reste. Donc en divisant 121×5 par 6, ou par 8, etc., on aura 5 pour reste ; et comme d'ailleurs 121×5 est exactement divisible par 11, il s'ensuit que 121×5 ou 605 est le nombre d'arbres plantés.

61. 3 *Bateaux à vapeur partent pour la même destination : le 1*er *tous les 4 jours, le second tous les 6 jours, et enfin le 3*e *tous les 9 jours. Ces bateaux sont partis ensemble : au bout de combien de temps partiront-ils de nouveau le même jour.*

RÉP. 36 jours.

Il est évident que c'est après un certain nombre de fois 4 jours, un certain nombre de fois 6 jours et enfin un certain nombre de fois 9 jours. Le temps demandé est donc un nombre de jours divisible à la fois par 4, par 6 et par 9, c'est par conséquent dans 36 jours, plus petit multiple des 3 nombres 4, 6 et 9.

EXERCICES SUR LES FRACTIONS ORDINAIRES.

62. *Trouver la demi-somme des fractions* $\frac{2}{5}$ *et* $\frac{3}{4}$.

$$\text{Somme} = \frac{2}{5} + \frac{3}{4} = \frac{2 \times 4}{5 \times 4} + \frac{3 \times 5}{4 \times 5} = \frac{8}{20} + \frac{15}{20} = \frac{23}{20}.$$

$$\text{Demi-somme} = \frac{23}{20} : 2 = \frac{23}{40}.$$

63. *Trouver les* $\frac{2}{5}$ *de la différence des fractions* $\frac{5}{6}$ *et* $\frac{4}{9}$.

$$\text{Différence} : \frac{5}{6} - \frac{4}{9} = \frac{45}{54} - \frac{24}{54} = \frac{21}{54}.$$

$$\text{Les } \frac{2}{5} \text{ de } \frac{21}{54} = \frac{21 \times 2}{54 \times 5} = \frac{42}{270} = \frac{7}{45}.$$

64. *Quelle est la fraction qui ajoutée à* $\frac{2}{7}$ *donne* $\frac{3}{4}$ *pour somme ?*

Cette fraction est la différence entre $\frac{3}{4}$ et $\frac{2}{7}$. On a

$$\frac{3}{4} - \frac{2}{7} = \frac{21}{28} - \frac{8}{28} = \frac{13}{28}.$$

En effet, $$\frac{8}{28} + \frac{13}{28} = \frac{21}{28} = \frac{3}{4}.$$

65. *Évaluer 1 heure* $\frac{3}{11}$ *en secondes et fraction de seconde.*

$$1^{h} = 60^{m} = 60 \times 60 = 3\,600^{s};$$

$$\frac{3}{11} \text{ d'heure} = \frac{3}{11} \text{ de } 3\,600^{s} = \frac{3}{11} \times 3\,600 = 981^{s}\,\frac{9}{11}$$

Par conséquent, $$1^{h}\,\frac{3}{11} = 3\,600 + 981^{s}\,\frac{9}{11} = 4581^{s}\,\frac{9}{11}.$$

66. *Étant donnés deux couples de fractions :*

$$\frac{4}{7} \text{ et } \frac{9}{16}; \qquad \frac{2}{3} \text{ et } \frac{3}{11};$$

1° *Quel est le plus grand des deux couples ?* 2° *Si l'on multiplie chaque fraction du premier couple par celle qui occupe le même rang dans le second, quel sera le plus grand des deux produits obtenus ?*

RÉP. 1° Le premier couple ; 2° le premier produit.

1° Si l'on réduit au même dénominateur les fractions $\frac{4}{7}$ et $\frac{9}{16}$ du 1er couple, elles sont remplacées par les fractions équivalentes $\frac{64}{112}$ et $\frac{63}{112}$, de sorte qu'on a

$$\frac{4}{7}+\frac{9}{16}=\frac{64}{112}+\frac{63}{112}=\frac{127}{112}.$$

De même, $$\frac{2}{3}+\frac{3}{11}=\frac{22}{33}+\frac{9}{33}=\frac{31}{33}.$$

Or, on a $$\frac{127}{112}>1 \text{ et } \frac{31}{33}<1.$$

Le 1er couple est donc plus grand que le second.

2° Si l'on multiplie chaque fraction du 1er couple par celle qui occupe le même rang dans le second, on obtient

$$\frac{4}{7}\times\frac{2}{3}=\frac{8}{21}, \text{ et } \frac{9}{16}\times\frac{3}{11}=\frac{27}{176};$$

réduisant au même dénominateur les fractions $\frac{8}{21}$ et $\frac{27}{176}$, on a

$$\frac{8}{21}=\frac{1\,408}{3\,696}, \text{ et } \frac{27}{176}=\frac{567}{3\,696}.$$

Le 1er produit $\frac{8}{21}$ est donc plus grand que le second $\frac{27}{176}$.

67. *Quelle fraction de $\frac{6}{7}$ d'unité faut-il prendre pour avoir $\frac{3}{4}$?*

Rép. les $\frac{7}{8}$ de $\frac{6}{7}$.

Prendre une fraction de $\frac{6}{7}$, c'est multiplier cette fraction par $\frac{6}{7}$. La question est donc ramenée à trouver une fraction qui multipliée par $\frac{6}{7}$ donne $\frac{3}{4}$ pour produit. Cette fraction est donc égale à

$$\frac{3}{4}:\frac{6}{7}=\frac{3}{4}\times\frac{7}{6}=\frac{21}{24}=\frac{7}{8}.$$

Ainsi, il faut prendre les $\frac{7}{8}$ de $\frac{6}{7}$ pour avoir $\frac{3}{4}$; ce qui est facile à vérifier.

68. *Quel est le nombre dont les* $\frac{5}{6}$ *valent* 120 ?

RÉP. 144.

Les $\frac{5}{6}$ d'un nombre valent 120

$\frac{1}{6}$ du nombre vaut $\frac{120}{5}$

Les $\frac{6}{6}$ — valent $\frac{120 \times 6}{5} = 144$

69. *Quel est le nombre dont la moitié et le quart valent* $66\frac{3}{4}$?

RÉP. 89.

$\frac{1}{2} + \frac{1}{4} = \frac{3}{4}$. Les $\frac{3}{4}$ du nombre valent $66\frac{3}{4}$

$\frac{1}{4}$ — — $\frac{66 + \frac{3}{4}}{3} = 22\frac{1}{4}$.

Les $\frac{4}{4}$ — — $22\frac{1}{4} \times 4$ ou 89.

70. *La différence entre les* $\frac{3}{4}$ *et les* $\frac{3}{5}$ *d'un nombre est* 15. *Quel est-ce nombre ?*

RÉP. 100.

$\frac{3}{4} - \frac{3}{5} = \frac{3}{20}$. Les $\frac{3}{20}$ d'un nombre valent 15;

$\frac{1}{20}$ du nombre vaut 5,

et les $\frac{20}{20}$ — — valent $5 \times 20 = 100$.

71. *Un nombre est les* $\frac{3}{5}$ *d'un autre. Leur somme est* 96. *On demande ces deux nombres.*

RÉP. 36 et 60.

Si l'un des nombres est $\frac{5}{5}$, l'autre sera $\frac{3}{5}$. Or, on aura

$$\frac{5}{5} + \frac{3}{5} = \frac{8}{5} = 96$$

Par conséquent $\frac{1}{5} = \frac{96}{8} = 12.$

Les nombres demandés sont donc 12×3 ou 36, et 12×5 ou 60.

On a bien $36 + 60 = 96$; d'ailleurs 36 est les $\frac{3}{5}$ de 60.

72. *Partager le nombre 6 741 en deux parties, de manière que la première soit les $\frac{2}{3}$ des $\frac{5}{6}$ des $\frac{7}{8}$ de la seconde.*

RÉP. 4 536 et 2 205.

La seconde étant 1, la première sera les $\frac{2}{3}$ des $\frac{5}{6}$ des $\frac{7}{8}$ de 1,

ou $$\frac{2}{3} \times \frac{5}{6} \times \frac{7}{8} \times 1 = \frac{35}{72}$$

On a donc 1 ou $\frac{72}{72} + \frac{35}{72} = \frac{107}{72} = 6\,741$

Par conséquent $\frac{1}{72} = \frac{6\,741}{107} = 63$. Les nombres demandés sont donc 63×72 ou 4 536, et 63×35 ou 2 205.

Comme vérification, on doit avoir $\frac{2}{3} \times \frac{5}{6} \times \frac{7}{8} \times 4\,536 = 2\,205$; c'est ce qui a lieu en effet.

73. *Une montre retarde de $\frac{3}{4}$ d'heure par jour. Elle a été mise à l'heure à midi. Quelle sera l'heure précise, quand elle marquera 4 h. 1/2 du soir?*

RÉP. $4^h\ 38^m\ \frac{7}{16}$.

Cette montre retarde de $\frac{3}{4}$ d'heure ou 45 minutes en 24 heures; en une heure, elle retarde de $\frac{45}{24}$, et en $4^h\ \frac{1}{2}$ ou $\frac{9^h}{2}$, elle retarde de $\frac{45}{24} \times \frac{9}{2} = 8^m\ \frac{7}{16}$

Lorsque la montre marque $4^h \frac{1}{2}$, il est donc $4^h \frac{1}{2} + 8^m \frac{7}{16} = 4^h$ $30^m + 8^m \frac{7}{16} = 4^h\ 38^m \frac{7}{16}$.

74. *En revendant une propriété* 3 800 *fr., on a perdu* $\frac{1}{20}$ *du prix d'achat. Combien l'avait-on achetée ?*

RÉP. 4 000.

Puisque la propriété a été revendue avec $\frac{1}{20}$ de perte, 3 800 représentent donc les $\frac{19}{20}$ du prix d'achat ; par suite $\frac{1}{20}$ du prix d'achat est égal à $\frac{3\,800}{19}$ ou à 200^f

Le prix d'achat est donc 200×20 ou $4\,000^f$.

75. *Telle qu'elle se trouve, une maison peut être vendue* 20 000 *fr. ; mais ce ne serait que les* $\frac{4}{5}$ *de la valeur qu'elle aurait si elle était réparée. Les frais qu'entraîneraient les réparations s'élèveraient à* 3 650 *fr. Quel avantage y a-t-il de les faire ?*

RÉP. On gagnerait 1 350 fr.

Les $\frac{4}{5}$ de la valeur de la maison $= 20\,000^f$

$\frac{1}{5}$ — — $= \frac{20\,000}{4} = 5\,000^f$

$\frac{5}{5}$ — — $= 5\,000 \times 5 = 25\,000^f$

En faisant exécuter les travaux on gagnerait donc

$$5\,000^f - 3\,650 = 1\,350^f.$$

76. *Tous frais payés, des marchandises coûtent* 4 200 *fr., et on les revend, tous frais déduits,* 4 800 *fr. Quelle fraction du prix d'acquisition a-t-on gagnée ?*

RÉP. $\frac{1}{7}$.

On a gagné $4\,800 - 4\,200 = 600^f$

Sur 4 200^f on a gagné 600

Sur 1^f — $\frac{600}{4\,200} = \frac{1}{7}$

On a gagné $\frac{1}{7}$ par franc ; par conséquent $\frac{1}{7}$ du prix d'acquisition.

77. *Une balle élastique rebondit chaque fois à une hauteur qui est les $\frac{3}{7}$ de celle d'où elle est partie. Elle est tombée primitivement d'une hauteur de 14 m. A quelle hauteur rebondit-elle encore la troisième fois?*

RÉP. 1^m $\frac{5}{49}$.

La 1re fois elle rebondit à une hauteur égale à $\frac{3}{7} \times 14$;

La 2e fois — — — $\frac{3}{7} \times \frac{3}{7} \times 14$;

La 3e fois — — — à $\frac{3}{7} \times \frac{3}{7} \times \frac{3}{7} \times 14$

$$= \frac{54}{49} = 1^m \frac{5}{49}.$$

78. *Un homme est obligé de vendre son cheval, son jardin et sa maison. Il reçoit* 5 300 *fr. pour le tout. Le prix du cheval est estimé les $\frac{2}{7}$ de celui du jardin, et ce dernier les $\frac{2}{5}$ du prix de la maison. On demande le prix du cheval, celui du jardin et celui de la maison.*

RÉP. 400 fr.; 1 400 fr.; 3 500 fr.

Si l'on représente le prix de la maison par 1, celui du jardin sera $\frac{2}{5}$, et celui du cheval les $\frac{2}{7}$ de $\frac{2}{5}$ ou $\frac{4}{35}$. On a donc

$$1 + \frac{2}{5} + \frac{4}{35} = 5\,300^f$$

ou $$\frac{35}{35} + \frac{14}{35} + \frac{4}{35} = 5\,300^f$$

ou encore $$\frac{53}{35} = 5\,300^f$$

$$\frac{1}{35} = \frac{5\,300}{53} = 100^f$$

Le prix du cheval est donc	$100 \times 4 =$	400f
Le prix du jardin —	$100 \times 14 =$	1 400
Le prix de la maison	$100 \times 35 =$	3 500
	Total. . .	5 300f

79. *Deux ouvriers travaillent ensemble, le 1er gagne par jour $\frac{1}{3}$ de plus que le second; au bout d'un certain temps, le 1er, qui a travaillé 5 jours de plus que le second, a reçu 100 fr. et le second 60. Combien chacun gagnait-il par jour?*

Rép. 4 fr. et 3 fr.

Puisque le second a reçu 60f, le 1er a gagné dans le même temps 60 fr. $+ \frac{60}{3}$ ou 80f. Par conséquent 100f — 80 ou 20f représentent le prix des 5 jours de travail que le premier a de plus que le second. Le prix de la journée du 1er est donc 20 : 5 ou 4f. Comme il gagnait par jour $\frac{1}{3}$ de plus que le second, celui-ci gagnait 3f par jour.

80. *Deux fontaines coulent dans un même bassin, la 1re le remplirait seule en 3 heures, et les deux emploieraient ensemble 1 h. $\frac{1}{5}$. On demande le temps que la seconde emploierait pour remplir le bassin?*

Rép. 2h.

La 1re fontaine remplissant le bassin en 3 heures, en remplit $\frac{1}{3}$ par heure. Les deux fontaines mettant 1 h. $\frac{1}{5}$ pour remplir le bassin, en remplissent par heure $1 : \frac{6}{5} = \frac{5}{6}$. La seconde fontaine remplira par heure $\frac{5}{6} - \frac{1}{3}$ ou $\frac{1}{2}$ du bassin. Si elle met 1 heure pour remplir la moitié du bassin, elle mettra 2 heures pour le remplir entièrement.

81. *Une personne brûle chaque jour les $\frac{2}{5}$ d'un panier de houille contenant 28 kg. Combien dépensera-t-elle pour son chauffage depuis le matin du 1er janvier jusqu'au soir du 4 février, en admettant que 8 hl. $\frac{2}{3}$ lui aient coûté 26 fr. et que l'hectolitre de houille pèse 84 kg.?*

Rép. 14 fr.

Cette personne brûle par jour $28 \times \frac{2}{5} = \frac{56}{5}$ de kg.

en 35 jours, elle brûlera $\frac{56}{5} \times 35 = 392$ kg.

D'ailleurs $8^{hl}\frac{2}{3}$ pèsent $84 \times 8\frac{2}{3} = 84 \times \frac{26}{3} = 728^{kg}$.

De sorte que 728^{kg} ont coûté 26^f

1^{kg} a coûté $\frac{26}{728}$

392^{kg} ont coûté $\frac{26 \times 392}{728} = 14^f$.

82. *Un spéculateur donne à un de ses neveux le $\frac{1}{4}$ d'une somme qu'il vient de gagner dans une opération; à un autre les $\frac{2}{5}$, et à un troisième les $\frac{2}{7}$ de ce qui lui reste après les deux partages. Il conserve encore 300 fr. Combien avait-il gagné, et combien a-t-il donné à chacun de ses neveux ?*

Rép. 1 200 fr.; le 1er neveu a reçu 300 fr.; le 2e 480 fr.; le 3e 120 fr.

Le 1er neveu reçoit le $\frac{1}{4}$ et le second les $\frac{2}{5}$ de ce que l'oncle a gagné; ils reçoivent ensemble $\frac{1}{4} + \frac{2}{5}$ ou les $\frac{13}{20}$ de la somme gagnée; il reste encore les $\frac{7}{20}$ de cette même somme. Mais le 3e neveu reçoit encore les $\frac{2}{7}$ de $\frac{7}{20}$ ou $\frac{7}{20} \times \frac{2}{7} = \frac{1}{10}$; le reste qui revient au spéculateur est $\frac{7}{20} - \frac{2}{20}$ ou $\frac{1}{4}$.

Donc le $\frac{1}{4}$ qu'il conserve = 300f, et la somme entière = 1 200f.

Somme gagnée 1 200f

Le 1er neveu a le $\frac{1}{4}$ = 300f
Le 2e les $\frac{2}{5}$ = 480 } 780

Le 3e a les $\frac{2}{7}$ de 1 200 — 780 ou les $\frac{2}{7}$ de 420 = 120

Total. . . . 900

1 200f — 900 = les 300f conservés par l'oncle.

83. *On soutire d'un vase rempli de vin le $\frac{1}{3}$ de ce qu'il contient, une 2e fois le $\frac{1}{3}$ du reste, une 3e fois le $\frac{1}{3}$ du second reste, enfin une 4e fois le $\frac{1}{3}$ du dernier reste, après quoi il contient encore 4 litres. Quelle est la capacité de ce vase ?*

Rép. 20l $\frac{1}{4}$.

La 1re fois on soutire le $\frac{1}{3}$ de la contenance du vase, il reste $\frac{3}{3} - \frac{1}{3}$ = les $\frac{2}{3}$ de son contenu primitif. La 2e fois on soutire le $\frac{1}{3}$ des $\frac{2}{3}$ ou les $\frac{2}{9}$, et il reste $\frac{6}{9} - \frac{2}{9}$ ou les $\frac{4}{9}$. La 3e fois le $\frac{1}{3}$ des $\frac{4}{9}$ ou les $\frac{4}{27}$ du contenu, le reste $= \frac{12}{27} - \frac{4}{27} = \frac{8}{27}$. Enfin la 4e fois on soutire encore le $\frac{1}{3}$ du reste $\frac{8}{27}$ ou les $\frac{8}{81}$. Le reste final est donc $\frac{24}{81} - \frac{8}{81} = \frac{16}{81}$ = 4 litres.

Les $\frac{16}{81}$ de la contenance du vase égalent 4 lit.; la contenance entière est $\frac{4 \times 81}{16} = 20^{l}\,\frac{1}{4}$.

84. *Trouver une fraction équivalente à $\frac{7}{8}$ et telle que la somme de ses termes soit 135.*

RÉP. $\frac{63}{72}$.

La somme des 2 termes de la fraction donnée est 15, de sorte que cette somme 15 répond à 135; par suite, 1 répond à $\frac{135}{15} = 9$. La fraction demandée est donc $\frac{7 \times 9}{8 \times 9} = \frac{63}{72}$.

85. *Trouver une fraction équivalente à $\frac{5}{7}$ et telle que la différence de ses termes soit 24.*

RÉP. $\frac{60}{84}$.

2 de différence entre les termes de la 1re fraction répondent à 24, par suite 1 de différence répond à $\frac{24}{2} = 12$.

La fraction demandée est donc $\frac{5 \times 12}{7 \times 12} = \frac{60}{84}$.

86. *Dans quel cas le quotient de 2 fractions irréductibles peut-il être un nombre entier?*

Quand le numérateur de la fraction dividende est multiple du numérateur de la fraction diviseur, et que le dénominateur de la fraction dividende est sous-multiple du dénominateur de la fraction diviseur. Cette réponse est une conséquence de la marche qu'on suit pour diviser une fraction par une fraction. Ainsi le quotient de $\frac{9}{13} : \frac{3}{65}$ est égal à $\frac{9}{13} \times \frac{65}{3} = 15$.

87. *Quand on ajoute une fraction quelconque à cette même fraction renversée on obtient toujours une somme plus grande que 2.*

Soit par exemple la fraction $\frac{5}{7}$, on aura

$$\frac{5}{7}+\frac{7}{5}>2.$$

En effet, $$\frac{5}{7}=1-\frac{2}{7}$$

et $$\frac{7}{5}=1+\frac{2}{5}:$$

d'où $$\frac{5}{7}+\frac{7}{5}=2-\frac{2}{7}+\frac{2}{5}=2+\frac{4}{35},$$

donc enfin on a $$\frac{5}{7}+\frac{7}{5}>2.$$

Il en serait de même pour toute autre fraction; la démonstration est donc générale.

88. *Les bénéfices de l'exploitation d'une mine de houille se partagent également tous les ans entre 20 actions de deux frères auxquels cette mine appartient. L'aîné avait 11 de ces actions, le cadet les 9 autres. Le premier a laissé 16 héritiers, le second 13. Deux parts d'héritage sont en vente, une dans chaque succession. Elles sont offertes au même prix. Quelle est celle des deux parts dont l'acquisition serait la plus avantageuse?*

Rép. Celle du second.

Le frère aîné avait les $\frac{11}{20}$ de l'héritage; chacun de ses héritiers a donc droit à $\frac{11}{20\times 16}$. Le cadet avait les $\frac{9}{20}$, chacun de ses héritiers a droit à $\frac{9}{20\times 13}$. En comparant ces deux expressions on trouve

Pour la part d'un héritier de l'aîné $\frac{11\times 13}{20\times 16\times 13}=\frac{143}{4\ 160}$

et pour celle d'un héritier du cadet $\frac{9\times 16}{20\times 13\times 16}=\frac{144}{4\ 160}$

La part la plus avantageuse est donc celle qui provient de la succession du cadet.

89. *Trois robinets servent à alimenter un bassin ; un 4e sert à le vider. Le 1er robinet, s'il était seul ouvert, remplirait le bassin en 4 h. $\frac{1}{2}$, le 2e en 5 h. $\frac{3}{4}$, et le 3e en 8 h. Le 4e robinet le viderait en 5 h. $\frac{1}{2}$. On ouvre les 4 robinets ; au bout de combien de temps le bassin sera-t-il rempli ?*

RÉP. $2^h\ 57^m$.

Le 1er robinet remplit le bassin en $4^h \frac{1}{2}$ ou $\frac{9}{2}$ heures ; en $\frac{1}{2}^h$, il remplit $\frac{1}{9}$ et en 1 heure $\frac{2}{9}$. De même on trouve que le 2e remplit en 1^h les $\frac{4}{23}$; le 3e en 1^h le $\frac{1}{8}$; et le 4e videra en 1^h les $\frac{2}{11}$.

Donc après 1 heure les 4 robinets ouverts auront rempli $\frac{2}{9} + \frac{4}{23} + \frac{1}{8} - \frac{2}{11}$ du bassin, ou en réduisant au même dénominateur $\frac{4\,048 + 3\,168 + 2\,277 - 3\,312}{18\,216} = \frac{6\,181}{18\,216}$. Or, s'il faut 1^h pour remplir les $\frac{6\,181}{18\,216}$ du bassin, pour remplir $\frac{1}{18\,216}$ il faudra $\frac{1^h}{6\,181}$ et pour remplir le bassin tout entier $\frac{1^h \times 18\,218}{6\,181} = 2$ heures 57^m.

90. *La houille fournit à peu près les $\frac{4}{9}$ de son poids de coke. D'après le système de fours à coke de l'invention de MM. Pauwels et Dubochet, 100^{kg} de houille donnent 24 mètres cubes de gaz d'éclairage ; on demande la production annuelle en coke d'une ville qui consomme par jour 2 700 mètres cubes de gaz.*

RÉP. $1\,825\,000^{kg}$.

24^{mc} de gaz proviennent de 100^{kg} de houille.

1 $\quad \frac{100}{24}$

2 700 $\quad \frac{100 \times 2\,700}{24} = 11\,250$

Par an, il faut $11\,250 \times 365 = 4\,106\,250^{kg}$ de houille.

Ce qui représente en coke $\frac{4}{9} \times 4\,106\,250 = 1\,825\,000^{kg}$.

91. *Trois terrassiers creusent un fossé. Le 1er et le 2e le creuseraient en 1 jour $\frac{5}{7}$, le 2e et le 3e le creuseraient en 2 jours $\frac{2}{9}$, et le 1er et le 3e le creuseraient en 1 jour $\frac{7}{8}$. Combien de temps chaque terrassier seul mettrait-il pour creuser le fossé ?*

RÉP. Le 1er mettrait 3 jours; le 2e 4, et le 3e 5.

Le 1er et le 2e terrassier creusant le fossé en 1 jour $\frac{5}{7}$ ou en $\frac{12}{7}$ de jour; en $\frac{1}{7}$ de jour ils creuseront $\frac{1}{12}$ et en $\frac{7}{7}$ ils creuseront les $\frac{7}{12}$. On trouvera par un raisonnement analogue, que le 2e et le 3e creuseront les $\frac{9}{20}$; que le 1er et le 3e creuseront les $\frac{8}{15}$; ensemble ils creuseront donc en 1 jour $\frac{7}{12}+\frac{9}{20}+\frac{8}{15}=\frac{94}{60}$.

Mais on remarque que la portion de l'ouvrage que fait chaque ouvrier est représentée 2 fois dans $\frac{94}{60}$; on aura donc pour l'ouvrage d'un jour $\frac{47}{60}$ du fossé.

Or, le 1er et le 2e creusent les $\frac{7}{12}$ en 1 jour, le 3e creusera $\frac{47}{60}-\frac{7}{12}$ ou $\frac{12}{60}$.

Si pour creuser $\frac{12}{60}=\frac{1}{5}$ le 3e met 1 jour, il mettra 5 jours pour creuser le fossé.

On trouvera de même que le 1er mettra 3 jours et le 2e 4 jours.

92. *On a dans un vase A un mélange de 12 litres de vin et de 4 litres d'eau, et dans un vase B un mélange de 8 litres de vin et de 3 litres d'eau. On ôte 4 litres du vase A et 4 litres du vase B; puis on verse les 4 litres du vase A dans le vase B, et les 4 litres du vase B dans le vase A. On demande la quantité de vin et d'eau qui se trouve alors dans chaque vase.*

RÉP. Vase A $11^{l}\,\frac{10}{11}$ de vin et $4^{l}\,\frac{1}{11}$ d'eau; Vase B $8^{l}\,\frac{1}{11}$ de vin et $2^{l}\,\frac{10}{11}$ d'eau.

Le 1er vase contient 12 lit. de vin et 4 d'eau, en tout 16 lit. dont on prend 4 lit. ou $\frac{4}{16}=\frac{1}{4}$. On prend donc $\frac{1}{4}$ du vin ou 3 lit. et $\frac{1}{4}$ de l'eau ou 1 lit. ; il reste par conséquent 9 lit. de vin et 3 d'eau dans le vase A. Le 2e vase contient 8 lit. de vin et 3 lit. d'eau, en tout 11 lit., dont on prend 4 lit. ou $\frac{4}{11}$. On prend les $\frac{4}{11}$ du vin ou $\frac{32}{11}$ de lit. de vin et $\frac{4}{11}$ de l'eau ou $\frac{12}{11}$ de lit. ; il reste 8 lit. $-\frac{32}{11}=\frac{56}{11}$ de litre de vin et 3 lit. $-\frac{12}{11}=\frac{21}{11}$ de litre d'eau dans le vase B.

Si l'on effectue les transvasements indiqués :

Le vase A, contiendra 9 lit. $+\frac{32}{11}=11^{l}\,\frac{10}{11}$ de vin;

— — 3 lit. $+\frac{12}{11}=4^{l}\,\frac{1}{11}$ d'eau;

En tout 16 litres.

Le vase B contiendra $\frac{56}{11}$ lit. + 3 lit. $=8^{l}\,\frac{1}{11}$ de vin

— — $\frac{21}{11}$ lit. + 1 lit. $=2^{l}\,\frac{10}{11}$ d'eau.

En tout 11 litres.

93. *Une garnison composée de 1 500 hommes a des vivres pour 8 mois; mais on l'augmente de 300 hommes sans pouvoir augmenter les vivres. Si l'on craint de subir un siége de 10 mois, à quelle fraction devra-t-on réduire la ration?*

RÉP. $\frac{2}{3}$ de ration.

Les vivres suffisent à 1 500 hommes pendant 8 mois ou à 1 500 $\times$ 8 = 12 000 hommes pendant 1 mois. D'un autre côté la même quantité de nourriture doit alimenter 1 800 hommes pendant 10 mois ou 1 800 $\times$ 10 = 18 000 hommes pendant 1 mois. Or, pour nourrir 12 000 hommes il faut 12 000 rations par jour ; il s'ensuit que les 12 000 rations devront être distribuées à 18 000 hommes, chacun n'aura par conséquent que $\frac{12\,000}{18\,000}$ ou $\frac{2}{3}$ de ration.

94. *Un fermier nouvellement établi, calcule que s'il fait chaque année un certain bénéfice, il lui faudra 4 ans pour payer ce qu'il doit. Mais il remarque qu'il a exagéré le chiffre de ses bénéfices, et qu'il lui faudra au moins 6 ans. Il arrive qu'il s'est trompé dans l'une et l'autre hypothèse, car son bénéfice n'est que le $\frac{1}{5}$ de la somme des deux autres. Combien mettra-t-il de temps pour s'acquitter.*

Rép. 12 ans.

Le 1er bénéfice supposé lui permettait de s'acquitter en 4 ans, et par conséquent chaque année il aurait acquitté $\frac{1}{4}$ de sa dette. De même avec le second bénéfice supposé il acquittait chaque année $\frac{1}{6}$. La somme de ces deux bénéfices est $\frac{1}{4}+\frac{1}{6}=\frac{5}{12}$. Le $\frac{1}{5}$ de cette somme est $\frac{1}{12}$. Faisant chaque année un bénéfice de $\frac{1}{12}$, il lui faudra 12 ans pour s'acquitter.

95. *Un négociant met tout son avoir et tous ses bénéfices dans le commerce. Il commence avec 120 000 fr. La 1re année il gagne le $\frac{1}{12}$ du capital engagé; la 2e année il gagne 9 000 fr. Au commencement de la 3e année, il perd dans un incendie $\frac{1}{5}$ de ce qu'il a dans le commerce. A la fin de la 3e année, il se trouve avoir 123 000 fr. Combien a-t-il gagné dans le courant de la 3e année*

Rép. 11 800 fr.

La 1re année, le négociant gagne $\frac{1}{12}$ de 120 000f ou 10 000f.

La 2e année — — 9 000.

Il a donc au commencement de la 3e année 120 000 + 10 000 + 9 000 = 139 000f.

Comme il perd $\frac{1}{5}$ de cette somme, il lui reste

$$139\,000^{f} - \frac{139\,000}{5} = 111\,200^{f}$$

Il a gagné dans le courant de la 3e année

$$123\,000 - 111\,200 = 11\,800^{f}.$$

96. *On a partagé une somme inconnue entre 2 personnes; la part de la 1re égale les $\frac{3}{4}$ de celle de la seconde; on sait de plus qu'en ajoutant le $\frac{1}{10}$ de la 1re part aux $\frac{4}{5}$ de la seconde, on obtient 100 fr. Trouver la somme entière et chacune des parts.*

Rép. La somme entière est 200 fr.; la 1re personne a reçu 114 fr. 29, et la 2me 85 fr. 71.

Si la seconde part égalait 1 fr., la 1re serait $\frac{3}{4}$ de franc, et ajoutant suivant l'énoncé le $\frac{1}{10}$ de $\frac{3}{4}$ de fr. aux $\frac{4}{5}$ de la part de la seconde, on aurait $\frac{4}{5} + \frac{3}{4} \times \frac{1}{10}$ ou $\frac{7}{8}$ de fr. Or, pour obtenir $\frac{7}{8}$ de fr., on a supposé 1 fr. pour la 2e part.

Pour obtenir $\frac{1}{8}$ de fr. il faudrait supposer $\frac{1}{7}$ de fr.

— 1^f — — $\frac{1 \times 8}{7}$;

donc, pour obtenir 100^f il faudra supposer $\frac{8 \times 100}{7} = 114^f,29$ pour la 2e part.

La seconde part étant $114^f, 29$

La 1re sera $\frac{114,29 \times 3}{4} = 85, 71$:

La somme entière $200^f\ 00$.

En effet, le $\frac{1}{10}$ de la 1re part $= 8^f, 57$,

Les $\frac{4}{5}$ de la 2e part $= \frac{114,29 \times 4}{5} = 91, 43$.

Somme égale $100^f\ 00$.

97. *On a partagé une certaine somme entre 4 personnes; la 1re a eu le $\frac{1}{5}$ de la somme totale; la 2e les $\frac{4}{9}$ du reste; la 3e les $\frac{2}{5}$ du second reste; et la 4e, qui a eu le dernier reste pour sa part, se trouve avoir 2 400 fr. Quelle somme a-t-on partagée, et quelle est la part de chaque personne?*

Rép. On a partagé 9 000 fr.; la 1re personne a eu 1 800 fr.; la 2e 3 200 fr.; la 3e 1 600 fr. et la 4e 2 400 fr.

D'après l'énoncé, la 4[e] a eu les $\frac{3}{5}$ du second reste; $\frac{1}{5}$ de ce second reste vaut donc 2 400 fr. : 3 = 800[f]; les $\frac{5}{5}$ = 4 000[f]. Cette somme représente les $\frac{5}{9}$ du 1er reste : $\frac{1}{9}$ vaut 800[f], et les $\frac{9}{9}$ valent 800 × 9 = 7 200[f].

Cette somme représente les $\frac{4}{5}$ de la somme totale; $\frac{1}{5}$ vaut 1 800[f], et les $\frac{5}{5}$ valent 1 800 × 5 = 9 000[f].

Il y avait donc à partager une somme de 9 000[f].

La 1re personne a eu le $\frac{1}{5}$ de 9 000[f]		ou	1 800[f];
La 2[e] —	a eu les $\frac{4}{9}$ de 9 000[f] — 1 800	ou	3 200[f];
La 3[e] —	a eu les $\frac{2}{5}$ de 9 000[f] — 1 800 — 3 200	ou	1 600[f];
La 4[e] —	— —		2 400[f].
			9 000[f].

98. *Un tonneau contient 210 litres de vin; on en retire 45 litres qu'on remplace par une égale quantité d'eau; on tire une seconde fois 45 litres du mélange, qu'on remplace encore par une égale quantité d'eau, enfin on fait une troisième fois la même opération. On demande combien le tonneau contient alors de vin et d'eau?*

RÉP. $101^{lit}\,\frac{169}{196}$ de vin, et $108^{lit}\,\frac{27}{196}$ d'eau.

Après la 1re opération, le tonneau contient 165[lit] de vin et 45[lit] d'eau. A la 2e opération, on enlève les $\frac{45}{210}$ du vin et de l'eau, c'est-à-dire les $\frac{45}{210}$ de 165[lit] de vin, ou $35^{lit}\,\frac{5}{14}$ et les $\frac{45}{210}$ des 45[lit] d'eau ou $9^{lit}\,\frac{9}{14}$.

Après la 2e opération, il y a donc dans le tonneau $165^{lit} - 35\,\frac{5}{14}$ ou $129^{lit}\,\frac{9}{14}$ de vin.

A la 3e opération, on enlève les $\frac{45}{210}$ de 129^{lit} $\frac{9}{14}$ ou 27^{lit} $\frac{153}{196}$ de vin.

Il reste alors dans le tonneau 129^{lit} $\frac{9}{14}$ — 27^{lit} $\frac{153}{196}$ = 101^{lit} $\frac{169}{196}$ de vin pur.

99. *Quatre compagnies d'ouvriers sont telles que la 1re ferait un ouvrage en 45 jours ; la 2e en 9 jours ; la 3e en 27 jours, et la 4e en 36 jours. Pour exécuter cet ouvrage, on emploie en même temps les* $\frac{2}{5}$ *des hommes de la 1re compagnie ; les* $\frac{3}{4}$ *de ceux de la 2e ; la* $\frac{1}{2}$ *de ceux de la 3e, et le* $\frac{1}{3}$ *de ceux de la 4e. Combien de jours leur faudra-t-il pour faire l'ouvrage ?*

Rép. 8 jours $\frac{1}{3}$.

La 1re compagnie ferait l'ouvrage en 45 jours ; si elle ne travaillait que 1 jour, elle n'en ferait que le $\frac{1}{45}$, et les $\frac{2}{5}$ des hommes employés en ferait $\frac{2}{45 \times 5} = \frac{2}{225}$. De même les $\frac{3}{4}$ des hommes de la 2e compagnie feraient en 1 jour $\frac{1}{12}$; la $\frac{1}{2}$ de ceux de la 3e $\frac{1}{54}$, et enfin le $\frac{1}{3}$ des hommes de la 4e $\frac{1}{108}$.

Donc les 4 portions des compagnies travaillant ensemble exécuteraient en 1 jour les $\frac{2}{225} + \frac{1}{12} + \frac{1}{54} + \frac{1}{108}$ ou les $\frac{3}{25}$ de l'ouvrage.

Les $\frac{3}{25}$ de l'ouvrage étant faits en 1 jour, le $\frac{1}{25}$ sera fait en $\frac{1}{3}$ de jour et l'ouvrage en $\frac{1 \times 25}{3}$ ou 8 jours $\frac{1}{3}$.

100. *Les deux aiguilles d'une montre sont sur midi ; à quelle heure aura lieu leur prochaine rencontre ? et combien y aura-t-il de rencontresdes deux aiguilles de midi à minuit ?*

Rép. à 1^{h} 5^{m} $\frac{5}{11}$; il y aura 11 rencontres.

Dans 1^h, la grande aiguille parcourt 60 divisions et la petite 5. La grande aiguille gagne donc 55 divisions par heure ; or, au moment où les deux aiguilles sont sur midi, la grande est par rapport à la petite, en retard de 60 divisions. Puisque la grande aiguille gagne 55 divisions en 1 heure, pour gagner une division elle mettra $\frac{1}{55}$ d'heure et pour en gagner 60 elle mettra $\frac{60}{55}$ d'heure, ou $\frac{12}{11}$. La 1re rencontre aura lieu après $\frac{12}{11}$ d'heure ou à $1^h\ 5^m\ \frac{5}{11}$.

Il y a 12 heures de midi à minuit. D'ailleurs une rencontre a lieu après $\frac{12}{11}$ d'heure ; il y aura donc autant de rencontres que $\frac{12}{11}$ seront contenus de fois dans 12. On a $12 : \frac{12}{11} = 11$ rencontres.

101. *Une montre marque* 5 *heures* 27 *minutes : à quel point du cadran est la petite aiguille ?*

Pendant que la grande aiguille parcourt 60 divisions, la petite en parcourt 5. Lorsque la 1re fait 1 division, l'autre en fait $\frac{5}{60}$ ou $\frac{1}{12}$. Donc quand la grande aiguille aura parcouru 27 divisions, l'autre en aura parcouru $\frac{1 \times 27}{12} = 2\frac{1}{4}$.

D'où l'on voit que quand la montre indiquait 5 heures, la petite se trouvait sur la 25e division ; mais comme elle a décrit depuis 2 divisions $\frac{1}{4}$ pendant que la grande en a décrit 27, cette aiguille se trouve sur la $27\frac{1}{4}$ division.

EXERCICES

FRACTIONS DÉCIMALES ET APPROXIMATIONS.

102. *Convertir en fractions décimales les fractions*

$$\frac{83}{400}, \quad \frac{127}{160}, \quad \frac{193}{2\,500}$$

Dire, avant l'opération, si elles sont exactement réductibles en décimales ; et si elles le sont, combien chacune aura de chiffres décimaux.

Ces fractions sont exactement réductibles en décimales, puisque leurs dénominateurs ne contiennnt pas d'autres facteurs premiers que 2 et 5.

D'ailleurs comme on a :

$\frac{83}{400} = \frac{83}{2^4 \times 5^2} = \frac{83 \times 5^2}{2^4 \times 5^4} = \frac{83 \times 5^2}{10^4}$: la 1re aura 4 chiffres décimaux.

$\frac{127}{160} = \frac{127}{2^5 \times 5} = \frac{127 \times 5^4}{2^5 \times 5^5} = \frac{127 \times 5^4}{10^5}$: la 2e aura 5 chiffres décimaux.

$\frac{193}{2\,500} = \frac{193}{2^2 \times 5^4} = \frac{193 \times 2^2}{2^4 \times 5^4} = \frac{193 \times 2^2}{10^4}$: la 3e aura 4 chiffres décimaux.

103. *Convertir en fractions décimales les fractions*

$$\frac{167}{252}, \quad \frac{824}{2\,331}$$

Dire, avant l'opération, si elles sont exactement réductibles ou non en décimales ; si elles donneront lieu à des fractions périodiques simples ou mixtes, et, dans ce dernier cas, combien il y aura de chiffres à la partie irrégulière.

La fraction $\frac{167}{252} = \frac{167}{2^2 \times 3^2 \times 7}$ donnera lieu à une fraction périodique mixte, et la partie irrégulière aura 2 chiffres (202). On a

$$\frac{167}{252} = 0,662\,698\,41.\,.\,.\,.\,.\,.\,.$$

La fraction $\frac{824}{2\,331} = \frac{824}{3^2 \times 7 \times 37}$ donnera lieu à une fraction périodique pure (201). On a

$$\frac{824}{2\,331} = 0,353\,496.\,.\,.\,.\,.\,.\,.$$

104. *Convertir en fractions ordinaires les fractions*

0,332 ; 0,624 ; 0,355 ; 0,45 ; 0,1648

et simplifier les résultats.

On a (197) : $0,332 = \frac{332}{1\,000} = \frac{83}{250}$; $0,624 = \frac{624}{1\,000} = \frac{78}{125}$;

$$0,355 = \frac{355}{1\,000} = \frac{71}{200} ; \quad 0,45 = \frac{45}{100} = \frac{9}{20} ;$$

$$0,1648 = \frac{1\,648}{10\,000} = \frac{103}{625}.$$

105. *Convertir en fractions ordinaires les fractions* 0,272727.... ; 0,3636.... ; 0,6363... ; 0,142857... ; 0,45252..... *et simplifier les résultats.*

On a (198) : $0,2727.... = \frac{27}{99} = \frac{3}{11}$; $0,3636.... = \frac{36}{99} = \frac{4}{11}$;

$$0,6363... = \frac{63}{99} = \frac{7}{11} ; \quad 0,142857... = \frac{142\,857}{999\,999} = \frac{1}{7} ;$$

$$0,45252... = \frac{452 - 4}{990} = \frac{448}{990} = \frac{224}{495}.$$

106. *Convertir en fractions ordinaires les fractions* 0,342342.... ; 0,4531531..... ; 0,401401... ; 0,354354.... *et simplifier les résultats.*

On a : $0,342342.... = \frac{342}{999} = \frac{38}{111}$; $0,4531531.... = \frac{0,4531 - 4}{9\,990}$

$$= \frac{503}{1\,110} ; \quad 0,401401.... = \frac{401}{999} ;$$

$$0,354354.... = \frac{354}{999} = \frac{118}{333}.$$

. . . .

107. *Trouver un multiple de* 13 *qui ne soit composé que de* 9.

Rép. 999 999.

$$\text{On a : } \frac{1}{13} = 0,076923076923.... = \frac{76\,923}{999\,999}.$$

Il résulte de cette égalité que $76\,923 \times 13 = 999\,999$: donc 999 999 est un multiple de 13. Le problème est indéterminé, car il est évident qu'au lieu de $\frac{1}{13}$, on aurait pu prendre $\frac{2}{13}$, etc.

108. *Démontrer que la différence de deux fractions décimales périodiques simples est elle-même périodique simple.*

Soient deux fractions décimales périodiques simples quelconques telles que 0,3636...., 0,142857142857......

On a : $0,36... = \frac{36}{99} = \frac{4}{11}$; $0,142857... = \frac{142\,857}{999\,999} = \frac{1}{7}$.

Les dénominateurs des fractions $\frac{36}{99}$ et $\frac{142\,857}{999\,999}$ ne contenant ni le facteur 2, ni le facteur 5, il est évident que les dénominateurs des fractions équivalentes $\frac{4}{11}$ et $\frac{1}{7}$, ne contiennent pas non plus les facteurs 2 ou 5.

D'ailleurs la différence de ces dernières fractions est la fraction $\frac{4 \times 7 - 11 \times 1}{11 \times 7}$. Les facteurs 11 et 7 étant premiers avec 2 et 5, il en est de même du produit 11×7; donc $\frac{4 \times 7 - 11 \times 1}{11 \times 7}$ donne lieu à une fraction périodique simple.

109. *Le produit de deux fractions décimales périodiques simples donne lieu à une fraction périodique simple.*

Soient, par exemple, les fractions : 0,2121... et 0,426426.... leur produit est

$$\frac{21}{99} \times \frac{426}{999} = \frac{21 \times 426}{99 \times 999}.$$

Il est visible qu'en réduisant cette fraction à sa plus simple expression, son dénominateur ne contiendra ni le facteur 2 ni le facteur 5 : donc cette fraction donnera aussi lieu à une fraction périodique simple.

110. *Le produit de deux fractions décimales périodiques mixtes, peut donner lieu ou à une fraction décimale finie, ou à une fraction périodique simple, ou enfin à une fraction périodique mixte.*

Cela est facile à voir; car on a, par exemple,

1° $\frac{7}{4 \times 3} \times \frac{3}{7 \times 2} = \frac{1}{8} =$ fraction décimale finie.

2° $\frac{4}{5 \times 7} \times \frac{5}{2 \times 3} = \frac{2}{21}$ = fraction décimale périodique simple;

3° $\frac{12}{5 \times 7} \times \frac{3}{4 \times 11} = \frac{9}{5 \times 7 \times 11}$ = fraction périodique mixte.

111. *Trouver avec quelle approximation on peut calculer la somme des nombres*

3,624... ; 8,436... ; 17,24...

approchés, le 1er et le second à moins de 0,001 *et le 3e à moins de* 0,01.

L'erreur du 3e nombre est moindre que 0,01, mais il est évident qu'en ajoutant à cette erreur la somme des deux autres, l'erreur totale pourra être supérieure à 0,01. La somme de ces trois nombres ne peut donc être obtenue plus exactement qu'à moins de 0,1. D'ailleurs pour obtenir ce résultat, il suffit (204) de faire la somme des nombres

3,62 , 8,43 et 17,24.

On peut donc compter au résultat sur une décimale exacte de moins qu'il ne s'en trouve dans celui des nombres donnés qui en a le moins.

112. *Trouver, à moins d'une unité, les produits de* 681,65324 *par* 5,64898 *; et de* 3632,5679 *par* 4,5432.

Rép. 3 851 et 16 504.

D'après la règle du n° 206 (*cours*), on a

681,65324	3632,5679
8984 65	234 54
3408 25	14530 24
408 96	1816 25
27 24	145 28
5 44	10 89
54	72
3850,43	16503,38

En supprimant les deux derniers chiffres et en augmentant d'une unité le dernier conservé, on trouve pour les produits demandés 3 851 et 16 504.

113. *Trouver, à moins de* 0,1, *les produits de* 34,39156 *par* 2,34562 *et de* 567,32267 *par* 0,56784.

RÉP. 80,7 et 322,2.

On a

34,39156	567,32267
265 432	487 650
68 782	283 660
10 317	34 038
1 372	3 969
170	448
18	20
80,659	322,135

On trouve 80,7 et 322,2 pour les produits demandés.

114. *Trouver, à moins de* 0,01, *les produits de* 4,5267892 *par* 0,056748, *et de* 47,63958625 *par* 0,0067.

RÉP. 0,26 et 0,32.

On a

4,5267892	47,63958625
847 6500	7 6000
22 60	285 6
2 70	32 9
28	0,318 5
0,25 58	

On trouve 0,26 et 0,32 pour les produits demandés.

115. *Trouver, à moins d'une unité, les produits de* 456,53894 *par* 21,6742, *et de* 328,321564 *par* 761,2 *et dire s'il est nécessaire ou non de forcer l'unité sur le dernier chiffre conservé.*

RÉP. 9 895 et 249 918; oui pour le 1er produit, non pour le 2e.

On a

456,53894	328,321564
247 612	2167
913 076	229 82505
45 653	19 69926
27 390	32832
3 192	6566
180	249918,29
8	
9894,99	

Dans la 1re opération l'erreur totale est moindre qu'un nombre de centièmes exprimé par la somme $2 + 1 + 6 + 7 + 4 + 2 = 22$ centièmes.

Le produit exact est donc plus grand que 9 894,99 et plus petit que 9 894,99 + 0,22 ou 9 895,21. Pour être certain d'avoir le produit à moins d'une unité près, il faut donc forcer l'unité sur le dernier chiffre conservé.

De même, dans la seconde opération le produit est plus grand que 249918,29 et moindre que 249918,29 + 0,16 ou 249918,45, il n'est donc pas nécessaire ici de forcer l'unité sur le dernier chiffre conservé.

116. *Trouver, à moins d'une unité, les quotients de* 328,69231 *par* 2,5623245 *et de* 4 654,2132 *par* 28,324267.

Rép. 128 et 164.

D'après la règle du n° 207, on a

Dividende		Diviseur		Dividende		Diviseur	
328,69	231	2,56$\overline{23}$	245	465,42	132	2,83$\overline{24}$	267
72 46		128		182 18		164	
21 22				12 26			
74				94			

1re opération. Le dividende étant plus grand que 100 fois et plus petit que 1 000 fois le diviseur, le quotient aura 3 chiffres ; on en prend 5 sur la gauche du diviseur et l'on barre les trois autres. Le 1er dividende partiel est 32 869. Enfin on opère comme l'indique la règle et on trouve 128 pour le quotient, à moins d'une unité près.

2e opération. La division proposée revient à celle de 465,42132 par 2,8324267; on opère alors comme dans l'exemple précédent et on trouve 164 pour le quotient demandé.

117. *Trouver, à moins de* 0,1, *les quotients de* 425,36423 *par* 5,324362, *et de* 632,652 *par* 0,4356722.

Rép. 79,8 et 1452,1.

On a

Dividende		Diviseur		Dividende	Diviseur
4253,64	23	5,32$\overline{43}$	26	63265,20	4,356$\overline{722}$
526 63		79,8		19697 98	1452,1
47 47				2271 10	
4 91				92 75	
				5 63	
				1 28	

1re OPÉRATION. Il s'agit de calculer à une unité près le quotient de 4253,6423 par 5,324362, on procède comme dans l'exercice précédent, et on trouve 798 dixièmes ou 79,8.

2e OPÉRATION. La division proposée revient à celle de 6326,52 par 4,356722.

On cherche alors comme dans la 1re opération le quotient de 63265,2 à une unité près, et on trouve 14521 dixièmes ou 1452,1.

118. *Trouver, avec 4 chiffres exacts, le produit de* 1,324523.... *par* 6,7321423.....

On prendra 6 chiffres exacts au multiplicande et 5 au multiplicateur (219, Rem. I); on aura par conséquent à effectuer à l'ordinaire le produit

$$1,32452 \times 6,7321.$$

On peut encore, si l'on veut, employer la multiplication abrégée (222, Rem. I).

119. *Les deux nombres* 4398,85 *et* 635,724 *sont l'un et l'autre affectés d'une erreur qui peut aller jusqu'à deux unités en plus ou en moins de l'ordre du dernier chiffre conservé. Calculer le produit de ces deux nombres en se bornant au chiffre sur l'exactitude duquel on peut compter.*

RÉP. Le produit est 2 796 400.

Les erreurs relatives des facteurs sont :

$$\frac{0,02}{4398,85} = \frac{2}{439\,885} \text{ et } \frac{2}{635\,724}.$$

On a donc (218).

$$\textit{Erreur relative du produit} < \frac{2}{400\,000} + \frac{2}{600\,000}.$$

Et *a fortiori*,

$$\textit{Erreur relative du produit} < \frac{1}{200\,000} + \frac{1}{200\,000}.$$

Ou enfin,

$$\textit{Erreur relative du produit} < \frac{1}{100\,000}.$$

On peut donc compter au produit (215) sur 5 chiffres exacts. Comme d'ailleurs le produit sera inférieur au produit de 10 000 unités par 1 000, la partie entière de ce produit aura 7 chiffres; on ne pourra donc compter que sur les centaines de ce produit. Il est évident que pour le trouver il suffit d'effectuer la multiplication abrégée ci-dessous.

```
   4398,85
   4275 36
----------
  26393 10
   1319 64
    219 90
     30 73
        86
        16
----------
  27964 39
```

Le produit demandé est 2 796 400.

120. *Trouver la limite de l'erreur relative du quotient de* 5624,48 *par* 3,141, *le dividende est exact et le diviseur est approché à moins de* 0,001.

L'erreur relative du diviseur est moindre que $\frac{1}{1\,000}$ par défaut; l'erreur relative du quotient sera moindre que $\frac{1}{1\,000}$ par excès.

On ne pourra donc compter au quotient que sur l'exactitude des 3 premiers chiffres. Comme d'ailleurs ce quotient doit avoir 4 chiffres à sa partie entière, il ne sera approché qu'à moins de 1 dizaine.

EXERCICES

SYSTÈME MÉTRIQUE. — ANCIENNES MESURES.

121. *La grande base d'un trapèze a* 120^m, *la petite* 92^m, *et la hauteur* 54^m. *On demande à l'échelle de* $\frac{1}{1\,000}$ *les dimensions du plan en centimètres* (1).

---

(1) Les échelles les plus employées sont, pour les constructions de toutes sortes, $\frac{1}{100}$ et $\frac{1}{200}$; pour les terrains $\frac{1}{500}$, $\frac{1}{1000}$, $\frac{1}{1250}$, $\frac{1}{2000}$ et $\frac{1}{2500}$.

Le numérateur de chaque fraction indique la longueur sur le papier, et le dénominateur, la longueur correspondante sur le terrain.

On dit aussi échelle de 1 à 1 000, de 1 à 1 250, etc...

La grande base du plan aura 120^{mm} ou 12^{cm} ; de même la petite $9^{cm},2$ et la hauteur $5^{cm},4$.

122. *Un plan a été construit à l'échelle de 1 à 2 500. A quelle longueur sur le terrain correspond une ligne de 4^{cm} ?*

Rép. 100^{m}.

1^{m} ou 100^{cm} sur le papier représentent 2 500^{m} sur le terrain,
1^{cm} — représente 25^{m} —
4^{cm} — représentent $25 \times 4 = 100^{m}$.

123. *A l'échelle de 1 à 1 250, quelle longueur aura sur le papier une ligne de 340^{m} sur le terrain ?*

Rép. $0^{m},272$.

1 250^{m} sur le terrain sont représentés sur le papier par 1^{m},
1^{m} — sera représenté — $\frac{1}{1\,260}$
340^{m} — seront représentés — $\frac{340}{1\,250} = 0^{m},272$.

124. *On veut placer dans une salle ayant $5^{m},84$ de longueur, des solives de $0^{m},12$ d'épaisseur et espacées de $0^{m},40$: combien en faudra-t-il?*

Rép. 12 solives.

Comme on doit mettre 1 solive à chaque extrémité de la salle, il y aura une solive de plus que d'espaces. Si l'on retranche l'épaisseur de cette solive de $5^{m},84$, le reste, $5^{m},84 - 0^{m},12$ ou $5^{m},72$ exprimera la somme des espaces augmentée de la somme des épaisseurs des solives et en pareil nombre. Si donc on divise $5^{m},72$ par 0,40 + 0,12, ou par 0,52, le quotient indiquera le nombre moins 1 des solives à employer : $\frac{5,72}{0,52} = 11$.

Il faudra donc 12 solives.

125. *Un convoi parti de Paris à $7^{h}\ 15^{m}$ arrive à Orléans à $10^{h}\ 18^{m}$. Il s'arrête un quart d'heure, passe à Tours, où il s'arrête encore un quart d'heure, et arrive à Poitiers à $4^{h}\ 12^{m}$. Il y a 121^{km} de Paris à Orléans et 113 d'Orléans à Tours. On demande à quelle* *heure le convoi est arrivé à Tours, et quelle est la distance de Tours à Poitiers.*

RÉP. $1^h.23^m$; $101^{km},8$.

De $7^h\ 15^m$ à $10^h\ 18^m$ il y a $3^h\ 3^m$ ou 183^m. Puisque le convoi parcourt les 121^{km} de Paris à Orléans en 183^m, par minute il fait $\frac{121}{183}$ de km.

Si le train parcourt $\frac{121}{183}$ de km. en 1 minute, le nombre de minutes qu'il mettra pour faire les 113^{km} d'Orléans à Tours sera évidemment $113 : \frac{121}{183} = 170^m = 2^h\ 50^m$.

Comme le train est sorti d'Orléans à $10^h\ 18^m + 15^s$, il arrivera à Tours à

$$10^h\ 18^m + 15^m + 2^h\ 50^m \text{ ou à } 1^h\ 23^m.$$

Comme il s'arrête 15^m, il part de Tours à $1^h\ 38^m$. De $1^h\ 38^m$ à $4^h\ 12^m$, il y a $2^h\ 34^m$ ou 154^m. La distance de Tours à Poitiers est donc $\frac{121}{183} \times 154 = 101^{km},8$.

126. *Quelle est la distance parcourue par une voiture dont les petites roues ont $0^m,80$ de diamètre et les grandes $1^m,40$? On sait d'ailleurs que les premières ont fait 2 000 tours de plus que les secondes.*

RÉP. $11\ 686^m$.

Chaque roue parcourt à chaque tour une distance égale à

$$0,80 \times 3,14 = 2^m,51 \text{ pour les petites,}$$
$$1,40 \times 3,14 = 4^m,40 \text{ pour les grandes.}$$

A chaque tour de roue, les grandes font $4^m,40 - 2^m,51 = 1^m,89$ de plus que les petites. Par suite de cette différence, les petites roues font 2 000 tours de plus que les grandes, ce qui équivaut à une distance à $2^m,51 \times 2\ 000 = 5\ 020^m$.

Donc le quotient de $5\ 020^m$ par $1^m,89$ exprimera le nombre de tours faits par les grandes roues. Or, on a $5\ 020 : 1,89 = 2\ 656$ environ.

La distance demandée sera donc $2\ 656 \times 4^m,40 = 11\ 686^m$, en négligeant la fraction.

127. *4 personnes louent une voiture moyennant 9f,60 pour faire un trajet de 32 km.; après avoir fait 20 kilomètres, elles admettent aux mêmes conditions 2 autres personnes qui achèvent la route avec les 4 premières. On demande ce que doit payer chacune des 4 premières personnes et chacune des 2 dernières.*

RÉP. 2f,10 ; 0f,60.

Après 20km., les 4 personnes doivent les $\frac{20}{32}$, ou les $\frac{5}{8}$ de 9f,60 = 6f.

Les $\frac{3}{8}$ qui restent à parcourir sont dus par les 6 personnes : les $\frac{3}{8}$ de 9f,60 = 3f,60.

Chaque personne des 4 premières paiera le $\frac{1}{4}$ de 6f + le $\frac{1}{6}$ de 3f,60 = 2f,10.

Chaque personne des dernières paiera le $\frac{1}{6}$ de 3f,60 = 0f,60.

128. *Un employé peut disposer de 2 heures pour faire une promenade. Il part dans une voiture qui fait 12 km. à l'heure. A quelle distance du point de départ l'employé doit-il quitter la voiture pour être de retour à l'heure fixée? Il ne compte faire que 4 km. à l'heure en revenant.*

RÉP. 6km.

Puisque l'employé fait 12 km. par heure en voiture et seulement 4 à pied, il va 3 fois plus vite en voiture qu'à pied; par conséquent, sur les 4 demi-heures dont il dispose, il en passera 1 en voiture et 3 à pied. C'est donc à 6 km. du point de départ qu'il devra descendre de voiture.

128 bis. *Deux mobiles, A et B, partent d'un même point et se dirigent dans le même sens. Le mobile A parcourt 8m par seconde et le mobile B 12m. On demande à quelle distance du point de départ le mobile B atteindra le mobile A, si celui-ci part 5s avant celui-là.*

RÉP. 120m.

Avant le départ du mobile B, le mobile A aura parcouru $8 \times 5 = 40^m$. D'ailleurs, par seconde B gagne sur A $12^m - 8 = 4^m$. Pour gagner 40^m, il mettra un nombre de secondes égal à $\frac{40}{4} = 10^s$. La distance demandée sera donc $12 \times 10 = 120^m$.

129. *Un régiment devait mettre 18 jours pour arriver à sa destination ; mais au moment du départ, on reçoit un ordre qui enjoint d'arriver 3 jours plus tôt. En vertu de cet ordre, chaque journée de marche est augmentée de 6 km. On demande combien ce régiment a de kilomètres à faire et combien il en aurait fait chaque jour dans le 1er cas ?*

RÉP. 540^{km} ; 30^{km}.

La distance à parcourir est égale à 18 fois le nombre de kilomètres parcourus dans 1 journée. La même distance est aussi égale à 18 — 3, ou à 15 fois ce même nombre plus 15 fois les $6^{km} = 90^{km}$. Or, 18 fois moins 15 fois ou 3 fois le nombre $= 90^{km}$: donc le nombre de kilomètres parcourus dans 1 journée $= \frac{90}{3} = 30^{km}$.

Le régiment aurait fait par jour 30^{km} dans le 1er cas.
La distance à parcourir est donc $30 \times 18 = 540^{km}$.

130. *Une ligne de chemin de fer ayant deux voies de 497 km. de longueur doit être parcourue par deux locomotives faisant à l'heure, l'une 35 km. et l'autre 42 km. Sachant que la 1re part à 5 h. 36 m. du matin, on demande : 1° A quelle heure devra partir la 2e du point opposé pour arriver en même temps que la 1re à sa destination ? 2° A Quelle heure aura lieu la rencontre des deux locomotives ? 3° A quelle distance du point de départ de la 1re elles se rencontreront ?*

RÉP. 1° $7^h\ 58^m$; 2° $1^h\ 20^m\ 43^s$; 3° $271^{km},084$.

1° Le temps que mettra la 1re locomotive pour parcourir les 497^{km} est $\frac{497}{35} = 14^h\ 12^m$. On aura également pour la seconde $\frac{497}{42} = 11^h\ 50^m$. La différence de ces deux intervalles de temps est $14^h, 12^m - 11^h\ 50^m$ ou $2^h\ 22^m$.

La 2e locomotive mettant $2^h\,22^m$ de moins que la 1re, pour parcourir la même distance, devra donc sortir à $5^h\,36^m + 2^h\,22^m$ ou $7^h\,58^m$ pour arriver en même temps.

2° Avant le départ de la 2e locomotive, la 1re aura déjà parcouru $35 \times 2^h\,22^m = 35 \times \left(2\,\frac{22}{60}\right) = \frac{497}{6}$ de km. La distance qui sépare les 2 locomotives à $7^h\,58^m$ est $497 - \frac{497}{6} = \frac{497}{6} \times 5$. D'ailleurs, elles se rapprochent en 1^h de $35 + 42 = 77^m$. Autant de fois 77 sera contenu dans $\frac{497 \times 5}{6}$, autant d'heures elles mettront avant de se rencontrer :

$$\frac{497 \times 5}{6} : 77 = \frac{497 \times 5}{6 \times 77} = 5^h\,22^m\,43^s \text{ environ.}$$

L'heure de la rencontre sera donc $7^h\,58^m + 5^h\,22^m\,43^s = 1^h\,20^m\,43^s$.

3° Avant la rencontre, la 1re locomotive a été en marche pendant $2^h\,22^m$ d'une part et $5^h\,22^m\,43^s$ de l'autre; en tout pendant $7^h\,44^m\,43^s$, ou pendant 27 883 secondes. Comme d'ailleurs elle parcourt 35^{km} par heure, par seconde elle parcourt $\frac{35}{60 \times 60}$. La distance du point de départ de la 1re au point de rencontre $= \frac{35 \times 27\,883}{3\,600}$ $= 271^{km},084$.

131. *Le coefficient de* DILATATION LINÉAIRE *du fer est* 0,0000118, *ce qui veut dire qu'une barre de fer se dilate des* 0,0000118 *de sa longueur, lorsque la température s'élève de* 1° *centigrade à partir de* 0°. *On demande la longueur, à* 85°, *d'une barre de fer ayant* 3^m *à* 0°.

Rép. $3^m,003009$.

De 0° à 1°, une barre de 1^m se dilate de $0^m,0000118$, une barre de 3^m se dilatera de $0^m,0000118 \times 3$, et pour passer de 0° à 85°, elle se dilatera de $0^m,0000118 \times 3 \times 85$. Si l'on appelle L la longueur de la barre à 85°, on aura donc

$$L = 3^m + 0^m,0000118 \times 3 \times 85$$

ou encore $L = 3 \times (1 + 0^m,0000118 \times 85) = 3^m,003009$.

132. *Une barre de fer a* $2^m,30$ *à* 90°. *Quelle est sa longueur à* 0°, *le coefficient de dilatation du fer étant* 0,0000118 ?

RÉP. $2^m,29755$.

Soit L′ cette longueur. D'après l'égalité trouvée dans l'exercice précédent, on a

$$2^m,30 = L' \times (1 + 0,0000118 \times 90).$$

Il est évident que si l'on divise $2^m,30$ par $1 + 0,0000118 \times 90$, le quotient donnera la longueur de la barre L′ à 0°. En effectuant les calculs, on trouve $2^m,29755$.

133. *Une barre d'acier trempé à* $1^m,40$ *à* 0° *et* $1^m,4013664$ *à* 80°. *Quel est le coefficient de dilatation linéaire de l'acier ?*

RÉP. 0,0000122.

Si l'on désigne par k le coefficient demandé, il est facile de voir, d'après l'égalité trouvée dans l'exercice 131 qu'on a

$$1^m,4013664 = 1^m,40 + k \times 1^m,40 \times 80^\circ.$$

Si l'on retranche $1^m,40$ à chaque membre de cette égalité, il vient

$$0^m,0013664 = k \times 1,40 \times 80.$$

Enfin, si l'on divise les 2 membres de cette égalité par le produit $1,40 \times 80$, le quotient exprimera la valeur de k, coefficient cherché. En effectuant les calculs, on trouve 0,0000122.

134. *Un plan triangulaire a été construit à l'échelle de* 1 *à* 2 000. *Quelle est la superficie du terrain qu'il représente, sachant que la base du triangle a* 54^{mm} 6 *et la hauteur* 48^{mm} 7 ?

RÉP. 53^a 18^{ca}.

A l'échelle de 1 à 2 000,

1^m sur le papier représente $2\,000^m$ sur le terrain,
1^{mm} — — 2^m —

54^{mm} 6 sur le papier représentent sur le terrain $2 \times 54,6 = 109^m,20$.

De même 48^{mm} 7 sur le papier égalent $2 \times 48,7 = 97^m,40$ sur le terrain.

La superficie du triangle est donc

$$109,20 \times \frac{97,40}{2} = 5318^{mq},04 = 53^a\ 18^{ca} \text{ environ.}$$

135. *Une personne achète* $82^a,55$ *de terrain qui lui reviennent, tous frais payés, à* 1 000^f *; elle en revend d'abord les* $\frac{2}{5}$ *à* 12^f *l'are ; puis* $17^a,65$ *à* 15^f. *A combien lui revient l'are du terrain qu'elle possède encore ?*

Rép. $10^f,65$.

Cette personne revend d'abord les $\frac{2}{5}$ de $82^a,55$ ou	$33^a,02$
Ensuite elle revend encore $17^a,65$	17,65
En tout	$50^a,67$

Il lui reste donc $82^a,55 - 50,67 = 31^a,88$.

$12^f \times 33,02 = 396^f,25$ à 1 centime près.
$15 \times 17,65 = 264,75$

Elle a vendu pour 661^f

Le reste $31^a,88$ coûte 1 $000^f - 661^f = 339^f$.

1^a reviendra donc à $\frac{339}{31,88} = 10^f,65$ environ.

136. *Une cuisine a* $5^m,30$ *sur* $4^m,20$. *On emploie des carreaux hexagonaux à 45 par mètre carré, déchet compris, et* $0^{mc},05$ *de mortier. Le mille de carreaux à pied d'œuvre est de* 40^f *et le prix du mètre cube de mortier est de* 12^f. *La main-d'œuvre, et les faux frais s'élèvent à* $1^f,15$ *par mètre carré. Combien a-t-on payé en tout ?*

Rép. 79^f.

La surface de la cuisine est de $5,3 \times 4,2 = 22^{mq},26$.
Le nombre de carreaux nécessaires est de $45 \times 22,26 = 1\ 002$.

Valeur des carreaux $0,04 \times 1\ 002 =$	$40^f,08$
Quantité de mortier $0^{mc},05 \times 22,26$ ou $1^{mc},11$ à $12^f =$	13,32
Main-d'œuvre et faux frais $1^f,15 \times 22,26 =$	25,60
On a payé en tout	$79^f,00$

137. *On a mesuré un terrain qui a donné pour surface* $12^{ha}\ 28^a\ 35^{ca}$. *Mais on s'est aperçu que le décamètre employé était trop court de 3 centimètres. On demande de déterminer la contenance réelle sans recommencer l'opération.*

Rép. 1 221^a.

La chaîne, au lieu d'avoir 10^m n'a que $9^m,97$. Par conséquent ce que l'on prenait pour une surface de $10 \times 10 = 1^a$, n'avait que $9,97 \times 9,97 = 0^a,994009$.

La surface obtenue, $1\,228^a,35$, ne vaut donc, en réalité, que $0^a,994009 \times 1\,228,35 = 1\,221^a$ environ.

138. *Rendu à pied d'œuvre le 1 000 de tuiles plates (petit modèle) coûte* 40^f. *Ces tuiles ont* $0^m,257$ *sur* $0^m,183$ *et se recouvrent aux deux tiers. Combien coûtera la tuile nécessaire à la couverture de* 320^{mq} *de toiture? Pour la casse et les mauvaises tuiles, on augmentera le nombre de* $\frac{1}{20}$.

RÉP. $860^f,15$.

On a pour la surface d'une tuile $0^m,257 \times 0^m,183 = 0^{mq},047031$. Comme les $\frac{2}{3}$ sont recouverts, la surface effective n'est que le $\frac{1}{3}$ de la surface de la tuile. Ce tiers est égal à environ $0^{mq},0156$. Il est évident que le quotient de 1^{mq} par $0^{mq},0156$ donne le nombre de tuiles nécessaires par mètre carré. On trouve 64. Le nombre de tuiles pour la couverture sera donc égal à $64 \times 320 = 20\,480$. Comme on doit augmenter ce nombre de $\frac{1}{20}$, le nombre total des tuiles sera $20\,480 + \frac{1}{20} \times 20\,480 = 21\,504$. Le prix de la tuile sera donc $40^f \times 21\,504 = 860^f,15$ environ.

139. *Si pour faire la couverture dont il est question dans l'exercice précédent, on avait employé des tuiles (grand modèle) ayant* $0^m,31$ *sur* $0^m,23$ *et se payant* 60^f *le 1 000, rendu à pied d'œuvre, aurait-on eu de l'avantage? et combien? On supposera qu'il y a également perte de* $\frac{1}{20}$ *sur le nombre. Ces tuiles se recouvrent aussi aux* $\frac{2}{3}$.

RÉP. On aurait gagné $13^f,45$.

On a pour la surface d'une tuile $0^m,31 \times 0,23 = 0^{mq},0713$. La surface effective est égale à $\frac{1}{3} \times 0^{mq},0713 = 0^{mq},02376$.

Le nombre de ces tuiles nécessaires par mètre carré est égal à $1^{mq} : 0^{mq},02376 = 42$.

Il faudra pour la couverture $42 \times 320 + \frac{42 \times 320}{20} = 14\,112$ tuiles.

Le prix de la tuile sera donc $60^{f} \times 14\,112 = 846^{f},70$ environ.

En faisant usage de la tuile grand modèle, on aurait donc gagné $860^{f},15 - 846,70$ ou $13^{f},45$.

140. *Un propriétaire a fait construire une maison dans laquelle se trouvent* 52 *croisées, dont* 46 *composées chacune de* 6 *carreaux ayant* $0^{m},48$ *sur* $0^{m},58$, *et* 6 *ayant aussi chacune* 6 *carreaux de* $0^{m},28$ *sur* $0^{m},35$. *Le verre, bon* 2ᵉ *choix, coûte au vitrier, rendu à pied d'œuvre,* 3^{f} *le mètre carré. Il estime le déchet, la casse, etc. à* $\frac{1}{6}$ *du prix précédent; la coupe, la pose, etc., à* $0^{f},90$ *le mq.; pour tous faux frais autres que ceux déjà comptés et menues fournitures, il compte* $0^{f},25$ *également par mq. Enfin, il prend* $\frac{1}{10}$ *des sommes précédentes pour son bénéfice et avances de fonds. On demande le prix du mq. et la somme à payer par le propriétaire.*

Rép. Prix du mq. : $5^{f},11$; somme à payer par le propriétaire : $410^{f},70$.

La surface totale des carreaux des grandes croisées est

$$46 \times 6 \times 0,48 \times 0,58 = 76^{mq},8384$$

La surface totale des carreaux des petites croisées est

$$6 \times 6 \times 0,28 \times 0,35 = 3,\ 5280$$

$$80^{mq},3664$$

Soit $80^{mq},37$.

Prix de revient du mètre carré :

Achat.	3^{f}
Pour déchet, casse, etc. $\frac{1}{6}$ de 3^{f}.	0, 50
— coupe, pose, etc.	0, 90
— menues fournitures, etc	0, 25
1ᵉʳ total.	4^{f} 65
— bénéfice $\frac{1}{10}$ de $4^{f},65$	0, 46
Prix du mètre carré.	$5^{f},11$

Somme à payer par le propriétaire :

$$5^{f},11 \times 80,37 = 410^{f},70.$$

141. *Une terre de* 17^{ha} 50^{ca} *était affermée* 1 030^{f} *; après un drainage qui a coûté* 240^{f} *par hectare, la plus-value acquise par la terre est de* 80 *pour* 100. *Calculer le nouveau prix auquel la terre devra être affermée, et au bout de combien de temps le drainage sera payé par l'augmentation du prix de la ferme. On ne tiendra pas compte de l'intérêt de l'argent déboursé pour le drainage.*

Rép. 5 ans environ.

Le prix du drainage est

$$240 \times 17,005 = 4081^{f},20.$$

Puisque la plus-value est de 80 pour 100, ce qui rapportait 100^{f} rapporte 180^{f} après le drainage ;
ce qui rapportait 1 — 1,80 —
— 1 030 — 1,80 × 1 030 = 1 854^{f}.

L'augmentation du prix de fermage est donc

$$1\,854 - 1\,030 = 824^{f}.$$

Puisqu'on ne tient pas compte des intérêts, le drainage sera payé par suite de l'augmentation du prix de fermage, au bout d'un nombre d'années égal au quotient de 4 081^{f},20 : 824. En effectuant la division, on trouve un peu moins de 5 ans.

142. *Quelle doit être la hauteur des montants pour le demi-décastère, lorsque les bûches ont* $1^{m},10$ *?*

Le demi-décastère vaut 5st, donc on a $5^{st} = 3^{m} \times 1^{m},10 \times$ par la hauteur des montants.

Pour avoir la hauteur demandée, il suffit donc de diviser 5 par le produit 3 × 1,10, on a

$$\frac{5}{3 \times 1,10} = \frac{5}{3,3} = 1^{m},515.$$

143. *Le mètre cube de bois de charpente en chêne se vend* 75^{f} *; le transport par mètre cube et par km. coûte* 2^{f},25. *On demande combien on aura à payer en tout pour* $15^{mc},500$ *transportés à* 4 500^{m}.

Rép. 1 319^{f},45.

Le mètre cube coûte 75f
Les frais de transport s'élèvent à $2^f\,25 \times 4\,500 =$ 10,125

Prix du mc. transporté. 85,125

$15^{mc},50$ coûteront $85,125 \times 15,50 = 1\,319^f,45$.

144. *Une barre de fer a pour section un carré de 40 millimètres de côté et pour longueur 3m. On l'étire en la faisant passer en dernier lieu dans un orifice carré ayant 24 millimètres de côté. Quelle longueur aura la barre de fer après cette opération? Bien que la densité du fer ait un peu augmenté dans l'opération, on supposera qu'elle est restée la même.*

Rép. $8^m,333$.

Le volume de la barre de fer $= 40 \times 40 \times 3\,000 = 4800000^{mmc}$.

La surface de l'orifice étant 24×24 ou 576^{mmq}, on a pour la longueur de la barre

$$4\,800\,000 : 576 = 8\,333^{mm} = 8^m,333.$$

145. *Pour un mètre cube de maçonnerie en pierre de taille, il faut $1^{mc},15$ de pierre brut à 30^f le mètre; $0^{mc},10$ de mortier en sable fin lavé à $12^f,60$ le mètre. Pour toute main-d'œuvre, montage, arrosage, rejointoiement, etc., on doit payer $\frac{2}{5}$ de journée de poseur, soit $1^f,50$; $\frac{7}{5}$ de journée de maçon, soit $4^f,20$; une journée de manœuvre, $2^f,25$. Faux frais, échafaudage, outils etc., $\frac{1}{6}$ de la main-d'œuvre; bénéfice de l'entrepreneur $\frac{1}{10}$ de toute la dépense. Calculer, d'après ces données le prix du mètre cube.*

Rép. $49^f,55$.

Pierre brute $30^f \times 1,15 =$		$34^f,50$
Mortier $12^f,60 \times 0,10 =$		1, 26
Main-d'œuvre	$1^f,50$ 4,20 2,25	7, 95
Le $\frac{1}{6}$ de la main-d'œuvre		1, 33
1er total. . .		$45^f,04$

Le $\frac{1}{10}$ pour l'entrepreneur 4,50

2e total, ou prix du mètre cube . 49f,54

Soit 49f,55.

146. *Dans les forêts la carbonisation a lieu en meules circulaires, contenant de* 30 *à* 150 *stères de bois de charbonnette* (1). *On paie* 1f,10 *par stère pour préparation de la faulde, abatage du bois, déchiquetage, transport, mise en meule, etc.; la cuisson est payée généralement* 0f,40 *par mètre cube de charbon.* 1° *Combien, d'après ces données, coûtera la fabrication de* 10 800mc *de charbon? On sait que le rendement du bois en charbon est environ de* 36 % *en volume?* 2° *Combien a-t-il fallu de meules de* 40 *stères chacune pour obtenir ce charbon?*

Rép. 1° 37 320f; 2° 750 meules.

1° Le rendement étant de 36 %, les 10 800mc ne représentent que les 0,36 du bois de charbon employé. D'où il résulte que le nombre de stères employés pour obtenir ce charbon est égal à

$$\frac{10\,800 \times 100}{36} = 30\,000^{st}.$$

Pour abatage, etc., on a donc payé 1,10 × 30 000 = 33 000f.

Pour la cuisson, on a payé 0,40 × 10 800 = 4 320f.

Frais de fabrication. . . . . 37 320f.

2° Il est évident que le nombre de meules est égal à

$$\frac{30\,000}{40} = 750.$$

147. *Une poutre en chêne a* 4m,20 *de long et* 0m,27 *d'équarrissage. Combien, employée comme pièce de charpente, rendra-t-elle en volume? et combien coûtera-t-elle? Pour obtenir* 1mc *posé, il faut* 1mc,05 *à* 80f *le mètre. Pour le débit, l'ajustage, la pose, etc., il faut par mètre cube l'équivalent d'une journée d'ouvrier charpentier à* 3f,50, *et d'un manœuvre à* 2f,25.

(1) Les meules les plus ordinaires sont de 36 à 40 stères. Il ne convient pas de les faire trop petites, le rendement est moins considérable. — *Faulde* emplacement de la meule.

Les faux frais et le bénéfice de l'entrepreneur sont estimés à $\frac{3}{20}$ de toutes les dépenses précédentes.

RÉP. $0^{mc},291$; $30^f,20$.

Le volume de la poutre est...... $0^m,27 \times 0,27 \times 4,20 = 0^{mc},306$.

Il est facile de trouver combien cette poutre rendra en *mc.*, employée comme pièce de charpente ; car, si

$$1^{mc},05 \quad \text{rend} \quad 1^{mc},$$

$$1^{mc} \quad — \quad \frac{1}{1,05},$$

$$\text{et} \quad 0^{mc},306, \quad — \quad \frac{0,306}{1,05} = 0^{mc},291.$$

A 80^f le mètre cube, on payera pour le prix d'achat : $80 \times 0,306 = 24^f,50$ environ.

Les frais pour le débit et autres sont estimés à $3^f,50 + 2^f,25 = 5^f,75$ par mètre cube.

Si 1^{mc} occasionne $5^f,75$ de frais, il est évident que les frais pour $0^{mc},306$ seront $5^f,75 \times 0,306 = 1^f,75$.

La dépense totale sera $24^f,50 + 1^f,75 =$ $26^f,25$

Ajoutant les $\frac{3}{20}$ pour bénéfice, etc., $26,25 \times \frac{3}{20} =$ $3^f,95$ environ.

La poutre employée coûte $30^f,20$.

148. *En carbonisant du bois, on obtient un rendement en volume de 35 %. On paie $1^f,10$ par stère de bois pour préparation de la faulde, abatage, déchiquetage, mise en meule, etc., et $0^f,40$ par mètre cube de charbon pour la cuisson. Pris en forêt, le stère de bois qui a servi à la carbonisation aurait pu être vendu $3^f,25$, avant l'abatage.*

Quel bénéfice aura-t-on de transformer 100 stères de ce bois en charbon? Le charbon pris en forêt est estimé 14^f le mètre cube.

RÉP. 41^f.

Le rendement en volume étant 35 %, 100 stères de bois donnent 35^{mc} de charbon, qui valent, pris en forêt, $14^f \times 35 = 490^f$.

On a dépensé pour obtenir ce charbon :

Pour la préparation des fauldes, abatage, etc. $1^f,10 \times 100 = 110^f$.

Pour cuisson . . . . $0^f,40 \times 35 = 14.$

Total. . . . 124^f.

Le produit net du bois transformé en charbon est donc

$$490^f - 124 = 366^f.$$

100 stères à $3^f,25$ l'un font 325^f.

On a donc gagné en transformant les 100st en charbon,

$$366 - 325 = 41^f.$$

149. *Année ordinaire, les marcs pressurés provenant d'une pièce de vin de 230 litres donnent 4 litres d'eau-de-vie. La fabrication d'une pièce de cette eau-de-vie coûte 28ᶠ, et on doit en outre fournir 1ˢᵗ,5 de bon bois, estimé généralement 12ᶠ le stère.*

Un vigneron a fait 60 pièces de vin. On demande la quantité d'eau-de-vie qu'il doit retirer de ses marcs, et à combien lui reviendra le litre de ce liquide.

Rép. 240ˡⁱᵗ ; 0ᶠ,20.

Pour 1 pièce de vin le vigneron retire 4 litres d'eau-de-vie;
— 60 — — — $4 \times 60 = 240^{lit}$ d'eau-de-vie;

1 pièce ou 230ˡⁱᵗ d'eau-de-vie coûte 28ᶠ de fabrication + 18 de bois = 46ᶠ.

$$1^{lit} \quad — \quad — \quad \frac{46}{230} = 0^f,20.$$

150. *Un commerçant de Paris a acheté 10 barriques de vin de Bordeaux de 228 litres chacune. L'hectolitre lui revient à 70ᶠ,50 en gare à Paris; il paie en outre 20ᶠ par hectolitre pour l'entrée, plus le double décime pour franc pour un hectolitre seulement. Enfin, pour le transport de tout son vin de la gare à son domicile et pour tous autres frais, il donne 31ᶠ,50. Au bout de quelque temps, ce commerçant met son vin dans des bouteilles de 82 centilitres, qui lui ont coûté 18ᶠ le 100, et vend son vin au détail, à raison de 1ᶠ,20 la bouteille perdue. Quel a été son gain brut pour 100? On sait qu'en mettant son vin en bouteille, il a trouvé un déchet de 20 litres sur la totalité.*

Rép. 27ᶠ, 44.

Le commerçant a acheté 10 barriques de 228ˡⁱᵗ chacune ou 22ʰˡ,80.
En gare à Paris, son vin lui coûte déjà

$70^f,50 \times 22,80 =$	1 607ᶠ,40
Il paie pour le double décime du 1ᵉʳ hl. $0,2 \times 20 =$	4
Il paie pour entrée $20 \times 22,80 =$	456
Transport au domicile et autres frais	31,50
Le nombre de litres à revendre est 2 280 — 20 = 2 260.	
Le nombre de bouteille est 2 260 : 0,82 = 2 756 (1).	
Prix des bouteilles : $18^f \times 27,56 =$	496,10
Prix total du vin en bouteille. . .	2 595ᶠ

(1) Les bouteilles ne pouvant être exactement remplies, il faudrait, dans la pratique, compter sur un nombre un peu plus considérable : ce qui vient augmenter le bénéfice du commerçant.

Prix de vente 1f,20 × 2 756 = 3 307f,20.

Bénéfice brut 3 307f,20 — 2 595 = 712f,20.

712f,20 représentent le bénéfice brut sur 2 595f.

Le bénéfice brut par 100f est donc

$$\frac{712{,}20 \times 100}{2\,595} = 27^{f},44.$$

151. *Quel effort exigerait, pour être soutenu dans du mercure à 0°, un décimètre cube de platine, la densité du mercure étant* 13,596 *et celle du platine fondu* 21,15?

RÉP. 7kg,554.

1dmc d'eau pèse 1kg, 1dm de platine pèse par conséquent 21kg,15. Plongé dans du mercure, il perd de son poids, une partie égale au poids du liquide qu'il déplace; or, il déplace 1dmc dont le poids est 13kg,596. Le décimètre cube de platine ne pèse donc plus dans le mercure que 21kg,15 — 13kg,596 = 7kg,554. L'effort qu'exige le platine, pour être soutenu, est donc 7kg,554.

152. *Le stère de charme sec, bois de quartier, pèse* 330 *kg.; le stère du même bois de rondin pèse* 260 *kg. Si l'on paie, rendu à la maison,* 12f *le stère de bois de quartier, combien devra-t-on payer le stère de bois de rondin, en supposant la même valeur pour* 1 *kg. de bois de quartier et de rondin?*

RÉP. 9f,45.

330kg se paient 12f,

1 se paie $\frac{12}{330}$,

260kg se paient $\frac{12}{330} \times 260 = 9^{f},45.$

153. 485 *gr. de bougie (vendus pour le demi-kilog.) donnent* 50 *heures d'éclairage et coûtent* 1f,40. *Quelle dépense fera une personne qui a employé ce mode d'éclairage pendant* 120 *jours et en moyenne* 4 *heures par jour?*

RÉP. 13f,44.

50 heures d'éclairage coûtent 1f,40,

1 — — coûte $\frac{1{,}40}{50}$,

4h ou 1 jour d'éclairage — $\frac{1{,}40 \times 4}{50}$,

120 jours — — $\frac{1{,}4 \times 4 \times 120}{50} = 13^{f},44.$

184. *Sur un sol horizontal, un homme transporte dans sa journée de 10 heures 200 brouettées de 60 kg., 8^{mc} de terre, à 30^{m}. Quelle doit être la densité de cette terre pour qu'il puisse faire ce travail ?*

RÉP. 1,5.

60^{kg} × 200 = 12 000^{kg} représentent le poids de la terre transportée.

Or, 12 000^{k} donnent un volume de 8 000 dmc.

Donc 1^{dmc} pèse $\frac{12\,000}{8\,000}$ = 1^{kg},50.

185. *Les bouchers considèrent généralement qu'ils doivent avoir pour bénéfice brut : le suif, la peau et les issues. Cela admis, combien devra-t-on vendre un bœuf gras de qualité ordinaire et pesant en vie 610 kg? La viande étant estimée en moyenne 1^{f},50 le kg., et les bœufs de qualité ordinaire rendant à peu près 50 % en viande.*

Le bœuf en question pesant 610^{kg} rend en viande la moitié ou 305^{kg}. On devra donc vendre le bœuf 1^{f},50 × 305 ou 457^{f},50.

186. *Lorsqu'on fait moudre du blé, on laisse pour la mouture $\frac{1}{20}$ du blé au meunier, ou l'on paie 1^{f},40 par 100 kg. de blé. Le double décalitre, qui pèse 15 kg. se vend 4^{f},50. Un propriétaire qui fait moudre 60 doubles décalitres paie en blé : a-t-il gagné ou perdu? Combien?*

RÉP. Il a perdu 0^{f},90.

Si le propriétaire paie en blé, il laissera le $\frac{1}{20}$ de 60 doubles décalitres ou $\frac{60}{20} = 3$, à 4^{f},50, ce qui donne 13^{f},50.

Son blé pèse 15 × 60 = 900^{kg}.

S'il paie en argent, il versera donc 1,40 × 9,00 = 12^{f},60.

En laissant du blé, le propriétaire a perdu 13^{f},50 — 12,60 = 0^{f},90.

137. *Un bloc de pierre a* $1^m,80$ *de long sur* $1^m,10$ *de large et* $0^m,80$ *de haut. La densité de cette pierre est* 2,4. *Le mètre cube coûte* 20^f *pris à la carrière ; on paie* 5^f *par cheval, et un cheval peut traîner* 950 *kg., poids utile, sur la route à parcourir. On demande ce que cette pierre coûtera rendue à pied d'œuvre.*

RÉP. $51^f,70$.

Le volume de la pierre est $1^m,80 \times 1,10 \times 0,80 = 1^{mc},584$.

Son poids est $1,584 \times 2,40 = 3\,801^{kg},6$.

Un cheval peut traîner 950^{kg}.

Le nombre de chevaux nécessaires pour traîner $3\,801^{kg},6$ est évidemment $\frac{3801,6}{950} = 4$ chevaux.

Cette pierre coûtera donc : $20^f \times 1,584 + 5 \times 4 = 51^f,70$ environ.

138. *Combien pourra-t-on faire de kilogrammes de pain avec un sac de blé de* 160 *litres? Le poids de ce blé n'est que les* $\frac{3}{4}$ *du poids d'un même volume d'eau, il perd les* 0,28 *de son poids par la mouture, et* 3 *kg. de farine donnent* 4 *kg. de pain. Quelle sera la valeur de ce pain, à raison de* $0^f,325$ *le kg?*

RÉP. $115^{kg},2$ de pain ; $37^f,34$.

160 litres d'eau pèsent 160^{kg}, le sac pèse donc les $\frac{3}{4}$ de 160 ou 120^{kg}.

Pour la mouture il y a perte de 28 %; il ne reste plus que les les 0,72 de 120^{kg} ou $120 \times 0,72 = 86^{kg},40$ de farine.

Mais 3^{kg} de farine donnant 4^{kg} de pain.

1^{kg} — donnera $\frac{4}{3}$ de kg. de pain.

Les $86^{kg},40$ — donneront $\frac{4 \times 86,4}{3} = 115^{kg},2$ de pain.

A $0^f,325$ le kg., la valeur du pain est de

$0^f,325 \times 115,2 = 37^f,34$.

139. *L'air pèse environ* 773 *fois moins que l'eau. La densité du mercure par rapport à l'eau est* 13,596. *Calculer le nombre de litres d'air qu'il faut pour peser autant qu'un litre de mercure.*

RÉP. $10\,509^l,708$.

773 litres d'air donnent un poids égal à 1 litre d'eau ;
Or, il faut $13^{l},596$ d'eau pour 1 litre de mercure.
Donc il faut $773 \times 13,596$ ou $10\ 509^{l},708$ d'air pour peser 1 litre de mercure.

160. *La densité moyenne de la houille est 1,3, tandis que la houille en morceaux ne pèse environ que 82 kg. l'hectolitre ras. Combien d'hectolitres de houille pourrait-on obtenir d'un bloc de houille ayant $2^{m},10$ de long sur $2^{m},40$ de large et $1^{m},60$ de hauteur?*

Rép. $127^{hl},84$.

Le volume du bloc de houille est égal à

$$2,10 \times 2,40 \times 1,60 = 8\ 064^{dmc}.$$

Le poids de ce volume est par suite

$$1,3 \times 8\ 064 = 10\ 483^{kg},2.$$

Le nombre d'hectolitres demandés sera par conséquent

$$10\ 483,2 : 82 = 127^{hl},84.$$

161. *Une machine à vapeur de la force de 12 chevaux (1) consomme par force de cheval et par heure 5 kg. de houille; elle a marché dans ces conditions pendant 220 jours : quelle a été la dépense en combustible, si l'on paie 31^{f} les 1 000 kg. de houille rendus?*

Rép. $982^{f},10$.

Par force de 1 cheval, la machine consomme 5^{kg} par heure.
— 12 chevaux — — $5 \times 12 = 60^{kg}$ par heure.
En 24 heures, ou en 1 jour, — — $60 \times 24 = 1\ 440^{kg}$.
Et en 220 jours — — $1\ 440 \times 220 = 316\ 800^{kg}$.
A 31^{f} les $1\ 000^{kg}$, on a $31 \times 316,8 = 982^{f},10$ environ.

162. *Il y a dans un clos rectangulaire une couche de neige dont l'épaisseur moyenne est $0^{m},68$. On demande de calculer le*

(1) On adopte pour *unité de travail* le kilogrammètre (*kgm.*). On appelle *kilogrammètre* le travail nécessaire pour élever un kilogramme à 1^{m} de hauteur.

Dans l'évaluation du travail des machines puissantes, on prend pour unité le *cheval-vapeur*, la force d'un cheval-vapeur correspond à 75 kgm. par seconde. Par exemple, une machine de 10 chevaux produit en une seconde un travail de 75×10 ou 750 kgm.

Pour évaluer en *kgm.* le travail produit par seconde, on multiplie le poids élevé, ou l'effort moyen exercé, par la vitesse par seconde.

poids et le volume de l'eau qui en résultera lorsqu'elle sera fondue, sachant que le clos a 120^{m} *sur* 78^{m}, *et que la densité de cette couche de neige peut être évaluée à* 0, 30 (1).

Rép. 1 909 440^{kg} ; 1 909^{mc},440.

La surface du clos est de 120^{m} $\times$ 78 = 9 360^{mq}.

Le volume de la neige est de

$$9\,360 \times 0{,}68 = 6\,364^{mc}{,}80 = 6\,364\,800^{dmc}.$$

Le poids de la neige ou de l'eau qui en résultera est égal à

$$6\,364\,800 \times 0{,}3 = 1\,909\,440^{kg}.$$

Le volume de cette eau est donc égal à 1 909 440^{dmc} ou 1 909^{mc},440.

163. *Un négociant a depuis quelque temps en magasin* 820 *hl. de blé qui lui a coûté* 4 *fr. le double décalitre, et pèse en moyenne* 75 *kg. l'hectolitre. Il vend son blé à un boulanger à raison de* 31 *fr. le sac de* 100 *kg. Quel est son gain brut, sachant qu'il a trouvé* 0,005 *de déchet?*

Rép. 2 569^{f},70.

Le négociant a acheté 820^{hl} ou 5 $\times$ 820 = 4 100 doubles décalitres de blé.

L'achat des 4 100 doubles décalitres coûte 4 $\times$ 4 100 = 16 400^{f}.

Le déchet étant égal à 0,005 $\times$ 820 = 4^{hl},1, le négociant n'a revendu que 820 — 4,1 = 815^{hl},9.

Le poids de ce blé est égal à 75 $\times$ 815,9 = 61 192^{kg},5.

La vente a produit 31 $\times$ 611,925 = 18 969^{f},70.

Bénéfice brut 18 969^{f},70 — 16 400^{f} = 2 569^{f},70.

164. *Quelle est la capacité d'un vase qui a été rempli avec de l'eau distillée et de l'eau-de-vie, sachant que le poids de l'eau et de l'eau-de-vie est égal au* $\frac{19}{20}$ *de l'eau distillée que pourrait contenir le vase, et qu'enfin, le poids du liquide contenu dans ce vase est de* 3 *kg.* 5?

Les 3^{kg},5, poids du liquide contenu dans le vase, représentent les $\frac{19}{20}$ du poids de l'eau distillée qu'il contiendrait : le $\frac{1}{20}$ sera $\frac{3,5}{19}$ et $\frac{20}{20}$ égaleront $\frac{3,5 \times 20}{19}$ ou 3^{kg},684.

(1) La densité de la neige est très-variable.

Le poids de l'eau distillée serait donc $3^{kg},684$ et la capacité du vase est $3^{l},684$.

165. *Immédiatement après le battage, un fermier vend la plus grande partie de sa récolte en blé pour* 6 583 *fr.* 50, *à raison de* 28 *fr. les* 100 *kg. On demande en hectares, ares et centiares la surface du terrain qui a produit cette quantité de froment, sachant qu'un hectare de terre a donné* 20 *hl. et que l'hectolitre pèse* 75 *kg.*

RÉP. $15^{ha}\ 67^{a}\ 50^{ca}$.

100^{kg} valent 28^{f}; 1^{kg} vaut $0^{f},28$ et 75^{kg} valent $0,28 \times 75 = 21^{f}$.

Le prix de 20^{hl} sera $21 \times 20 = 420^{f}$: tel est le produit d'un hectare.

Le nombre d'hectares, d'ares et de centiares est donc égal à $\frac{6\ 583^{f},50}{420} = 15^{ha}\ 67^{a}\ 50^{ca}$.

166. 800 *kg. de bois ordinaire ne produisent pas plus de chaleur que* 300 *kg. de houille. Dans une maison où l'on brûle* 20 *stères de bois par an, quelle économie pourrait-on faire en brûlant de la houille à* 3 *fr.*,50 *les* 100 *kg., au lieu de bois à* 12 *fr. le stère du poids de* 380 *kg.?*

RÉP. $140^{f},25$.

A 800^{kg} de bois, on peut substituer 300^{kg} de houille.

— 1 — — — $\frac{300}{800} = \frac{3}{8}$ de houille.

— $380^{kg} \times 20$ — — $\frac{3 \times 380 \times 20}{8} = 2\ 850^{kg}$ de houille.

Mais 20 stères de bois à 12^{f} le stère coûtent 12×20 ou 240^{f}

Et $2\ 850^{kg}$ de houille à $3^{f},50$ les 100^{kg} coûtent $3,50 \times 28,50$ ou $99^{f},75$

Donc l'économie annuelle est de $140^{f},25$

167. *Un tonneau plein d'eau pèse* 232 *kg.; rempli de vin de Bourgogne dont la densité est* 0,991, *il pèse* 230 *kg.,2. Trouver le poids et la capacité du tonneau.*

RÉP. 32^{kg} ; 200^{l}.

La différence des poids 232 — 230, 2 ou $1^{kg},8$ provient évidemment de la différence de densité des liquides. Or, le litre d'eau pèse 1^{kg}, et le litre de vin $0^{kg},991$, différence 9^{gr}. Autant de fois 9^{gr} sont contenus dans $1^{kg},8$ ou $1\,800^{gr}$ autant ce tonneau contient de litres : $1\,800 : 9 = 200^{l}$ ou 200^{kg}.

Le tonneau pèse donc $232 - 200 = 32^{kg}$.

168. *Une machine à vapeur dépense* 50 400^{kg} *de houille en* 70 *jours. Une amélioration apportée à la machine réduit la dépense à* 23 040 *kg. en* 40 *jours. On demande l'économie brute due chaque année à l'amélioration. On suppose que la machine fonctionne pendant* 302 *jours de l'année, et que les* 100 *kg. de houille coûtent* 3 *fr.*,20.

RÉP. $1\,391^{f},60$.

La machine dépensant en 70 jours $50\,400^{kg}$ de houille, en 1 jour, elle dépenserait $\frac{50\,400}{70}$; et en 302 jours $\frac{50\,400 \times 302}{70} = 217\,440^{kg}$.

En 40 jours, depuis l'amélioration, la machine dépense $23\,040^{kg}$.

— 1 — — — — $\frac{23\,040}{40}$

En 302 jours, elle dépense

$$\frac{23\,040 \times 302}{40} = 173\,952^{kg}.$$

Il y a donc économie de $217\,440 - 173\,952 = 43\,488^{kg}$ de houille.

A $3^{f},20$ les 100^{kg}, on a $3^{f},20 \times 434,88 = 1\,391^{f},60$ environ.

169. *En laissant évaporer à l'air libre, l'eau des marais salants, l'extraction de* 1 000 *kg. de sel coûte, d'après M. Payen, au maximum* 25 *fr. L'eau de mer dont la densité est* 1,026 *contient en poids environ* 0,025 *de sel marin. On demande combien, dans ces conditions, il faudrait d'hectolitres d'eau de mer pour obtenir* 12 530 000 *kg. de sel, et à quelle somme s'élèverait la dépense.*

RÉP. $4\,884\,990^{hl}$; $315\,750^{f}$.

1^{kg} d'eau de mer contient $0^{kg},025$ de sel.

La densité de l'eau de mer étant 1,026, il en résulte que 1^{hl} pèse $102^{kg},6$.

1^{hl} d'eau de mer peut donc donner en sel $0^{kg},025 \times 102,6 = 2^{kg},565$.

Pour obtenir 12 530 000^{kg} de sel, il faudra donc un nombre d'hectolitres égal à 12 530 000 : 2,565 = 4 884 990.

La dépense s'élèverait à 0,025 × 12 530 000 = 315 750^{f}.

170. *Une récolte en froment a été vendue à raison de 24 fr. les 100 kg. et a produit 3 978 fr. On avait ensemencé 8^{ha} 50^{a} : quel est en hectolitres le rendement par hectare, le poids de l'hectolitre étant de 78 kg. ?*

RÉP. 25^{hl}.

100^{kg} de blé valent 24^{f}.

1 — vaut 0,24.

La récolte a produit un nombre de kg. égal à 3 978^{f} : 0,24 = 16 575^{kg}.

$8^{ha},5$ ont produit 16 575^{kg}.

1 a produit 16 575 : 8,5 = 1 950^{kg}.

1^{hl} pèse 78^{kg},

Le nombre d'hectolitres par hectare est donc de 1 950 : 78 = 25.

171. *Un tonneau vide pèse 25^{kg}, 300, rempli de vin de Bourgogne, dont la densité est 0,99, il pèse 253 kg. Le vin a été acheté à raison de 35 fr. l'hectolitre ; les frais de transport et autres se sont élevés à 8 fr. par hectolitre. On demande la somme due au vendeur, et à combien revient le tonneau rendu en cave.*

RÉP. $80^{f},50$; $98^{f},90$.

Le poids du vin égal 253^{kg} — 25,3 = $227^{kg},7$.

Le poids d'un litre de ce vin est $0^{kg},99$. Le nombre de litres contenus dans le tonneau sera donc égal à 227,7 : 0,99 = 230^{l}.

Le vendeur doit recevoir 35^{f} × 2,30 = $80^{f},50$.

L'hectolitre revient à l'acheteur à 35 + 8 = 43^{f}.

Rendu en cave, le tonneau coûtera donc 43^{f} × 2,30 = $98^{f},90$.

172. *Sur 100 kg. de viande de bœuf crue et reçue, on trouve : os, 22 kg. ; graisse, 2 kg.,5 ; déchets et perte par cuisson, 29 kg.,25 ; viande cuite, parée et distribuable, 46 kg.,25. Dans un établissement où il faut 16 kg. de viande de bœuf par repas, quel poids de viande distribuable et d'os doit-on trouver après la cuisson ?*

RÉP. $7^{kg},400$ de viande distribuable ; $3^{kg},520$ d'os.

Pour la viande, on doit trouver $\frac{46,25 \times 16}{100} = 7^{kg},40$

Pour le poids des os. . . . . . $\frac{22 \times 16}{100} = 3,\ 52$

Pour la perte par cuisson . . . $\frac{29,25 \times 16}{100} = 4,\ 68$

Pour la graisse . . . . $\frac{2,50 \times 16}{100} = 0,\ 40$

$16^{kg},00$

173. *Le veau rend en viande cuite et désossée 48,5 p. °/₀ de viande crue : quelle quantité de viande crue faut-il acheter pour avoir 5 kg. de viande cuite désossée?*

Rép. $10^{kg},310$.

Pour avoir $48^{kg},5$ de viande cuite et désossée, il faut 100^{kg} de viande.

— 1^{kg} — — — $\frac{100}{48,5}$ —

— 5^{kg} — — — $\frac{100 \times 5}{48,5} = 10^{kg},310$

environ.

174. *Le veau de très-bonne qualité rend en viande à 2 mois 65 °/₀ de son poids en vie. Lorsqu'on fait cuire cette viande, il ne reste plus, après l'avoir désossée, que les 0,485 de son poids avant la cuisson. Quelle quantité de viande cuite et désossée doit-on retirer d'un veau qui pèse 102 kg. en vie?*

Rép. $32^{kg},155$.

Sur 100^{kg} en vie on retire 65^{kg} ; sur 1^{kg} on retire $0^{kg},65$;
102^{kg} donneront donc en viande $0^{kg},65 \times 102 = 66^{kg},3$
Cette viande donnera en viande désossée

$$66,3 \times 0,485 = 32^{kg},155.$$

175. *Dans un grand établissement de Paris, on a trouvé que la viande de mouton consommée dans quatre années a donné les résultats suivants :*

Os	$502^{kg},50$
Graisse	90,
Perte pour la cuisson et les déchets	684, 05
Viande cuite, parée, distribuable	1 153, 45

5

On demande d'établir, d'après ces chiffres, le rendement pour 100 *de la viande de mouton en os, graisse, viande cuite et la perte par la cuisson et les déchets.*

RÉP. 20,679 en os ; 3,703 en graisse ; 28,150 perte et déchets ; 47,468 viande distribuable.

502kg,50	Pour 2 430kg de viande, on a 502kg,50 d'os			
90, 684, 05	—	1	— —	$\frac{502,50}{2\ 430}$
1 153, 45 ――― 2 430kg	—	100	— —	$\frac{502,50 \times 100}{2\ 430} = 20^{kg},679$

On trouve pour la graisse $\frac{90 \times 100}{2\ 430} = 3,703$

Perte et déchets $\frac{684,05 \times 100}{2\ 430} = 28,150$

Pour viande cuite, distribuable $\frac{1\ 153,45 \times 100}{2\ 430} = 47,468$

100kg.

176. *Dans les établissements d'instruction, on doit donner aux grands élèves environ* 65 *gr. de viande cuite désossée par tête et par repas ; aux moyens* 55 *gr. et aux petits* 45 *gr. Quelle quantité de viande faut-il acheter par repas pour les élèves dans un établissement où l'on compte* 50 *grands élèves,* 80 *moyens et* 120 *petits ; le rendement moyen de la viande crue étant* 47 % *en viande cuite ?*

RÉP. 27kg,765.

Pour les grands élèves, il faut $65^g \times 50 = 3\ 250^g$ de viande cuite.
— moyens — — $55 \times 80 = 4\ 400$ —
— petits — — $45 \times 120 = 5\ 400$ —

Total. . . . . 13 050g de viande cuite.

47g de viande cuite proviennent de 100g de viande crue.

1 — provient de $\frac{100}{47}$ —

13 050 — proviennent de $\frac{100 \times 13\ 050}{47} = 27\ 765^g$ de viande crue, ou 27kg,765.

177. *Un boucher fournit une maison importante. Sa note du mois se monte à* 119 *kg.*,500 *de viandes diverses au prix de* 1 *fr.*, 40 *le kg. Les os trouvés par la cuisinière donnent un poids de* 30 *kg.*,750. *Combien le boucher a-t-il fait perdre à la maison, sachant qu'on aurait dû trouver au plus* 23 % *d'os?*

RÉP. 4^f,55.

100^{kg} de viande doivent produire en moyenne. . . 23^{kg} d'os.
1 — doit — — 0^{kg},23.
119,5 — doivent — — 0,23 × 119,5 = 27^{kg},485.

Or, 30^{kg},750 — 27,485 = 3^{kg},65.

Il y a 3^{kg},265 en plus d'os de ce qu'on devait avoir.

Le boucher occasionne donc à la maison une perte de

1^f,40 × 3,265 = 4^f,55 environ.

178. 100 *kg. de houille coûtant* 3 *fr.*,50 *à pied d'œuvre, produisent* 21^{mc},50 *de gaz* (1) *rendus au bec : combien, dans ces conditions, a coûté la houille qui a servi à fabriquer les* 59 814 160 *mc. de gaz brûlé dans une année à Paris?*

RÉP. 9 737 188^f,85.

21^{mc},50 de gaz sont le produit de 100^{kg} de houille.

1^{mc} — est — $\frac{100}{21,5}$ —

Les 59 814 160^{mc} sont le produit de

$$\frac{100 \times 59\ 814\ 160}{21,5} = 278\ 205\ 395^{kg} \text{ de houille.}$$

A 3^f,50 le quintal, on a pour le prix cherché

3^f,50 × 2 782 053,95 = 9 737 188^f,85 environ.

179. *Un vase rempli d'eau pèse* 13 *kg.*,25, *rempli d'huile d'olive, il pèse* 12 *kg.*,40; *la densité de l'huile d'olive est* 0,915. *Quel est le poids du vase vide et quelle en est la capacité?*

RÉP. 3^{kg},25 ; 10^{lit}.

La différence du poids de 1^{lit} d'eau avec 1^{lit} d'huile est 1 — 0,915 = 0,085. Comme le vase contient autant de litres d'eau que d'huile, cette différence sera répétée autant de fois que le vase con-

(1) Un rendement plus considérable a été obtenu par MM. Pauwels et Dubochet (*Voir exercice 90*).

tient de litres. Donc en divisant la différence $13^{kg},25 - 12,40$ ou 0,85 par 0,085, on trouvera la capacité du vase

$$0,85 : 0,085 = 10^{l}.$$

10 litres d'eau pèsent 10^{kg}.

$13^{kg},25 - 10 = 3^{kg},25$ pour le poids du vase.

180. *Dans divers pays,* 100 *kg. de minerai brut rendent* 70 *kg. au lavage. D'ailleurs* 100 *kg. de minerai lavé rendent par la fusion* 38 *kg. de fonte. Combien a-t-il fallu laver de minerai pour obtenir* 10 000 *kg. de fonte, et combien a coûté le minerai lavé à raison de* 14 *fr. le mètre cube du poids de* 1 600 *kg. ?*

Rép. $37\,593^{kg}$; 230^{f}.

38^{kg} de fonte proviennent de 100^{kg} de minerai lavé.

1^{kg} — provient de $\frac{100}{38}$ —

$10\,000^{kg}$ — proviennent de $\frac{100 \times 10\,000}{38}$.

D'ailleurs 70^{kg} de minerai lavé proviennent de 100^{kg} de minerai brut.

1 — provient de $\frac{100}{70}$ —

$\frac{100 \times 10\,000}{38}$ — proviennent de $\frac{100}{70} \times \frac{100 \times 10\,000}{38}$
$= 37\,593^{kg}$.

Le mètre cube ou $1\,600^{kg}$ de minerai lavé coûtent 14^{f}.

1 — coûte $\frac{14}{1\,600}$.

$$\frac{100 \times 10\,000}{38} \text{ coûtent } \frac{14}{1\,600} \times \frac{100 \times 10\,000}{38} = 230^{f}$$

181. 100 *litres de lait d'une vache normande donnent ordinairement* 10 *kg. de crème, avec laquelle on peut faire* 4 *kg. de beurre : quelle valeur représentera le beurre produit annuellement par une vache normande de grande taille et de* 1er *ordre, dans le cas où elle donnera en moyenne* 10 *litres de lait par jour, et que le beurre sera vendu à raison de* 1 *fr.,80 le kg. ? On ne tiendra pas compte des frais divers occasionnés par la nourriture, etc.*

Rép. $262^{f},80$.

10 litres de lait par jour donnent en 365 jours 3 650 lit.

100l donnent 10kg de crème ou 4kg de beurre.

1l donne 0kg,04 —

3 650l donnent 0,04 × 3 650 = 146kg de beurre.

Comme le beurre se vend 1f,80 le kg., le prix ou la valeur du beurre est 1,80 × 146 = 262f,80.

182. *Une lampe modérateur dépense 28 gr. d'huile par heure, et donne une lumière égale à celle de 6 bougies environ. L'huile vaut 1 fr.,60 le kg; la mèche et l'entretien coûtent 0,004 par heure. 485 gr. de bougie donnent 50 heures d'éclairage et coûtent 1 fr.,40.*

1° A-t-on avantage de se servir de la lampe modérateur? et de combien par heure?

2° Une personne qui n'a besoin que de la lumière donnée par une bougie perdrait-elle en faisant usage d'une lampe modérateur? et combien par heure?

RÉP. 1° Avantage par heure : 0f,1192 ; 2° Perte par heure : 0f,0208.

La lampe consomme par heure 28 grammes d'huile à 1f,60 le kg.

1f,60 × 0,028 + entretien, 0f,004 . . . . . = 0f,0488.

L'éclairage, en se servant de bougies et 6 à la fois, en 50h, coûte 1f,40 × 6 . . . . = 8f,40

Dans les mêmes conditions, l'éclairage de 1h coûte $\frac{8^f,40}{50} = 0^f,168$.

Les 6 bougies coûtent par heure	0f,1680
La lampe coûte —	0,0488
Dépense en plus par heure, en se servant de bougies	0f,1192
La lampe coûte par heure	0f,0488
1 bougie — —	0,0280
Dépense en plus par heure, en se servant de la lampe	0f,0208

183. *Un fondeur a livré une cloche au prix de 3 fr. 80 le kilogramme. Il a employé pour la fondre : 1° 500 kg. de cuivre valant 2 fr. 10 le kg.; 2° 140 kg. d'étain se payant 3 fr. 60 le kg. Il y a 6 % de déchet à la fonte; les frais de main-d'œuvre et frais divers se sont élevés à 265 fr. On demande quel a été le bénéfice du fondeur.*

RÉP. 467f.

A $2^{f},10$ le kg. de cuivre, 500^{kg} vaudront	$2,10 \times 500 =$	$1\,050^{f}$
A $3^{f},60$ — d'étain, 140 —	$3,60 \times 140 =$	504
Les frais s'élèvent à.		265
Prix de revient de la cloche		$1\,819^{f}$

Le métal employé $= 500 + 140 = 640^{kg}$

Déchet de 6 % ou $\frac{640 \times 6}{100} =$ 38, 4

Poids réduit $601^{kg},6.$

$601^{kg},6$ à $3^{f},80$ le kg. donnent $3^{f},80 \times 601,6 = 2\,286^{f},08.$

Le bénéfice net sera $2\,286^{f},08 - 1\,819^{f} = 467^{f},08.$

Soit 467^{f}.

184. *Sur* 100 *kg. de leur poids en vie, les bœufs en très-bon état donnent* 60 *kg. de viande ordinaire,* 9 *kg. de suif,* 6 *kg. de peau et* 25 *kg. d'issues. Un boucher a acheté* 610 *fr. un bœuf pesant en vie* 650 *kg. Quel sera son bénéfice brut? Il retire en moyenne* 1 *fr.,* 50 *du kg. de viande; il vend le suif* 1 *fr. le kg., la peau* 0 *fr.,*75 *et les issues* 0 *fr.,*06.

RÉP. $72^{f},50$.

Le poids de la viande est égal à	$60^{kg} \times 6,5$	$=$	390^{kg}
— du suif —	$9 \times 6,5$	$=$	58, 50
— de la peau —	$6 \times 6,5$	$=$	39,
— des issues —	$25 \times 6,5$	$=$	162, 50
			650^{kg}.

Prix de la viande	$1^{f},50 \times 390$	$=$	585^{f}
— du suif	$1 \times 58,50$	$=$	58, 50
— de la peau	$0,75 \times 39$	$=$	29, 25
— des issues	$0,06 \times 162,50$	$=$	9, 75
	650^{kg} pour		$682^{f},50$

Le bénéfice brut est de $682^{f},50 - 610 = 72^{f},50.$

185. *Les porcs anglais perdent le* $\frac{1}{5}$ *de leur poids en issues, et les porcs français, non améliorés, perdent les* 0,35.

Un charcutier achète 205 *fr. un porc anglais pesant en vie* 250 *kg.; il achète aussi* 160 *fr. un porc français pesant en vie* 230 *kg. Il a vendu la viande de chaque porc* 1 *fr.* 10 *le kg.; les issues du porc anglais, à raison de* 0 *fr.,*20 *en moyenne le kg., et* *les issues du porc français* 0 *fr.*,15 *le* kg. 1° *Quel a été son meilleur marché? 2° quel a été son gain brut sur l'un et l'autre porc? 3° quel a été son gain brut en tout?*

RÉP. 1° Le 1er ; 2° 25f, 16f,50 ; 3° 41f,50.

Déduction faite des issues, le porc anglais pèse

$$250 - \frac{250}{5} = 200^{kg}.$$

Déduction faite des issues le porc français pèse

$$230 - \frac{230 \times 35}{100} = 149^{kg},50.$$

Le porc anglais a produit 200kg de viande à 1f,10 =	220f
— — $\frac{250}{5}$ ou 50kg d'issues à 0f,20 =	10
	230
Le porc a été acheté	205f
Gain brut	25f
Le porc français a produit 149kg,50 de viande à 1f,10 =	164f,45
— — — 80,5 d'issues à 0f,15 =	12,07
	176f,52
On a acheté le porc français	160f
Gain brut	16f,52

Soit 16f,50.

On a gagné sur le porc anglais	25f
— — français	16f,50
En tout	41f,50

186. *Une ferme a une superficie totale de* 120 *hectares, dont les* 0,80 *en terres labourables, partagés en trois soles égales (blé, avoine, jachères). On suppose : 1° que la récolte est par hectare de* 20 *hectolitres de blé et de* 4 600 *kg. de paille; 2° que l'avoine produit par hectare,* 38 *hectolitres et* 4 000 *kg. de paille. Trouver la valeur de la récolte en blé et en avoine : les* 100 *kg. de blé se vendent* 24 *fr.; les* 100 *kg. d'avoine* 18 *fr.; l'hectolitre de blé pèse* 75 *kg., l'hectolitre d'avoine* 45 *kg. Enfin les* 500 *kg. de paille de blé se vendent* 18 *fr. et les* 500 *kg. de paille d'avoine* 15 *fr.*

RÉP. Valeur de la récolte en blé : 16 819f,20 ; en avoine : 13 689f,60.

La superficie de la ferme est 120^{ha} ; les 0,8 en terres labourables $= 96^{ha}$. Chaque sole est le $\frac{1}{3}$ de $96 = 32^{ha}$.

Production en blé $20^{hl} \times 32 = 640^{hl}$.

Poids du blé $75 \times 640 = 48\ 000^{kg}$.

Prix du blé $0^{f},24 \times 48\ 000 =$ $11\ 520^{f}$

Production en paille de blé $4\ 600^{kg} \times 32 = 147\ 200^{kg}$.

Prix de la paille à 36^{f} les $1\ 000^{kg}$, ce qui donne $36 \times 147,2 =$ 5 299, 20

Valeur de la récolte en blé $16\ 819^{f},20$

Production en avoine $38^{hl} \times 32 = 1\ 216^{hl}$.

Poids de l'avoine $45 \times 1\ 216 = 54\ 720^{kg}$.

Prix de l'avoine $0^{f},18 \times 54\ 720 =$ $9\ 849^{f},60$

Production de la paille d'avoine $4\ 000 \times 32 = 128\ 000^{kg}$.

Prix de la paille à 30^{f} les $1\ 000^{kg}$, ce qui donne $30 \times 128 =$ 3 840

Valeur de la récolte en avoine $13\ 689^{f},60$

187. *De 100 kg. de houille servant à fabriquer le gaz de l'éclairage, on obtient $21^{mc},50$ de gaz rendus au bec ; $54^{kg},02$ de coke tout venant (1), à 3 fr. les 100 kg.; $6^{kg},73$ de goudron à 5 fr. les 100 kg.; $7^{kg},30$ d'eaux ammoniacales à 0 fr., 50 les 100 kg. Calculer le prix brut de revient du mètre cube de gaz, dans le cas où les 100 kg. de houille se paient 2 fr.,60 rendus à pied d'œuvre.*

Rép. $0^{f},028$.

100^{kg} de houille coûtent $2^{f},60$ et donnent les produits suivants :

$54^{kg},02$ de coke à $0^{f},03$ le kg., ce qui fait $0^{f},03 \times 54,02 = 1^{f},6206$

6, 73 de goudron à $0^{f},05$ — $0,05 \times 6,73 = 0,3365$

7, 30 d'eaux ammoniac^les^ à 0,005 — $0,005 \times 7,30 = 0,0365$

$1^{f},9936$

Donc les $21^{mc},50$ de gaz reviennent à $2^{f},60 - 1,9936 = 0^{f},6064$.

1^{mc} — revient à $\frac{0,6064}{21,50} = 0^{f},028$.

(1) Gros et menu.

188. *Le stère de bois de quartier, bois sec, pèse pour le chêne environ* 375 *kg.; pour le hêtre,* 380 *kg.; pour le charme,* 320 *kg. On a* 90 *st. de ces bois mélangés également, à transporter à* 4 250^{m} *et à raison de* 0 *fr.* 80 *par tonne-kilométrique* (1). *Combien devra-t-on recevoir?*

RÉP. 109^{f},65.

1st de chêne pèse 375^{kg}, le $\frac{1}{3}$ de 90 stères

ou 30st pèsent 375^{kg} $\times$ 30 = 11 250^{kg}

On trouvera de même que les 30st

de hêtre pèsent 380 $\times$ 30 = 11 400

Et les 30st de charme 320 $\times$ 30 = 9 600

Les 90st de bois mélangés pèsent 32^{t}, 250

A 0^{f},80 par tonne-kilométrique, ce qui donne

0^{f},80 $\times$ 32,250 = 25^{f},80.

Et pour 4^{km},25 25^{f},80 $\times$ 4,25 = 109^{f},65

189. *Le stère de hêtre sec de bois de quartier pèse* 380 *kg.; vert, il pèse* 490 *kg. Si les* 1 000 *kg. de hêtre sec se vendent* 34 *fr., combien devra-t-on payer au plus* 1 000 *kg. de hêtre vert?*

RÉP. 26^{f},35.

1 000^{kg} se vendent 34^{f}.

1 se vend 0,034.

380 se vendent 0,034 $\times$ 380.

Il est évident que le produit 0,034 $\times$ 380 représente aussi le prix de 490^{kg} de bois vert.

1^{kg} — vaudra $\frac{0,034 \times 380}{490}$

1 000 — vaudront $\frac{34 \times 380}{490}$ = 26^{f},35 environ.

190. *La densité du hêtre vert est* 1,15. *Or, on a remarqué qu'un stère de bois continu scié en bûches, empilées et non fendues, produit* 1st,5. *On demande le poids du stère vert formé de bûches non fendues.*

RÉP. 767^{kg}.

(1) Par tonne et par kilomètre.

...oids d'un stère de bois continu est égal à $1,15 \times 1\,000$ ... 150kg. Or ce stère de bois produisant 1st,5, il arrive que 1 150kg sont le poids de 1st, 5 de bois empilé. Le poids du stère empilé est donc 1 150 : 1,5 = 767kg.

191. *Un stère de hêtre vert formé de bûches non fendues pèse* 767 *kg ; mais si les bûches sont fendues (bois de quartier), le stère ne pèse plus que* 490 *kg. Quel volume de bois de quartier peut-on obtenir avec un stère de ce bois formé de bûches non fendues ?*

RÉP. 1st,565.

490kg de bois forment 1st.

1 — forme $\frac{1}{490}$.

767 — forment $\frac{1 \times 767}{490} = 1^{st},565$.

192. *Les mesures de capacités sont fabriquées avec un alliage d'étain et de plomb : ordinairement* 82 *parties d'étain et* 18 *de plomb. On demande la densité de cet alliage, sachant que celle de l'étain est* 7,29, *et celle du plomb* 11,35.

RÉP. 8,76.

On obtient le poids d'un corps, en multipliant son volume par sa densité ; de sorte que si l'on représente par P le poids d'un corps, par V son volume, et par D sa densité, on a

$$P = V \times D,$$

$$\text{d'où } V = \frac{P}{D},$$

$$\text{et } D = \frac{P}{V}.$$

Si l'on considère 1kg de l'alliage dont il s'agit, il est composé de 0kg,820 d'étain et de 0kg,018 de plomb. Le volume de l'étain en dmc. sera, d'après ce qui précède,

$$\frac{0,820}{7,29} = \frac{82}{729}.$$

De même le volume du plomb sera

$$\frac{0,018}{11,35} = \frac{18}{11\,350} = \frac{9}{5\,675}.$$

La somme de ces volumes est

$$\frac{82^{dmc}}{729} + \frac{9^{dmc}}{5\,675}.$$

Si l'on divise maintenant le poids de l'alliage ou 1^{kg} par la somme des volumes trouvés, on aura la densité cherchée. Or,

$$\frac{1}{\frac{82}{729}+\frac{9}{5\,675}} = \frac{1 \times 729 \times 5\,675}{82 \times 5\,675 + 9 \times 729} = \frac{4\,137\,075}{471\,911} = 8$$

193. *Trouver la densité et le volume d'un corps pesant* 35 *kg. dans l'air et* 30 *kg. dans l'eau.*

Rép. 7 ; 5^{dcm}.

En plongeant le corps dans l'eau, il éprouve une perte de poids égale à

$$35 - 30 = 5^{kg}.$$

D'après le principe d'Archimède, c'est le poids d'un volume d'eau égal au volume du corps. Mais le litre d'eau pèse 1^{kg}. Le volume du corps est donc 5 litres ou 5 décimètres cubes. On sait en second lieu (Exercice précédent), que si l'on divise le poids d'un corps par son volume, on trouve sa densité. La densité demandée est donc égale à

$$\frac{35}{5} = 7.$$

194. *Un fermier a destiné* 32 000 *kg. de foin à la nourriture de* 25 *têtes de bétail pendant* 160 *jours d'hiver ; après* 45 *jours de consommation son bétail augmente de* 4 *têtes. Combien lui faudra-t-il acheter de foin, s'il ne veut pas diminuer la ration?*

Rép. $3\,680^{kg}$.

Si le fermier ne veut pas diminuer la ration, il lui faudra évidemment acheter du foin pour nourrir les 4 têtes de bétail pendant $160 - 45 = 115$ jours.

Pour nourrir 25 têtes de bétail pendant 160 jours il faut $32\,000^{kg}$.

— 1 — — — $\frac{32\,000}{25}$

— 1 — — 1 jour il faut $\frac{32\,000}{25 \times 160}$

— 4 — — — $\frac{32\,000 \times 4}{25 \times 160}$

— 4 — — 115^{j} $\frac{32\,000 \times 4 \times 115}{25 \times 160}$

$= 3\,680^{kg}$

195. *Un vase vide pèse 950 gr.; rempli de benzine, il pèse 5 kg.,250. La densité de la benzine est les $\frac{17}{20}$ de celle de l'eau. Quelle est la capacité du vase?*

Rép. $5^{lit.}$

$5^{kg},250 - 0,950 = 4\,300^{gr}$ pour le poids de la benzine. Or, 1^{dmc} de benzine pèse les $\frac{17}{20}$ de $1\,000^{gr}$ ou 850 grammes; donc le nombre de décimètres cubes, ou la capacité du vase, est de $\frac{4\,300}{850}$ $= 5^{dmc}$ environ, ou **5** litres.

196. *Un haut-fourneau a fait 955 charges dans* ***un mois***. *Il a employé 2 040^{hl} de charbon de bois, 110 700 kg. de coke et 175^{mc},440 de minerai. A pied d'œuvre, le mètre cube de charbon coûte 14^{f},50; les 1 000 kg. de coke 34 fr., et le minerai 14 fr. le mètre cube.*

On demande : 1° la dépense brute par charge pour le combustible et le minerai; 2° le rendement par charge en fonte, sachant que ce minerai rend en poids 42 % et que le mètre cube pèse 1 550 kg.

Rép. $9^{f},60$; 119^{kg}.

1° $2\,040^{hl}$ de charbon ou 204^{mc} coûtent $14^{f},50 \times 204 = 2\,958^{f}$
$110\,700^{kg}$ ou $110^{t},7$ de coke — $34 \times 110,7 = 3\,763,80$
$175^{mc},44$ de minerai — $14 \times 175,44 = 2\,456,16$

955 charges coûtent. . . . . $9\,177^{f},96$

La dépense de 1 charge $= \frac{9\,177,96}{955} = 9^{f},60$ environ.

2° Les $175^{mc},440$ de minerai pèsent $1\,550 \times 175,440 = 271\,932^{kg}$.

Or, 100^{kg} de minerai donnant 42^{kg} de fonte.

$271\,932^{kg}$ de minerai donneront $\frac{42 \times 271\,932}{100} = 114\,211^{kg}$ environ.

995 charges ont produit $114\,211^{kg}$ de fonte.

On a donc obtenu par charge $\frac{114\,211}{955} = 119^{kg}$ de fonte

197. *Une forge qui a été en activité pendant 300 jours a consommé 1 005 910 kg. de houille. On demande ce que cette usine a dépensé par jour pour ce combustible, sachant qu'elle s'approvi-*

sionne à Altenwald, dont elle est distante de 318 km., qu'elle paie par tonne 2 fr.,22, pour le chargement, le déchargement, les droits de gare, les droits de douane, l'enregistrement, etc., que pour le transport elle paye 0 fr.,04 par tonne-kilométrique ; enfin qu'elle a acheté sur le carreau de la mine (1) *à raison de 9 fr.,80 la tonne.*

RÉP. 82f,95.

La tonne de houille coûte d'achat	9f,80
Pour le chargement, etc..., on paie par tonne	2, 22
Pour le transport $0^f,04 \times 318 =$	12, 72
Prix de la tonne rendue	24f,74

La forge a consommé en un jour $\frac{1\,005\,910}{300} = 3\,353^{kg}$ de houille ou 3t,353.

Comme la tonne coûte 24f,74, la dépense journalière de l'usine s'élève à

$$24^f,74 \times 3,353 = 82^f,95.$$

198. *De 100 à 300 km., on paie pour le transport de la houille 0 fr.,05 par tonne-kilométrique. Si l'usine dont il est question dans l'exercice précédent ne s'était trouvée qu'à 120 km. d'Altenwald, combien aurait-elle dépensé en moins par jour pour le combustible, les autres frais étant les mêmes ?*

RÉP. 22f,53.

Le prix d'achat de la tonne est le même	9f,80
Les frais, etc.	2, 22
Le transport coûte seulement $0,05 \times 120 =$	6
Prix de la tonne rendue à l'usine	18f,02

3t,353 coûteront $18^f,02 \times 3,353 = 60^f,42$.

La dépense en moins par jour est donc 82f,95 — 60,42 ou 22f,53.

199. *On emploie dans une usine du minerai de plomb renfermant* 19 % *de son poids en plomb ; on perd dans l'opération les* 0,13 *de tout le plomb que le minerai renferme ; le plomb vaut* 55 *fr.*

(1) Sur le lieu d'où s'extrait la houille ; on dit aussi la fosse.

les 100 kg. On demande combien il faudra traiter de quintaux de minerai pour obtenir pour 20 000 fr. de plomb.

RÉP. 2 200 quintaux.

1 quintal de minerai ou 100kg renferme 19kg de plomb, moins les $\frac{13}{100}$ ou $19^{kg} - \frac{19 \times 13}{100} = 16^{kg},53$.

Le kg. de plomb vaut 0f,55, les 16kg,53 valent 9f,09 environ.

Ainsi pour 1 quintal de minerai, on obtient une valeur s'élevant à 9f,09. Donc le quotient de 20 000 divisés par 9,09 donnera le nombre de quintaux à traiter : ce nombre est $\frac{20\,000}{9,09} = 2\,200$ quintaux environ.

200. *Le blé de 1re qualité peut donner jusqu'à 0,75 de son poids de farine blutée (1). La farine absorbe 0,66 de son poids d'eau, et il s'en évapore 0,50 par la cuisson. On demande la quantité de pain qu'il est possible de faire avec 5 220 kg. de blé.*

RÉP. 5 206kg,950.

Le poids de la farine sera égal à $5\,220 \times 0,75 = 3\,915$

Le poids de l'eau absorbée par cette farine sera

$$3\,915 \times 0,66 = 2\,583^{kg},90.$$

Par la cuisson, il s'évapore une quantité d'eau égale à $2\,583,9 \times 0,5$, c'est-à-dire la moitié de 2 583kg,90 ou 1 291kg,95.

Après la cuisson, on a donc en pain $3\,915^{kg} + 1\,291^{kg},950 = 5\,206^{kg},950$.

D'où on peut conclure que dans ces conditions 1kg de blé doit donner à très-peu près assez de farine pour faire 1kg de pain.

201. *La mouture américaine consiste à écraser complètement le blé dans un seul passage entre les meules. Ce genre de mouture est surtout employé pour les blés durs et demi-durs. Le blé moulu*

---

(1) Le rendement en farine est très-variable ; on comprend qu'il est d'autant moindre que la farine est meilleure. Le pain blanc vendu à Paris se fait avec de la farine blutée à 70 % environ. Le procédé de M. Mège-Mouriès permet de fabriquer d'excellent pain avec de la farine blutée à 80 % au moins. Le rendement de la farine en pain est également très-variable. D'après MM. Pelouze et Frémy, 100 kg. de farine rendent depuis 126 kg., 5 jusqu'à 148 kg.,2 de pain.

ainsi produit 0,60 *de son poids en farine à pain blanc;* 0,14 *en farine à pain demi-blanc;* 0,24 *de son gros et menu. On trouve* 0,02 *de déchet.*

Si l'on emploie ce procédé pour moudre 3 650 *kg. de blé, combien aura-t-on de farine à pain blanc, de farine à pain demi-blanc et de son? Et quel sera le déchet?*

On aura 3 650 × 0,60 = 2 190kg de farine à pain blanc.
3 650 × 0,14 = 511 — à pain demi-blanc.
3 650 × 0,24 = 876 de son.
3 650 × 0,02 = 73 de déchet.
Total égal 3 650kg.

202. *Un boulanger qui fabrique en moyenne* 375 *kg. de pain par jour, paie ses farines* 46 *fr.*,50 *les* 100 *kg. Il dépense* 7 *fr. pour bois brûlé et autres frais. Il vend son pain à raison de* 0 *fr.*,40 *le kg. Chaque jour, il retire* 1 *fr.*,60 *pour la braise. Enfin,* 100 *kg. de farine lui donnent* 133 *kg. de pain. On demande ce que ce boulanger gagne par jour.*

RÉP. 13f,52.

Il reçoit dans 1 jour pour le prix de son pain 0,40 × 375 = 150f
— — — de la braise 1, 60
151f,60

Il dépense pour le bois. 7f
Pour 133kg de pain, il faut 100kg de farine,
— 1 — — $\frac{100}{133}$ — .
— 375 — $\frac{100 \times 375}{133} = 281^{kg},9$.
1kg de farine coûte 0,465 ; les 281,9 coûtent 0,465 × 281,9 = 131f,08 } 138f,08

Le boulanger gagne par jour 13f,52

203. *Le boulanger dont il est question dans l'exercice précédent aurait-il avantage d'acheter du blé au lieu de farine? Le blé lui coûterait* 34 *fr. les* 100 *kg. Pour frais d'emmagasinage, déchet, etc., il doit compter* 0 *fr.*, 40 *par* 100 *kg. D'ailleurs, le meunier lui rendrait par* 100 *kg. de blé* 70 *kg. de farine et* 27 *kg. de son qu'il pourrait vendre à raison de* 12 *fr. les* 100 *kg. Le prix de la mouture* *est de 1 fr., 40 par 100 kg. de blé. Les autres données restent les mêmes que dans l'exercice précédent.*

RÉP. Il aurait de l'avantage, il gagnerait 20f,57 par jour.

	Dépenses.	Recettes.
La recette journalière est la même		151f,60
La quantité de farine est donnée dans le problème précédent $\frac{100 \times 375}{133} = 281^{kg},95$.		
Pour 70kg de farine, il faut 100kg de blé.		
— 1 — — $\frac{100}{70}$ —		
— 281,95 — — $\frac{100 \times 281,95}{70}$ $= 402^{kg},78$.		
Le kg. de blé coûte 0f,34 ; les 402,78 coûtent $0,34 \times 402,78 =$	136f,94	
Il reçoit 27 % de son, soit $27 \times 4,0278$ à 12 %		13, 05
Il paie pour déchet, etc., 0f,40 par 100kg. Soit pour 402kg,78	1, 61	
Le prix de la mouture est $0,40 \times 4,0278 =$	5, 63	
	144f,18	164f,65

Son gain dans ce cas est $164,65 - 144,18 = 20^f,57$.

Soit 20f, 55.

204. *On fabrique le charbon, soit avec les* bois durs, *tels que le charme, le chêne, le hêtre, etc., soit avec les* bois tendres, *tels que le tremble, le saule, etc.*

Or, on considère que les charbons ont d'autant plus de valeur qu'ils sont plus lourds à volume égal. Un industriel, peu soucieux de ses intérêts, a acheté du charbon mélangé qui ne pèse que 190 kg. le mètre cube, au lieu de peser 210 kg. Il lui a fallu 6 300 mc. de charbon qu'il a payé 14 fr. le mc. S'il avait acheté de bon charbon, à combien se serait élevée sa consommation? Combien aurait-il gagné?

RÉP. 5 700mc; 8 400f.

Prix du charbon consommé : $14 \times 6\,300 = 88\,200^f$.

Poids du charbon : $190 \times 6\,300 = 1\,197\,000^{kg}$.

Si l'industriel avait acheté du charbon pesant 210kg le mètre cube, il lui aurait fallu un nombre de mètres cubes égal à

$$1\,197\,000 : 210 = 5\,700^{mc}.$$

Il aurait alors eu à payer : $14 \times 5\,700 = 79\,800^f$.

Il aurait donc gagné $88\,200^f - 79\,800 = 8\,400^f$.

205. *Dans la plupart des moulins de la campagne, les meules sont établies de manière à pouvoir obtenir sur 100 kg. de blé : 66 kg. de farine blanche; 8 kg., 33 de farine bise; 10 kg., 82 de son gros et petit; 6 kg., 80 de recoupes; 5 kg., 70 de recoupettes; 2 kg. 35 de déchet et d'évaporation. Quel produit doit-on obtenir d'après ce rendement avec 12 sacs de blé de 76 kg. chacun?*

Le poids des 12 sacs est de $76 \times 12 = 912^{kg}$.

On aura $912 \times 0,66 = 601^{kg},920$ de farine blanche.
$912 \times 0,0833 = 75,970$ — bise.
$912 \times 0.1082 = 98,678$ de son.
$912 \times 0,068 = 62,016$ de recoupes.
$912 \times 0,057 = 51,984$ de recoupettes.
$912 \times 0,0235 = 21,432$ de déchet.
Total égal $912^{kg},000$

206. *Le poids du bois de chauffage empilé en grosses bûches non fendues est les 0,67 de celui du bois continu, et le poids du bois de quartier empilé est les 0,65 de celui du bois non fendu. Le stère de chêne vert, bois de quartier, pèse 500 kg. : trouver le poids du stère vert bois continu.*

RÉP. 1 148^{kg}.

500^{kg}, poids de 1st de bois de quartier, représentent les 0,65 de celui du stère de bois en grume, ou non fendu, et celui-ci les 0,67 du stère de bois continu :

Donc les 500^{kg} de chêne vert représentent les 0,65 des 0,67 du stère de bois continu, ou $0,65 \times 0,67 = 0,4355$.

Les 4 355 dix-millièmes de 1st de bois continu pèsent 500^{kg}.

1 — — — — $\frac{500}{4\,355} = \frac{100}{871}$.

et 1st de bois vert continu pèse $\frac{100 \times 10\,000}{871} = 1\,148^{kg}$.

207. *Dans les moulins bien organisés, une paire de meules peut moudre environ 25 hectolitres de blé par 24 heures. Un moulin de commerce, ayant constamment 6 paires de meules en activité, doit expédier dans un bref délai 650 sacs de farine de 100 kg. chacun. Au bout de combien de jours pourra-t-il faire son envoi? On sait que le blé employé pèse 75 kg. l'hectolitre et qu'il rend les 0,72 de son poids de bonne farine.*

RÉP. 8 jours environ.

Une paire de meules moulant 25^{hl} dans 1 jour, 6 paires moudront $25 \times 6 = 150^{hl}$.

Le poids sera donc $75 \times 150 = 11\,250^{kg}$ de blé.

La quantité de farine obtenue dans 1 jour sera

$$11\,250 \times 0,72 = 8\,100^{kg}.$$

On doit expédier 650 sacs de 100^{kg} chacun ou $65\,000^{kg}$ de farine.

Le nombre de jours demandés est donc $\frac{65\,000}{8\,100} = 8$ jours environ.

208. *Dans les usines des environs de Paris, on emploie des meules dont la paire ne moud guère que* 15 *hectolitres de blé par* 24 *heures, et qui produisent* 0,63 *du poids du blé en farine première. Un boulanger de Paris vend en moyenne chaque jour* 800 *kg. de pain de* 1re *qualité. On demande le temps qu'il faudra à* 4 *paires de meules pour moudre l'approvisionnement annuel de ce boulanger, en farine de* 1re *qualité. On suppose que le blé moulu pèse* 75 *kg. l'hectolitre, que la farine absorbe* 0,66 *de son poids d'eau, et qu'il s'en évapore* 0,50 *par la cuisson.*

Rép. $77_j\ 10^h$.

Une paire de meules moud 15^{hl} de blé par jour ; ce qui fait un poids de 75×15 ou $1\,125^{kg}$.

Le rendement en farine $= 1\,125^{kg} \times 0,63 = 708^{kg},75$.

Cette farine absorbe $708,75 \times 0,66 = 467^{kg},775$ d'eau.

Il s'en évapore 0,50 ou la moitié, ce qui donne $233^{kg},8875$ d'eau.

On a donc pour la paire de meules, par jour, un rendement de $708,75 + 233,8875 = 942^{kg},6375$ de pain ; et pour les 4 paires

$$942,6375 \times 4 = 3\,770^{kg},55.$$

Le boulanger fabrique dans un an $800 \times 365 = 292\,000^{kg}$ de pain. Le nombre de jours nécessaires pour moudre l'approvisionnement du boulanger sera donc égal au quotient de 292 000 divisé par $3\,770,55 = 77$ jours 10^h.

209. 1 *kg. de bois ordinaire, renfermant* 0,25 *d'eau, produit en brûlant* 3 000 *unités de chaleur* (1), 1 *kg. de houille produit* 8 000 *unités de chaleur. Combien faudra-t-il de stères de bois ordinaire pesant chacun* 370 *kg. pour avoir la même puissance calorifique que* 1 000 *kg. de houille ?*

Rép. $7^{st},2$.

---

(1) On appelle *unité de chaleur* ou *calorie*, la quantité de chaleur nécessaire pour élever la température d'un kilogramme d'eau de 0° à 1°.

1 000^{kg} de houille produisent 8 000 $\times$ 1 000 = 8 000 000 unités de chaleur.

1^{kg} de bois produit 3 000 unités de chaleur.

370^{kg} ou 1st produit 3 000 $\times$ 370 = 1 110 000 unités de chaleur.

Le nombre de stères demandé est donc $\frac{8\,000\,000}{1\,110\,000} = 7^{st},2$.

210. *Calculer la puissance calorifique d'un stère de bois de charme (bois sec) qui pèse* 330 *kg., et qui se compose de bois de quartiers et de bois de rondins. On sait, d'après les expériences de M. Chevandier, que le stère de bois de charme sec, bois de quartiers, pèse* 370 *kg. et développe par la combustion* 1 532 082 *unités de chaleur, tandis qu'un stère du même bois de rondins pèse* 298 *kg. et développe* 1 234 029 *unités de chaleur.*

RÉP. 1 366 365 unités de chaleur.

Le mètre cube de charme (bois de quartiers) pèse 370^{kg}, ce qui fait par décimètre cube 0^{kg},370. Le mètre cube de même bois (bois de rondins) pèse 298^{kg}, ce qui fait par décimètre 0^{kg},298.

Chaque fois qu'on remplace 1^{dmc} de bois de quartiers par 1^{dmc} de bois de rondins, le poids du stère de bois de quartiers diminue de

0^{kg},370 — 0,298 = 0^{kg},072.

Or, le poids doit diminuer de 370 — 330 ou 40^{kg}. Donc autant de fois 0^{kg},072 seront contenus dans 40^{kg}, autant il y aura de décimètres cubes de bois de rondins dans le stère pesant 330^{kg}.

En faisant la division de 40 par 0,072 on trouve 556 environ. Le stère de bois pesant 330^{kg} est donc composé de 556^{dmc} de bois de rondins et de 444^{dmc} de bois de quartiers. La puissance calorifique de ce stère de bois est par conséquent

1 532 082 $\times$ 0,444 + 1 234 029 $\times$ 0,556 = 1 366 365.

211. *Un propriétaire a fait rentrer dans sa cave un baril de vin de Bourgogne de* 80 *litres. Tout frais compris ce vin lui coûte* 60 *fr. Quelque temps après, il a de sérieuses raisons pour croire qu'il a été trompé. Il pèse alors le baril et trouve* 94 *kg.*,800. *Puis il soutire le vin et trouve que le baril vide pèse* 15 *kg.*,500. *Il sait de plus qu'il a acheté du vin dont la densité devait être* 0,99 *environ. Trouver, d'après ces données, la quantité probable d'eau qui a été substituée au vin, et quelle perte on lui a fait subir.*

RÉP. 10^{l} ; 7^{f},50.

Le liquide du baril pèse $94^{kg},800 - 15^{kg},500 = 79^{kg},300$.

Les 80^{l} de vin devraient peser $80 \times 0,990 = 79^{kg},200$, au lieu de $79^{kg},300$.

Différence $79,300 - 79,200 = 0^{kg},100$.

1 litre d'eau pèse 1 000 grammes, 1 litre de vin, 990 grammes : différence 10 grammes.

En substituant 1 litre d'eau à 1 litre de vin, on obtient une différence de poids de 10 grammes, comme il y a 100 grammes de différence, on a ajouté en tout $\frac{100}{10} = 10$ litres d'eau.

D'autre part, si 80^{l} coûtent 60^{f}, 1^{l} coûte $\frac{60}{80}$, et $10^{l}\ \frac{60}{8} = 7^{f},50$.

Il y a donc perte de $7^{f},50$.

212. *Un adulte consomme environ 750 grammes de pain par jour ; en admettant 75 kg. pour le poids de l'hectolitre de blé, un rendement de 72 °/₀ en farine, et enfin un rendement de 133 °/₀ en convertissant la farine en pain, on demande, d'après ces données : 1° le nombre de litres de blé nécessaires à un adulte pour sa consommation annuelle en pain ; 2° quelle somme représente cette nourriture à raison de 0 fr.,32 le kilogramme de pain ?*

RÉP. $381^{l},14$; $87^{f},60$.

Un adulte consomme par jour $0^{kg},75$ de pain ; par an $0,75 \times 365 = 273^{kg},75$ de pain.

133^{kg} de pain proviennent de 100^{kg} de farine ; 1^{kg} provient de $\frac{100}{133}$ de farine. Les $273^{kg},75$ de pain proviennent de

$$\frac{100 \times 273,75}{133} = 205^{kg},82 \text{ de farine.}$$

D'autre part, 72^{kg} de farine sont produits par 100^{kg} de blé ; 1^{kg} par $\frac{100}{72}$ de blé ; les $205^{kg},82$ de farine seront produits par

$$\frac{100 \times 205,82}{72} = 285^{kg},86 \text{ de blé.}$$

Or, 75^{kg} de blé représentent le poids de 1 hectolitre de blé ou 100^{l}.

1^{kg} — représente — $\frac{100}{75}$.

Donc $285^{kg},86$ de blé représentent le poids de

$$\frac{100 \times 285,86}{75} = 381^{l},14 \text{ de blé.}$$

La nourriture de l'adulte coûte annuellement

$$0,32 \times 273,75 = 87^{f},60.$$

213. *Une vache de grande race, laitière de 1er ordre, donne en moyenne 10 litres de lait par jour, et une vache de petite race, laitière de 1er ordre, donne en moyenne 4 litres de lait par jour. A la 1re, il faut environ l'équivalent de 27 kg. de foin par jour, et à la seconde 10 kg. Le litre de lait se vend 0 fr.,20, et le foin vaut 25 fr., les 500 kg. On demande : 1° d'établir pour l'une et l'autre vache le prix de revient du litre de lait ; 2° la différence des produits pour un an. Il ne sera pas tenu compte de la différence de prix des deux animaux, ni de l'intérêt de l'argent, et l'on supposera que le fumier paie les soins donnés à chaque animal, ainsi que la dépense de la litière, etc.*

Rép. Grande race $0^{f},065$, petite $0^{f},075$. Différence annuelle en faveur de la vache de grande race, $127^{f},75$.

La 1re vache donne par jour 10 litres de lait à $0^{f},20$, soit	2^{f}
Elle dépense par jour 27^{kg} de foin à 50^{f} les 1 000^{kg} . . .	1, 35
Prix de revient de 10 litres de lait . .	$0^{f},65$
Prix de revient du litre.	$0^{f},065$
La 2e vache donne par jour 4 litres de lait à $0^{f},20$. . .	$0^{f},80$
Elle dépense 10^{kg} de foin à 50^{f} les 1 000^{kg}.	0, 50
Prix de revient de 4 litres de lait. . .	$0^{f},30$
Prix de revient du litre	$0^{f},075$

La 1re produit par jour $0^{f},65$, par an $0,65 \times 365 = 237^{f},25$

La 2e — — $0^{f},30$, — $0,30 \times 365 = 109,50$

Différence annuelle des produits. . . $127^{f},75$

214. *En 24 heures, une machine à vapeur consomme 2 362 kg. de houille, qui coûte à pied d'œuvre* $30^{f},10$ *la tonne et dont la puissance calorifique est 8 000. On peut faire usage de tourbe dont la puissance calorifique est 3 750, et qui coûterait* $3^{f},30$ *la tonne prise au lieu d'extraction, plus* $1^{f},10$ *par tonne, pour frais de chargement, déchargement et autres, et* $0^{f},25$ *de transport par tonne-kilométrique à une distance de* 25^{km}.

On demande quel bénéfice on fera dans une année, en employant le combustible le plus économique, si la machine travaille 300 *jours par an.*

RÉP. En faisant usage de tourbe on gagnerait annuellement 5 229f,45.

La machine consomme dans un an 2 362kg × 300 = 708t,6 de houille dont le prix est 30f,1 × 708,6 = 21 328f,86.

La puissance calorifique produite sera 8 000 × 708 600 = 5 668 800 000. La puissance calorifique de la tourbe devant être la même, on trouvera le nombre de kg. de tourbe en divisant 5 668 800 000 par 3 750, ce qui donne 1 511t,68.

La tonne coûte 3f,30 + 1f,10 + 0f,25 × 25 = 10f,65.

Les 1 511t,6 coûteront 10,65 × 1 511,68 = 16 099f,39.

Le bénéfice sera donc 21 328,86 — 16 099,39 = 5 229f,45 environ.

218. *Dans* 17 *coupes, on a carbonisé* 29 561 *stères de charbonnette qui ont donné* 10 212mc *de charbon ; dans* 15 *autres coupes on a carbonisé* 16 250 *stères de charbonnette qui ont donné* 6 105mc *de charbon. On demande d'établir le rendement moyen pour* 100 *en volume et en poids. On sait que le stère de bois employé pèse* 340 *kg., et le mètre cube de charbon* 210 *kg.*

RÉP. Rendement en volume 35,61 %, en poids 22 %.

Stères de charbonnette = 29 561st + 16 250 = 45 811st.
Volume du charbon obtenu 10 212 + 6 105 = 16 317mc.
45 811st ont donné 16 317mc de charbon.

$$1^{st} \text{ a donné } \frac{16\,317}{45\,811}.$$

$$100^{st} \text{ ont donné } \frac{16\,317 \times 100}{45\,811} = 35^{mc},61.$$

Le rendement en volume pour 100, a été de 35,61.
Poids du bois employé 340 × 45 811 = 15 575 740kg.
Poids du charbon obtenu 210 × 16 317 = 3 426 570kg.
15 575 740kg de bois ont produit 3 426 570kg de charbon.

$$1^{kg} \quad — \quad \text{a produit } \frac{3\,426\,570}{15\,575\,740}.$$

$$100^{kg} \quad — \quad \text{ont produit } \frac{3\,426\,570 \times 100}{15\,575\,740} = 21,99.$$

Le rendement pour 100 en poids a donc été 21,99, soit 22 environ.

216. *Le bois distillé en vase clos rend* 28 (*de* 28 *à* 30) *pour* 100 *de son poids en charbon, et divers produits volatils dont on peut retirer du goudron et de l'acide pyroligneux, ou vinaigre de bois, employé à divers usages et particulièrement à faire du vinaigre de table. Pour opérer la distillation des* 100 *kg., il faut brûler* 12 *kg.,*5 *de bois, et la main-d'œuvre est plus considérable que pour la carbonisation en meules, mais en admettant, ce qui a lieu à peu près, que cet excès de dépense pour la main-d'œuvre soit payé par les produits volatils, combien gagnerait-on en distillant* 2 000 *stères de bois pesant chacun* 350 *kg.? On sait d'ailleurs que la carbonisation en meules ne donne souvent que* 21 $^0/_0$ *en poids, que le mètre cube de charbon pèse* 210 *kg. et vaut* 14 *fr.*

Rép. 1 814^f,65.

Puisqu'il faut brûler 12^{kg},5 de bois pour distiller 100^{kg}, il arrive que 112^{kg},5 de bois rendent 28^{kg} de charbon ;

$$1 \quad — \quad \text{rend } \frac{28}{112,5}.$$

$$100 \quad — \quad \text{rendent } \frac{28 \times 100}{112,5} = 24,8888.$$

Par la distillation, le rendement effectif pour 100 est donc 24,8888; sur 100^{kg} de bois on gagne donc par la distillation 3^{kg},8888 de charbon.

Poids du bois employé, $350 \times 2\,000 = 700\,000^{kg}$.

Par la distillation on gagne en charbon :

$$3,8888 \times 7\,000 = 27\,222 \text{ environ.}$$

210^{kg} de charbon valent 14^f.

$$1 \quad — \quad \text{vaut } \frac{14}{210}.$$

$$27\,160 \quad — \quad \text{valent } \frac{14 \times 27\,222}{210} = 1\,814^f,65.$$

217. *MM. Houzeau et Fauveau, en carbonisant incomplètement du bois dans des caisses en fonte chauffées par les gaz d'un haut-fourneau, ont obtenu un rendement en poids de* 57 $^0/_0$. *D'ailleurs* 220 *kg. de ce charbon brun foncé ont produit le même effet comme combustible que* 117 *kg.,*7 *de charbon ordinaire. A combien pour* 100, *le rendement effectif de ce charbon peut-il être porté?* (1).

Rép. 30,5 $^0/_0$.

---

(1) En faisant passer sur du bois de la vapeur d'eau à 300° environ, M. Violette a obtenu un *charbon roux* qui convient parfaitement à la fabrication de la poudre de chasse superfine. Le rendement a été de 39 0/0, presque le double que dans les conditions ordinaires. Les frais de fabrication sont d'ailleurs peu élevés.

57kg de charbon brun proviennent de 100kg de bois.

1 — — provient de $\frac{100}{57}$.

220 — — proviennent de $\frac{100 \times 220}{57} = 386^{kg}$ environ.

Il arrive par le fait que

386kg de bois produisent 117kg,7 de charbon ordinaire.

1 — produit $\frac{117,7}{386}$.

100 — produisent $\frac{117,7 \times 100}{386} = 30,5$ environ.

Le rendement, en charbon ordinaire, peut être porté à 30,5 %.

218. *Un fermier a semé à la volée 14ha 60a d'épeautre, à raison de 400 litres de semence par hectare. Il a récolté 20 hectolitres par hectare. S'il avait fait l'ensemencement par semis en lignes, il lui aurait fallu $\frac{1}{4}$ en moins de semence; il aurait eu de meilleur grain et une récolte plus abondante : l'augmentation eût été de $\frac{1}{15}$, et son blé, au lieu de peser 75 kg. l'hectolitre, aurait pesé 77 kg. Combien aurait-il gagné sur le blé (gain brut), en semant en lignes? Les 100 kg. de blé sont estimés 26 fr.*

Rép. 803f,35.

Par l'ensemencement à la volée il a récolté $20 \times 14,60 = 292^{hl}$

La semence employée est de $4^{hl} \times 14,60 =$ 58 ,40

Montant de la récolte, déduction faite de la semence, 233hl,60

Par l'ensemencement en ligne la récolte aurait été les $\frac{16}{15}$ de 292hl ou $\frac{16 \times 292}{15} =$ 311hl46

La semence employée aurait été $\frac{3 \times 58,40}{4}$ ou 43 ,80

Le fermier aurait récolté déduction faite de la semence 267hl,66

Poids du blé semé à la volée $75 \times 233,60 = 17\,520^{kg}$.

— — par semis $77 \times 267,66 = 20\,609^{kg},82$.

Différence de poids $20\,609,82 - 17\,520 = 3\,089^{kg},82$.

Ce qui fait, à 26f les 100kg, $26 \times 30,8982 = 803^{f},35$ de bénéfice produit par l'ensemencement en lignes.

219. *On a consommé dans un haut-fourneau 70 280^{hl} de charbon. Pour obtenir ce charbon, le maître de forge a acheté sur pied du bois de charbonnette à raison de 3^f,30 le stère. Il a obtenu un rendement de 35 % en volume. Il a payé pour la préparation des fauldes, abatage, etc., 1^f,10 par stère; et pour la cuisson 0^f,40 par mètre cube de charbon. Pour chargement dans les bannes, transport à sa halle, déchargement et faux frais, il a payé 3^f,40 par tonne. Combien lui a coûté tout son charbon, et à combien lui revient le mètre cube à sa halle? On sait que le mètre cube de charbon pèse 210 kg.*

RÉP. 96 181^f,20 ; 13^f,68.

70 280^{hl} = 7 028^{mc}.

Puisque le rendement en volume est 35 %

35^{mc} de charbon proviennent de 100st de bois

1 — provient de $\frac{100}{35}$.

7 028 — proviennent de $\frac{100 \times 7\,028}{35} = 20\,080^{st}$.

Pour achat du bois : 3^f,30 × 20 080	=	66 264^f
— préparation des fauldes, abatage, etc. : 1^f,10 × 20 080	=	22 088
— cuisson du charbon : 0,40 × 7 028	=	2 811, 20
Poids du charbon : 210 × 7 028 = 1 475 880^{kg}.		
Prix du transport, etc. : 3,40 × 1 475,88	=	5 018
1° Tout son charbon lui a donc coûté		96 181^f,20

2° Le mètre cube lui revient à 96 181^f,20 : 7 028 = 13^f,68.

220. *Le minerai d'une usine à plomb contient 23 % de ce métal, et le plomb contient lui-même 0,003 d'argent. Les procédés d'extraction permettent d'obtenir tout l'argent; mais sur le plomb, il y a une perte de 10 %. Les deux métaux étant séparés, on vend le plomb 55 fr. les 100 kg., et l'argent 222^f,22 le kg., ce qui produit au bout de l'année 1 795 000 fr. On demande la quantité de minerai traitée dans l'usine, et la quantité de chaque métal résultant de l'exploitation.*

RÉP. 67 278^{qx},86 de minerai ; 1 388 494^{kg},384 de plomb ; 4 642^{kg},241 d'argent.

100^{kg} de minerai contiennent 23^{kg} de plomb argentifère. L'argent contenu dans le plomb argentifère est

0,003 × 23 = 0^{kg},069.

Le plomb contenu dans 100kg est donc

$$23 - 0{,}069 = 22^{kg}{,}931.$$

Mais comme il y a perte de $\frac{1}{10}$ du plomb, il arrive que sur 100kg de minerai, on ne retire en plomb que

$$22^{kg}{,}931 - 2^{kg}{,}2931 = 20^{kg}{,}6379.$$

Par 100kg de minerai traité, on obtient donc 20kg,6379 de plomb et 0kg,069 d'argent.

$$20^{kg}{,}6379 \text{ à } 0^{f}{,}55 = 11^{f}{,}35$$
$$0^{kg}{,}069 \text{ à } 222^{f}{,}22 = 15{,}33$$
$$\text{Total par } 100^{kg} \text{ de minerai} = 26^{f}{,}68$$

Le nombre de quintaux traités sera donc égal au quotient de 1 795 000f : 26f,68.

Or, $$\frac{1\,795\,000}{26{,}68} = 67\,278^{qx}{,}86.$$

Le poids du plomb produit est donc

$$20^{kg}{,}6\,379 \times 67\,278{,}86 = 1\,388\,494^{kg}{,}384.$$

Et le poids de l'argent

$$0^{kg}{,}069 \times 67\,278{,}86 = 4\,642^{kg}{,}241 \text{ environ.}$$

221. *On doit faire transporter* 510mc *de terre à une distance de* 840m, *et l'on emploie, à cet effet, un tombereau attelé d'un cheval. Un manœuvre auquel on donne* 2f,25 *par jour, charge chaque tombereau pendant qu'un voiturier en conduit un autre. La charge d'un tombereau est d'environ* 850 *kg. On sait que le cheval fait* 4 200m *par heure, que le temps nécessaire à chaque voyage, pour décharger la voiture et atteler le cheval, est de* 8 *minutes. Le retour s'effectue dans les* $\frac{5}{6}$ *du temps qu'il faut pour le transport d'un tombereau chargé. On sait enfin que le mètre cube de cette terre pèse* 1 500 *kg., et que le cheval et son conducteur sont payés* 5 *fr. par journée de* 10 *heures de travail. Combien, d'après ces données, doit coûter le transport des* 510mc ?

Rép. 326f,25.

La terre à transporter pèse 1 500kg × 510, et par suite le nombre de voyages à faire est égal à

$$\frac{1\,500 \times 510}{850} = 900 \text{ voyages.}$$

Calculons maintenant le nombre de voyages que le voiturier peut faire par jour. Le cheval faisant 4 200^m en 60 minutes, met pour faire 1 mètre un temps égal à $\frac{60}{4\,200} = \frac{1}{70}$; pour faire 840^m, il met donc $\frac{840}{70} = 12$ minutes.

La durée d'un voyage, en ajoutant les 8 minutes employées pour décharger, etc., aller et retour, est donc de $12^m + \frac{5}{6} \times 12 + 8 = 30$ minutes ou 1/2 heure. Comme le voiturier travaille 10 heures, il fera 20 voyages par jour. Le nombre de journées de travail sera donc égal à

$$\frac{900}{20} = 45.$$

La terre coûtera donc à transporter une somme égale à

$$(5 + 2,25) \times 45 = 326^f,25.$$

222. *Un cheval attelé à une voiture et allant au pas peut exercer pendant 10 heures une traction de 70 kg., avec une vitesse de 0^m,90 à la seconde. On demande d'exprimer son travail en kgm. et de faire connaître la distance parcourue pendant le temps du travail (Note de la page 60.)*

RÉP. 2 268 000^{kgm} ; 32 400^m.

Le travail produit par seconde est

$$70 \times 0,90 = 63^{kgm}.$$

Et par jour

$$63 \times 60 \times 60 \times 10 = 2\,268\,000^{kgm}.$$

La distance parcourue est

$$0,90 \times 60 \times 60 \times 10 = 32\,400^m.$$

223. *Un cheval de force moyenne, attelé à une voiture et allant au pas, produit une traction de 70 kg., avec une vitesse de 0^m,90 par seconde. Un cheval ne peut d'ailleurs guère travailler au-delà de 10 heures par jour. On demande le nombre de chevaux qu'il faudrait pour produire la même quantité de travail qu'une machine de 120 chevaux, marchant 24 heures par jour.*

RÉP. 343 environ.

Le cheval vivant produit par seconde

$$70 \times 0,90 = 63^{kgm}.$$

Et par jour $63 \times 60 \times 60 \times 10 = 2\,268\,000^{kgm}$.

Le cheval vapeur produit par jour

$$75 \times 60 \times 60 \times 24 = 6\,480\,000^{kgm}.$$

Et 120 chevaux produisent

$$6\,480\,000 \times 120 = 777\,600\,000^{kgm}.$$

Le nombre demandé de chevaux sera donc

$$777\,600\,000 : 2\,268\,000 \text{ ou } 343 \text{ environ.}$$

Remarque. — Dans un travail continu, un cheval-vapeur équivaut à plus de trois chevaux ordinaires.

224. *Un homme montant une rampe douce, ou un escalier, en élevant seulement son propre poids, qui est en moyenne de 65 kg., peut avoir une vitesse verticale de* $0^m,15$ *par seconde, et marcher 8 heures par jour sans trop se fatiguer. Quelle quantité de travail produit-il?*

RÉP. $280\,800^{kgm}$.

La quantité de travail par seconde est

$$65 \times 0,15 = 9^{kgm},75,$$

et par jour $9,75 \times 60 \times 60 \times 8 = 280\,800^{kgm}$.

225. *Un homme portant 65 kg. sur son dos en suivant une pente douce, ou en montant un escalier, ne peut travailler que 6 heures par jour, avec une vitesse de* $0^m,04$ *seulement. Quelle quantité de travail a-t-il produit en tenant compte de celui qu'il a développé en même temps pour soulever son propre poids?*

RÉP. $112\,320^{kgm}$.

Le travail qu'il a produit en portant la charge est

$$65 \times 0,04 \times 3\,600 \times 6 = 56\,160^{kgm}.$$

Le travail qu'il a développé pour soulever son propre poids, en le supposant de 65^{kg}, est aussi de $56\,160^{kgm}$.

Le travail total est donc égal à $112\,320^{kgm}$.

Remarque. — On voit que le travail produit par cet homme est inférieur à celui qu'il produirait par la seule élévation de son propre poids. Lorsqu'il s'agit d'élever soit des terres, soit des matériaux, etc., d'un niveau à un autre, il est donc avantageux de faire consister le travail de l'homme dans la seule élévation de son propre poids. M. Coignet a très-fructueusement employé ce procédé dans les travaux de terrassement du fort de Vincennes.

226. *Un manœuvre agissant sur une manivelle peut exercer un effort moyen de 8 kg. pendant 8 heures par jour, et avec une vitesse de* $0^m,75$ *par seconde. Cela étant connu, on demande combien il faudrait de manœuvres pour épuiser, au moyen d'un treuil à manivelle et en enlevant 3 000 litres d'eau par heure, un puisard qui se trouve à* $21^m,6$ *de profondeur.*

RÉP. 3.

3 000^{lit} pèsent 3 000^{kg}.

Le travail à obtenir dans une heure est

$$3\,000 \times 21,6 = 64\,800^{kg}.$$

Or, par heure, un manœuvre produit un travail égal à

$$8 \times 0,75 \times 60 \times 60 = 21\,600^{kgm}.$$

Le nombre de manœuvres à employer sera donc

$$64\,800 : 21\,600 = 3.$$

227. *Sur une route en* très-bon état et très-roulante *avec une voiture ordinaire, le tirage est 0,033 de la charge totale (voiture comprise); on sait d'ailleurs que pendant 10 heures et avec une vitesse de* $0^m,90$ *par seconde, un cheval peut exercer une traction de 70 kg. On demande de quel poids une voiture pourra être chargée pour qu'un cheval puisse la traîner sur une route ordinaire pendant 10 heures avec une vitesse de* $0^m,90$. *On suppose que le poids de la voiture est* $\frac{1}{4}$ *de la charge totale. (Le poids de la voiture varie ordinairement entre* $\frac{1}{3}$ *et* $\frac{1}{4}$ *de la charge totale.)*

RÉP. 1 591^{kg}.

Les 0,033 de la charge totale égalent 70^{kg}.

1 — — égale $\frac{70}{33}$.

1 000 — — égalent $\frac{70 \times 1\,000}{33} = 2\,121^{kg}$.

Poids de la voiture $= \frac{1}{4} \times 2\,121 = 530^{kg}$.

La voiture pourra être chargée de

$$2\,121^{kg} - 530 = 1\,591^{kg}.$$

228. *Sur une route à l'état d'entretien ordinaire, la charge totale d'un cheval ne doit point dépasser* 875 *kg., lorsqu'il doit traîner cette charge pendant* 10 *heures, avec une vitesse de* $0^{m},90$ *à la seconde.*

On sait d'ailleurs qu'un cheval peut pendant le même temps et avec la même vitesse exercer une traction de 70 *kg. On demande par quelle fraction de la charge totale est représentée le tirage sur une route à l'état d'entretien ordinaire.*

Rép. 0,08.

Il est évident que la fraction demandée est égale à

$$70 : 875 = 0,08.$$

Ainsi sur les routes à l'état d'entretien ordinaire le tirage est les 0,08 de la charge totale.

229. *Sur les chemins de fer à ornières saillantes, et en bon état d'entretien, le tirage n'est que les* 0,007 *de la charge totale. Quelle traction exprimée en kg. faudrait-il pour traîner dans ces conditions un poids de* 5 000 *kg.?*

Rép. 35^{kg}.

Pour traîner 1^{kg}, il faut une traction de 0,007; pour traîner $5\,000^{kg}$ il faut une traction égale à $0,007 \times 5\,000 = 35^{kg}$. C'est la moitié de la traction ordinaire d'un cheval

230. *Sur une route à l'état d'entretien ordinaire, le tirage est* 0,08 *de la charge totale, et un cheval peut traîner* 875^{kg}, *voiture comprise. Combien le même cheval pourrait-il traîner, lorsque le tirage est* 0,25 *de la charge totale, comme cela a lieu sur un terrain naturel, non battu et argileux, mais sec?*

Rép. 280^{kg}.

Si le tirage était seulement 0,01 de la charge totale, le cheval pourrait traîner une charge 8 fois plus considérable, ou 875×8, et si au lieu d'être 0,01 elle est 0,25, la charge sera 25 fois moindre,

ou $$\frac{875 \times 8}{25} = 280^{kg}.$$

231. *Combien pèsent* $10\,850^{f}$, 1° *en or ;* 2° *en argent ;* 3° *en bronze ?*

Rép. 1° $3^{kg},500$; 2° $54^{kg},250$; 3° $1\,085^{kg}$.

1° 1^{kg} d'or vaut $3\,100^{f}$, le poids de cette somme en or, sera égal à

$$10\,850 : 3\,100 = 3^{kg},500.$$

2° 1^{kg} d'argent vaut 200^{f}, le poids de cette somme en argent, sera égal à

$$10\,850 : 200 = 54^{kg},250.$$

3° 1^{kg} de bronze vaut 10^{f}, le poids de cette somme en bronze sera égal à

$$10\,850 : 10 = 1\,085^{kg}.$$

232. 1° *Combien valent* $1^{kg},6255$ *d'or monnayé?* 2° $4^{kg},630$ *d'argent monnayé?* 3° $5^{kg},800$ *de monnaie de bronze?*

RÉP. 1° $5\,039^{f},05$; 2° 926^{f} ; 3° 58^{f}.

1° 1^{kg} ou $1\,000^{gr}$ en or monnayé valent $3\,100^{f}$.
1 — — vaut $3^{f},10$.
16 255,5 — — valent
$3^{f},10 \times 16\,255,5 = 5\,039^{f},05$.

2° 5^{gr} d'argent monnayé valent 1^{f}.
1 — — vaut $0^{f},20$.
4 630 — — valent $0^{f},20 \times 4\,630 = 926^{f}$.

3° 1^{gr} de monnaie de bronze vaut $0^{f},01$.
5 800 — — valent $0,01 \times 5\,800 = 58^{f}$.

233. 1° *Combien d'argent pur dans* 1 250 *pièces de* 5^{f}? 2° *Quelle somme en monnaie divisionnaire pourrait-on faire avec cet argent?*

RÉP. 1° $28\,125^{gr}$; 2° $6\,736^{f}$.

1° 1 250 pièces de 5^{f} valent $6\,250^{f}$. Le poids de cette somme est $5^{gr} \times 6\,250 = 31\,250^{gr}$.

L'argent pur contenu dans $31\,250^{gr} = 31\,250 \times 0,9 = 28\,125^{gr}$.

2° Le titre de la monnaie divisionnaire est 0,835 ; donc avec $0^{gr},835 \times 5 = 4^{gr},165$ d'argent pur, on fera 1^{f}, et la somme demandée en monnaie divisionnaire égale $\frac{28\,125}{4,165} = 6\,736^{f}$.

234. *Un vase vide est placé sur un des plateaux d'une balance; on lui fait équilibre avec 3 pièces de* 2^{f} *et 8 pièces de 10 centimes. On le remplit d'eau pure, et pour rétablir l'équilibre, il faut ajouter* $6^{f},75$ *en monnaie de bronze. On demande le poids et la capacité du vase.*

RÉP. 110^{gr} ; 675^{cmc}.

3 pièces de 2^f ou 6^f pèsent 30^{gr} ; 8 pièces de 10^c ou 80^c pèsent 80^{gr} : ensemble 110^{gr} pour le poids du vase vide.

$6^f,75$ ou 675^c pèsent 675^{gr}, et 1^{gr} est le poids de 1^{cmc} : donc 675^{cmc} est la capacité du vase.

235. *La monnaie d'or vaut, à poids égal,* $15\frac{1}{2}$ *fois celle d'argent ; d'après cela, on demande le nombre de pièces de 20 francs en or nécessaire pour former le poids de 1 kg. ; faire connaître aussi le poids d'une pièce.*

RÉP. 155 pièces ; $6^{gr},4516$.

5^{gr} en argent monnayé valent 1^f.
1 — — vaut $0^f,20$.
1 en or 15 fois 1/2 plus ou $0^f,2 \times 15,5 = 3^f,10$.
1 000 en or valent $3\,100^f$.

Le nombre de pièces de $20^f = \frac{3\,100}{20} = 155$ pièces.

Le poids d'une pièce $= \frac{1\,000}{155} = 6^{gr},4516$.

236. *L'Etat donne* $1^f,50$ *pour la fabrication de 1 kg. d'argent au titre 0,900, et* $6^f,70$ *par kg. d'or au même titre. Combien a-t-il dû payer pour la fabrication de 30 545 pièces de 5 fr. en argent et 12 800 pièces de 20 fr. ?*

RÉP. $1\,698^f,72$.

1 pièce de 5^f pèse 25^{gr}, et 30 545 pièces pèseront
$25 \times 30\,545 = 763^{kg},625$.
1 pièce de 20^f pèse $6^{gr},45161$, et 12 800 pièces pèseront
$6,45161 \times 12\,800 = 82^{kg},580$.
L'Etat donnera pour la fabrication des pièces d'argent
$1^f,50 \times 763,625 = 1\,145^f,44$
— pour celles d'or $6^f,70 \times 82,580 = 553,28$
$1\,698^f,72$

237. 1° *Combien peut-on faire de pièces de 5 fr. au titre 0,900 avec un lingot d'argent fin pesant* $1^{kg},260$; 2° *Quel serait le poids du cuivre qu'il faudrait ajouter à ce lingot ?*

RÉP. 56 pièces ; 140^{gr}.

1° $1^{kg},260$ ou 1 260^{gr} étant de l'argent pur, représentent les $\frac{9}{10}$ de l'argent monnayé qu'on peut obtenir avec le lingot. Le poids de l'argent qu'on pourra fabriquer sera donc égal à

$$\frac{1\,260 \times 10}{9} = 1\,400^{gr}.$$

Or, 5^{f} pèsent 25^{gr} ; le nombre de pièces qu'on aura sera, par conséquent, 1 400 : 25 = 56.

2° Le poids du cuivre ajouté est 1 400^{gr} — 1 260 = 140^{gr}.

238. *Une somme de 4 468 fr.,50 se compose de poids égaux de monnaie de bronze, d'argent et d'or. On demande pour quelle valeur chacune de ces monnaies entre dans la somme proposée.*

RÉP. $13^{f},50$; 270^{f} ; 4 185^{f}.

1^{gr}	de monnaie de bronze	représente		1	centime.
1	—	d'argent	—	20	—
1	—	d'or	—	310	—

1^{gr} de chaque espèce de monnaie représente $3^{f},31$ centimes.

Le quotient de 4 468,50 par 3,31 représentera assurément le nombre de grammes de chaque espèce de monnaie.

$$4\,468,50 : 3,31 = 1\,350^{gr}.$$

La somme contient donc 1 350^{gr}, en monnaie de bronze, ou . . . . $13^{f},50$

La somme contient 1 350^{gr} en argent,

$0^{f},20 \times 1\,350 =$ 270

— — 1 350^{gr} en or,

$3^{f},10 \times 1\,350 =$ 4 185

Somme égale 4 $468^{f},50$

239. *Un sac qui pèse net 293 gr.,50 contient le plus grand nombre possible de pièces de 5 fr., puis de 2 fr., de 1 fr., de 0 fr.,50 et de 0 fr.,20. Quel est le nombre de pièces de chaque espèce ?*

RÉP. 11 pièces de 5^{f} ; 1 de 2^{f} ; 1 de 1^{f} ; 1 de $0^{f},50$; 1 de $0^{f},20$.

La pièce de 5^{f} pèse 25^{gr}, il y aura donc un nombre de pièces de 5^{f} égal à $\frac{293,50}{25}$ = 11 pièces de 5^{f} ; il reste $18^{gr},5$, et comme une

pièce de 2f pèse 10gr, il n'y a dans le sac qu'une seule pièce de 2f. On trouve de même qu'il ne peut y avoir qu'une seule pièce de 1f, une seule de 0f,50 et une seule de 0f,20.

240. *Pour envoyer de l'argent au moyen d'un mandat sur la poste, on paie (pour les sommes au-dessus de 10 fr.) un droit fixe de 0 fr.,25, plus un droit de 2 % sur la somme à payer au destinataire. On a payé à la poste 138 fr.,20 pour l'affranchissement ordinaire d'une lettre, pour le mandat et pour tous les frais. On demande le montant du mandat.*

Rép. 135f.

Si l'on retranche l'affranchissement de la lettre 0f,25, ainsi que le droit fixe de 0f,25 en tout 0f,50, le reste 137f,70 représentera le mandat augmenté du droit de 2 %. Or,

102f correspond à un mandat de 100

$$1 \quad — \quad — \quad \frac{100}{102}$$

$$137^f,70 \quad — \quad — \quad \frac{100 \times 137,70}{102} = 135^f.$$

241. *Les droits proportionnels d'enregistrement se perçoivent sur le prix énoncé dans l'acte de 20 fr. en 20 fr. sans fraction, c'est-à-dire qu'on paie autant pour 21 que pour 40 fr.*

Les droits d'enregistrement sur les ventes d'immeubles sont de 5 fr.,50 pour 100, plus le double-décime par franc du droit principal.

Cela posé, combien doit-on à l'enregistrement pour une vente dont le prix est 2 650 fr.?

Rép. 175f,56.

Puisqu'on paie, outre le droit principal, un double-décime ou 0f,20 par franc du droit principal, pour une somme de 100f, on paie en réalité 5f,50 + 5f,50 × 0,20 ou 6f,60.

Par 20f, ou par fraction de 20f, on paie donc 6f,60 : 5 = 1f,32.

Or, si l'on divise 2 650 par 20, on trouve pour quotient 132 et 10 pour reste ; et comme on paie autant pour 10f que pour 20, on aura à payer 133 fois 1f,32 ou 1,32 × 133 = 175f,56.

Remarque. — On voit que dans la pratique, il suffit de diviser la somme par 20, d'augmenter le quotient d'une unité, s'il y a un reste, et de multiplier ce quotient par 1,32.

242. *Sur une vente d'immeubles on a payé à l'enregistrement 175 fr.,56. Quelle était au maximum la somme soumise au droit?*

RÉP. 2 660f.

D'après l'exercice précédent, on paie 1f,32 par 20f. La somme soumise au droit contenait donc autant de fois 20f qu'il y a d'unités dans le quotient de 175f,56 divisé par 1,32. Or, 175,56 : 1,33 = 133; la somme soumise au droit était donc au maximum

$$20 \times 133 = 2\,660^f.$$

243. *Une personne a reçu 132 fr.,30 d'un orfèvre pour un vase d'argent pesant 750 gr. A quel titre était ce vase, le kilogramme d'argent pur valant 220 fr.,56?*

RÉP. 0,800.

On obtient le titre d'un lingot d'argent en divisant le poids de l'argent pur par le poids de l'alliage (275).

220f,56 représentent le poids de 1 000gr d'argent pur.

1 représente — $\frac{1\,000}{220,56}$.

132, 30 représentent — $\frac{1\,000 \times 132,30}{220,56}$.

Le titre sera donc

$$\frac{1\,000 \times 132,30}{220,56} : 750 = \frac{1\,000 \times 132,3}{220,56 \times 750} = 0,800 \text{ environ.}$$

244. *Quelle serait la valeur au change d'un objet d'or du poids de 428 gr. et au titre 0,920? On sait que le kilogramme d'or pur vaut au change 3 437 fr. La valeur du cuivre faisant partie de l'alliage sera considérée comme nulle.*

RÉP. 1 353f,35.

L'or pur contenu dans 428gr est égal à $428 \times 0,920 = 393^{gr},76$ d'or pur.

Le kg. d'or vaut au change 3 437f. La valeur de l'objet est donc

$$3\,437 \times 0,39376 = 1\,353^f,35.$$

245. *Quelle serait la valeur au change de 2 kg.,350 de vaisselle d'argent? On sait que la vaisselle d'argent est au titre 0,950, et que le kg. d'argent pur vaut au change 220 fr.,56. La valeur du cuivre entrant dans l'alliage sera considérée comme nulle.*

RÉP. 492f, 40.

$2^{kg},35$ ou $2\ 350 \times 0,950 = 2\ 232^{gr},50$ d'argent pur contenu dans cette vaisselle.

Le kg. se payant $220^{f},56$, on a pour la valeur demandée

$$220,56 \times 2,2325 = 492^{f},40.$$

246. *Quelle serait la* valeur réelle *d'un lingot d'or du poids de* 322 *gr. et au titre* 0,840 ? *On sait que la valeur réelle du kg. d'or pur est de* 3 444 *fr.*,44. *La valeur du cuivre faisant partie de cet alliage sera considérée comme nulle.*

Rép. $931^{f},65$.

Le lingot renferme $322^{gr} \times 0,840 = 270^{gr},48$ d'or pur.

Le kg. d'or pur valant $3\ 444^{f},44$, le lingot vaudra

$$3\ 444,44 \times 0,27048 = 931^{f},65.$$

247. *On possède* $1^{kg},550$ *de couverts hors d'usage et au titre* 0,800. *Quelle est leur* valeur réelle ? *Le kg. d'argent vaut* 222 *fr.*,22. *On fera abstraction du cuivre renfermé dans l'alliage.*

Rép. $275^{f},55$.

Les couverts contiennent $1^{kg},550$ ou $1\ 550^{gr} \times 0,800 = 1\ 240^{gr}$ d'argent pur.

La valeur des couverts est donc $222^{f},22 \times 1\ 240 = 275^{f},55$.

248. *On revend une timbale en or, de* 220 *gr., et* 6 *couverts d'argent pesant chacun* 148 *gr. Combien devra-t-on recevoir en tout ? La timbale étant au* 1er *titre, les couverts au* 2e : *le kg. d'or pur valant* $3\ 437^{f}$, *et le kg. d'argent pur* $220^{f},56$?

Rép. $852^{f},30$.

La timbale contient en or pur $220^{gr} \times 0,920 = 202^{gr},40$.

Les 6 couverts contiennent en argent pur

$$148 \times 6 \times 0,800 = 710^{gr},40.$$

Prix de la timbale $3\ 437 \times 0,2024 = 695^{f},65$.

Prix des 6 couverts $220,56 \times 0,7104 = 156,65$ environ.

On doit recevoir en tout $852^{f},30$.

249. *On a échangé une timbale en or, au titre 0,920, contre une coupe en argent au titre 0,800 et de même valeur que la timbale. On demande le poids de la coupe, sachant que la timbale pèse 280 gr., et que le kg. d'or pur vaut au change 3 437 fr., et le kg. d'argent pur 220 fr.,56. Il ne sera pas tenu compte de la valeur du cuivre.*

Rép. $5^{kg},0175$.

La timbale contient en or pur $280^{gr} \times 0,920 = 257^{gr},60$.

Valeur de la timbale $3\,437 \times 0,2576 = 885^{f},37$.

$885^{f},37$ sont aussi la valeur de la coupe ; si donc on désigne par p le poids de l'argent pur qu'elle contient, on a

$$220^{f},56 \times p = 885,37 :$$

d'où
$$p = \frac{885,37}{220,56} = 4^{kg},014.$$

Enfin, si l'on représente par P le poids total de la coupe, on a

$$P \times 0,800 = 4^{kg},014 :$$

d'où
$$P = \frac{4,014}{0,800} = 5^{kg},0175.$$

250. *Un orfévre vend 1 450 fr. un vase en or, au 2e titre et pesant 340 gr. Combien a-t-il payé pour le poinçonnage ? A quelle somme se trouvent portés les frais de fabrication et autres, ainsi que son bénéfice ? On sait d'ailleurs que le kilogramme d'or pur vaut 3 437 fr.*

Rép. 346^{f}.

Contrôle : 30^{f} par 100^{gr} plus le double décime.

En tout par 100^{gr}, $30 + 30 \times 0,20 = 36^{f}$.

On paie par gramme $0^{f},36$,

Pour 340 grammes on a payé $0^{f},36 \times 340$ = $122^{f},40$

Or pur contenu dans l'alliage $0^{kg},340 \times 0,800 = 0^{kg},2,856$.

Valeur de l'or pur $3\,437 \times 0,2856$. . . . . = $981^{f},60$

Valeur brute du vase $1\,104^{f}$

Frais de fabrication et autres, bénéfice : $1\,450 - 1\,104 = 346^{f}$.

251. *Quelle est la valeur en monnaie française du ducat d'or des Pays-Bas ? Cette pièce pèse $3^{gr},494$ et son titre est 0,983.*

Rép. $11^{f},80$.

Le poids d'or pur que contient la pièce est

$$3^{gr},494 \times 0,983 = 3^{gr},4346.$$

Or, le kg. d'or pur vaut au change 3 437^{f}.

La pièce d'or vaudra donc

$$3\,437 \times 0,0034346 = 11^{f},80.$$

232. *On a* 1 *kg.*,350 *de monnaie d'argent au titre* 0,925 (*monnaie anglaise*). *Quelle somme recevra-t-on au change pour cette monnaie ?*

Rép. 275^{f},40.

L'argent pur contenu dans cette monnaie est

$$1,350 \times 0,925 = 1^{kg},24875.$$

Or, 1 kg. d'argent pur vaut au change 220^{f},56 ; on devra par conséquent recevoir

$$220^{f},56 \times 1,24875 = 275^{f},40 \text{ environ.}$$

233. *Borda a trouvé que la longueur du pendule simple qui bat les secondes à Paris est de* 440^{l},5593. *Exprimer cette longueur en mètres.*

Rép. 0^{m},9938.

On sait que le mètre vaut 443^{l},296.

Puisque 443^{l},296 valent 1^{m},

$$1^{l} \text{ vaut } \frac{1}{443,296}.$$

$$440^{l},5593 \text{ valent } \frac{1 \times 440,5593}{443,296} = 0^{m},9938.$$

234. *Un terrain de* 60 *arpents de Paris a été payé à raison de* 3 000 *livres tournois l'arpent, avant l'établissement du système métrique ; sa valeur a doublé depuis cette époque. On demande quelle est en francs sa valeur actuelle et ce que vaut l'hectare de ce terrain sachant :*

1° *Que* 80 *francs valent* 81 *livres tournois ;*

2° *Que l'arpent de Paris vaut* 100 *perches carrées de* 18 *pieds de côté ;*

3° *Que la toise vaut* 6 *pieds ;*

4° *Enfin que* 10 *millions de mètres valent* 5 130 740 *toises.*

Rép. Valeur actuelle 355 555^{f},55 : valeur de l'hectare 17 333^{f}.

Le terrain ayant doublé de valeur, depuis l'acquisition, l'arpent vaut actuellement en livres tournois :

$$3\,000^{\text{liv}} \times 2 = 6\,000^{\text{liv}}\,;$$

et comme 81^{liv} valent 80^{f}, il en résulte que 1^{liv} vaut $\frac{80}{81}$ de 1^{f} ; par suite $6\,000^{\text{liv}}$ valent en francs

$$\frac{80}{81} \times 6\,000 = \frac{160\,000^{\text{f}}}{27}.$$

Telle est la valeur de 1 arpent en francs. La propriété entière renfermant 60 arpents vaut donc

$$\frac{160\,000^{\text{f}}}{27} \times 60 = 355\,555^{\text{f}},55.$$

Pour déterminer la valeur actuelle de l'hectare, il faut d'abord calculer la valeur de l'arpent en hectares. Or, d'après l'énoncé, une toise vaut en mètres

$$\frac{10\,000\,000^{\text{m}}}{5\,130\,740} = \frac{1\,000\,000^{\text{m}}}{513\,074}.$$

Le pied étant 6 fois plus petit que la toise, vaut en mètres

$$\frac{1\,000\,000^{\text{m}}}{513\,074 \times 6}.$$

La perche de 18 pieds vaut en mètres

$$\frac{1\,000\,000 \times 18}{513\,074 \times 6} = \frac{3\,000\,000^{\text{m}}}{513\,074}.$$

ne perche carrée vaut donc en mètres carrés

$$\left(\frac{3\,000\,000}{513\,074}\right)^2;$$

et l'arpent vaut en mètres carrés

$$\left(\frac{3\,000\,000}{513\,074}\right)^2 \times 100,$$

et en hectares 10 000 fois moins ou

$$\left(\frac{3\,000\,000}{513\,074}\right)^2 \times \frac{1}{100} = \left(\frac{300\,000}{513\,074}\right)^2.$$

Or, on a trouvé plus haut que l'arpent vaut actuellement $\frac{160\,000^{\text{f}}}{27}$, si l'on divise la valeur actuelle d'un arpent par le nombre d'hectares contenus dans l'arpent, il est évident qu'on aura la valeur actuelle de l'hectare. Cette valeur est donc

$$\frac{160\,000}{27} : \left(\frac{30\,000}{513\,074}\right)^2 = \frac{160\,000}{27} \times \left(\frac{513\,074}{300\,000}\right)^2$$

ou $\dfrac{160\,000 \times (513\,074)^2}{27 \times (300\,000)^2} = \dfrac{16 \times (513\,074)^2}{27 \times (3\,000)^2} = 17\,333^f$ environ.

255. *On sait que les trois angles d'un triangle quelconque valent* 180°. *Si deux d'entre eux ont pour valeur respective* 35° 42′ 54″ *et* 64° 57′ 36″, *que vaudra le* 3e*?*

Il est évident que le 3e vaudra

$$180° - (35°\,42'\,54'' + 64°\,57'\,36'') = 79°\,19'\,30''.$$

256. *Dans un triangle isocèle, l'angle du sommet vaut* 53° 19′ 38″. *Quelle est la valeur d'un angle de la base?*

Rép. 63° 20′ 11″.

De 180°, il faut retrancher 53° 19′ 38″ et prendre la moitié du reste, puisque les 2 angles de la base sont égaux :

$$180° - 53°\,19'\,38'' = 126°\,40'\,22''$$

La moitié donne 63° 20′ 11″

257. *Dans une circonférence, un arc de* 193° 25′ 14″ *a* 2m,50. *Quelle est la longueur de la circonférence?*

Rép. 4m,65.

$$193°\,25'\,14'' = 696\,314''$$

$$360° = 1\,296\,000''$$

696 314″ représentent une longueur de 2m,50

1″ représente — $\dfrac{2,50}{696\,314}$.

1 296 000″ représentent — $\dfrac{2,50 \times 1\,296\,000}{696\,314} = 4^m,65$

environ.

258. *Sur un certain cercle, un arc de 18° 34′ 52″ équivaut à 4^m. Calculer la longueur du mètre en degrés, minutes et secondes.*

Rép. 4° 38′ 43″.

La longueur du mètre est le $\frac{1}{4}$ de 18° 34′ 52″ = 4° 38′ 43″.

18° 35′ 52″	4
2	4° 38′ 43″
60	
120	
34	
154′	
34	
2	
60	
120	
52″	
172″	
12	

259. *Le grand cercle d'un globe géographique a $0^m,60$. La distance de deux villes détermine sur ce globe un arc de grand cercle dont la longueur est de $0^m,032$. Calculer la distance de ces deux villes en lieux de 4 km.*

Rép. 533 lieues.

La circonférence du globle artificiel ou 60^{cm} correspond à $40\,000^{km}$

$$1 \quad — \quad \frac{40\,000}{60}.$$

3,2 correspond à

$$\frac{40\,000}{60} \times 3{,}2 = 2\,133^{km},33, \text{ ou 533 lieues environ.}$$

260. *On a fait avancer de $9^{mm},5$ une vis dont l'écrou est fixe et dont le pas (intervalles de deux spires consécutives) a $0^{mm},7$. Combien la vis a-t-elle fait de tours?*

Evaluer en degrés, minutes et secondes la fraction de tour.

Rép. 13 tours $\frac{4}{7}$ ou 13 tours plus 205° 42′ 51″ $\frac{3}{7}$.

Il est évident que le quotient de $9^{mm},5$, ou la longueur parcourue divisée par $0^{mm},7$, longueur du pas, représentera le nombre de tours de la vis. Ce nombre est $\frac{9,5}{0,7} = 13\frac{4}{7}$.

Les $\frac{4}{7}$ évalués en degrés, minutes et secondes donnent

$$\frac{360^\circ \times 4}{7} = 205^\circ\ 42'\ 51''\frac{3}{7}.$$

261. *Un mobile parcourt une circonférence d'un mouvement uniforme et décrit chaque heure un arc de 8° 13′ 27″ : on demande de calculer en heures, minutes et secondes la durée d'une révolution complète.*

RÉP. $43^h\ 46^m\ 24^s$.

Pour décrire un arc de 8° 13′ 27″ ou 29 607″ le mobile met 1 heure.

— — 1″ le mobile met $\frac{1}{29\ 607}$ d'heure.

Pour décrire la circonférence entière ou $360^\circ = 1\ 296\ 000''$,

le mobile mettra $\frac{1 \times 1\ 296\ 000}{29\ 607} = 43^h\ 46^m\ 24^s$.

EXERCICES

SUR LA RACINE CARRÉE.

262. *Extraire les racines carrées des nombres*

1 369 , 2 916 , 3 721 , 9 216.

RÉP. 37 , 54 , 61 , 96.

263. *Extraire les racines carrées des nombres*

15 129 , 274 576 , 813 604.

RÉP. 123 , 524 , 902.

264. *Extraire à une unité près les racines carrées des nombres*

5 359 255 , 64 064 032.

RÉP. 2 315 , 8 004.

265. *Trouver à une unité près la racine carrée de* 8 663 514 095.

RÉP. 93 078.

266. *Calculer, à* 0,0001 *près* : $\sqrt{2}$, $\sqrt{3}$, $\sqrt{5}$.

RÉP. $\sqrt{2} = 1{,}4142$; $\sqrt{3} = 1{,}7321$; $\sqrt{5} = 2{,}2361$.

267. *Calculer, à* $\frac{1}{15}$ *près* : $\sqrt{\frac{47}{75}}$.

RÉP. $\frac{11}{15}$.

$$\text{On a } 15^2 = 3^2 \times 5^2,$$

$$\text{et } \frac{47}{75} = \frac{47}{3 \times 5^2} = \frac{47 \times 3}{3^2 \times 5^2};$$

$$\text{donc } \sqrt{\frac{47}{75}} = \sqrt{\frac{47 \times 3}{3^2 \times 5^2}} = \frac{\sqrt{47 \times 3}}{15} = \frac{11}{15}, \text{ à } \frac{1}{15} \text{ près.}$$

268. *Calculer, à* $\frac{1}{7}$ *près* : $\sqrt{\frac{2}{5}}$.

RÉP. $\frac{4}{7}$.

$$\text{On a } \frac{2}{5} = \frac{\frac{2}{5} \times 7^2}{7^2} = \frac{\frac{98}{5}}{7^2} = \frac{19\frac{3}{5}}{7^2}.$$

$$\text{Par suite } \sqrt{\frac{2}{5}} = \sqrt{\frac{19\frac{3}{5}}{7^2}} = \frac{4}{7}, \text{ à } \frac{1}{7} \text{ près.}$$

269. *Trouver les côtés des carrés dont les surfaces sont :*

$29^{a},21^{ca}$ *et* $163^{a},84^{ca}$.

RÉP. 89^{m} , 128^{m}.

270. *Trouver les dimensions d'un rectangle, quatre fois plus long que large, et dont la surface est* 68^{a} 89^{ca}.

RÉP. 41^{m},50 et 166^{m}.

On a d'après l'énoncé, la longueur ou 4 fois la largeur multipliée par la largeur, ou encore 4 fois le carré de la largeur = 6 889^{mq} ; par suite, le carré de la largeur = 6 889 : 4 = 1 722^{mq},25 ; donc la largeur est égale à $\sqrt{1\,722,25}$ = 41^{m},50 ; la longueur est 41,5 × 4 = 166^{m}.

271. *Trouver le côté d'un carré équivalent à un triangle ayant* 86^{m},20 *de base et* 68^{m},80 *de hauteur.*

RÉP. 54^{m},45.

On a pour la surface du triangle

$$86{,}20 \times \frac{68{,}80}{2} = 2\,965^{mq}{,}28 :$$

d'où le côté du carré demandé = $\sqrt{2\,965,28}$ = 54^{m},45.

272. *Trouver le côté d'un carré équivalent à un trapèze dont les bases ont* 47^{m},40, 36^{m},80 *et la hauteur* 22^{m},10.

RÉP. 30^{m},50.

On a pour la surface du trapèze

$$\frac{47{,}40 + 36{,}80}{2} \times 22{,}10 = 930^{mq}{,}41.$$

Par suite le côté du carré demandé est égal à

$$\sqrt{930{,}41} = 30^{m}{,}50.$$

273. *Trouver un nombre dont le* $\frac{1}{3}$ *multiplié par les* $\frac{2}{5}$ *donne pour produit* 1 470.

RÉP. 105.

Lorsqu'on multiplie le $\frac{1}{3}$ d'un nombre par ses $\frac{2}{5}$, on obtient pour produit les $\frac{2}{15}$ du carré de ce nombre.

$\frac{1}{15}$ du carré de ce nombre égale $\frac{1\,470}{2}$.

$\frac{15}{15}$ du carré du nombre, ou le carré même du nombre, égale

$$\frac{1\,470 \times 15}{2} = 11\,025.$$

Le nombre demandé égale donc $\sqrt{11\,025} = 105$, ce qu'on peut vérifier aisément.

274. *La différence des carrés de 2 nombres consécutifs est 25 : trouver ces nombres.*

RÉP. 12 et 13.

On a (305, coroll. 11).

$$25 = 2 \text{ fois le plus petit nombre} + 1.$$

Les deux nombres demandés sont donc 12 et 13.

275. *Si l'on fait les carrés des nombres entiers 1, 2, 3, 4, 5....., les différences successives $1^2 - 0^2$; $2^2 - 1^2$; $3^2 - 2^2$; $4^2 - 3^2$; $5^2 - 4^2$..... représenteront la suite naturelle des nombres impairs.*

En effet, les carrés de 2 nombres entiers consécutifs diffèrent de deux fois le plus petit nombre plus 1, ou d'un multiple de 2 augmenté de 1, ou enfin d'un nombre impair; puisqu'on fait d'ailleurs les carrés de tous les nombres entiers, il est évident qu'on trouvera pour différences tous les nombres impairs.

276. *Un propriétaire veut planter des arbres en carré. En en mettant un certain nombre par ligne, il lui en manque 12 ; il en met alors un de moins par ligne, mais il lui en reste 23. Combien ce propriétaire a-t-il d'arbres à planter ?*

RÉP. 312.

Dans le 1er essai, il manque 12 arbres au propriétaire pour avoir un carré parfait ; dans le second, il a 23 arbres de trop : donc $12 + 23$ ou 35 exprime la différence qui existe entre 2 carrés consécutifs ; or, 2 carrés consécutifs diffèrent de deux fois le plus petit nombre $+ 1$; par conséquent $35 - 1$ ou 34 représente 2 fois le côté du plus petit carré. Le côté du plus petit carré est donc 17, et le propriétaire a $17 \times 17 + 23$ ou 312 arbres à planter. D'ailleurs on a bien $312 = 18 \times 18 - 12$.

277. *Démontrer que le carré de la différence de deux nombres est égal à la somme des carrés de ces nombres diminuée du double de leur produit.*

Soient les nombres 9 et 4, leur différence étant 5, il s'agit de démontrer qu'on a

$$5^2 = 9^2 + 4^2 - 2 \times 9 \times 4.$$

En effet, on a évidemment

$$5^2 = (9 - 4)^2 = (9 - 4)(9 - 4).$$

$$\begin{array}{r} 9 - 4 \\ 9 - 4 \\ \hline 9^2 - 4 \times 9 \\ - 9 \times 4 + 4^2 \\ \hline 9^2 - 4 \times 9 - 9 \times 4 + 4^2 \end{array} = 9^2 + 4^2 - 2 \times 9 \times 4.$$

On a d'abord à multiplier 9 — 4 par 9, le produit de $9 \times 9 = 9^2$; mais on n'avait pas à multiplier 9 par 9, mais seulement 9 — 4 ou 5 par 9; du produit 9^2 il faut donc retrancher 4 fois 9 ou 4×9. Par conséquent, le produit de 9 — 4 par 9 est égal à $9^2 - 4 \times 9$. Mais, au lieu de multiplier 9 — 4 par 9, on devait seulement multiplier 9 — 4 par 9 — 4 ou par 5. Du produit obtenu $9^2 - 4 \times 9$, on doit encore retrancher 4 fois (9 — 4). Si on retranche 4 fois 9 ou 4×9, on aura $9^2 - 4 \times 9 - 4 \times 9$. Mais au lieu de retrancher 4 fois 9, on devait retrancher seulement 4 fois (9 — 4), ou 4 fois 5. On a donc retranché 4 fois 4 ou 4^2, de trop. Au produit précédent on doit donc ajouter 4^2, et l'on a enfin

$$9^2 - 4 \times 9 - 4 \times 9 + 4^2 = 9^2 + 4^2 - 2 \times 4 \times 9. \quad c.q.f.d.$$

Remarque. — On peut conclure de là que :

$$+ \times + = +$$
$$- \times + = -$$
$$+ \times - = -$$
$$- \times - = +$$

(Voir algèbre.)

278. *La différence de 2 nombres est* 13, *leur produit est* 2 610. *On demande ces 2 nombres.*

Rép. 58 et 45.

D'après l'exercice précédent, si au carré de 13, ou à 169, on ajoute 2 fois le produit 2 610, la somme 5 389 sera égale à la somme des carrés des nombres cherchés; et si à 5 389 on ajoute encore le double de 2 610 ou 5 220, la somme 5 389 + 5220 = 10 609 représentera (305) le carré de la somme des nombres cherchés. Cette somme est par conséquent

$$\sqrt{10\,609} = 103.$$

Le plus grand des nombres est donc (Exerc. 7) $\frac{103 + 13}{2} = 58$,

et le plus petit $\frac{103 - 13}{2} = 45$.

279. *La somme des carrés de 2 nombres est 313, la différence des carrés de ces mêmes nombres est 25. On demande ces deux nombres.*

RÉP. 12 et 13.

La somme des carrés de ces deux nombres étant 313, et la différence de leurs carrés 25 ; si on retranche 25 de 313, la différence 188 représentera 2 fois le carré du plus petit (Exerc. 7.)

Le carré du plus petit est donc $188 : 2 = 144$; par suite ce nombre égale $\sqrt{144} = 12$. Le carré du plus grand sera $144 + 25 = 169$. Le plus grand sera égal à $\sqrt{169} = \mathbf{13}$.

280. *La différence de 2 nombres est 9, la différence de leurs carrés est 153. On demande ces nombres.*

RÉP. 13 et 4.

La différence 153 provient du produit de la somme des nombres cherchés multipliée par leur différence 9 (Exerc. 34). Si donc on divise 153 par 9, le quotient 17 représentera la somme des nombres demandés. Le plus grand des deux nombres est donc $\frac{17 + 9}{2} = 13$, et le plus petit $\frac{17 - 9}{2} = 4$.

281. *Un carré a 50^{m} de côté : trouver un rectangle de même périmètre et dont la surface soit les $\frac{16}{25}$ de celle du carré.*

RÉP. Les dimensions du rectangle sont 80^{m} et 20^{m}.

Surface du carré $50 \times 50 = 2\,500^{mq}$.

Surface du rectangle $\frac{16}{25} \times 2\,500 = 1\,600^{mq}$.

Périmètre du carré = périmètre du rectangle = 200^{m}.

Demi-périmètre du rectangle = 100^{m}.

La somme de la base et de la hauteur du rectangle est égale à 100^{m} ; d'ailleurs le produit de ces deux dimensions est $1\,600^{mq}$.

La question est donc ramenée à déterminer deux nombres dont la somme est 100 et le produit 1 600.

Or, 100^2 = carré du plus petit nombre + carré du plus grand + double du plus petit multiplié par le plus grand.

100^2 = carré du plus grand nombre + carré du plus petit + $2 \times 1\,600$.

$100^2 - 2 \times 1\,600$ = carré du plus grand des nombres + carré du plus petit.

$100^2 - 4 \times 1\,600$ = carré du plus grand nombre + carré du plus petit $- 2 \times 1\,600$.

$100^2 - 4 \times 1\,600$ = carré de la différence des deux nombres. (Exerc. 277.)

Ou $3\,600$ = carré de la différence des deux nombres.

$\sqrt{3\,600}$ = différence des nombres = 60.

La plus grande dimension est $\dfrac{100 + 60}{2} = 80^{m}$.

La plus petite — $\dfrac{100 - 60}{2} = 20^{m}$.

282. *Le carré d'un nombre impair divisé par* 8 *donne* 1 *pour reste.*

En effet, tout nombre impair peut être considéré comme un nombre pair augmenté de 1 ; de sorte que tout nombre impair peut être représenté par $2n + 1$, et son carré sera

$$(2n + 1)^2 = 4n^2 + 4n + 1 = 4(n^2 + n) + 1.$$

Mais la quantité $n^2 + n$ sera évidemment toujours pair et par conséquent multiple de 2. Donc la quantité $4(n^2 + n)$ est divisible par 8 : donc tout carré impair divisé par 8 donne 1 pour reste.

283. *La différence des carrés de deux nombres impairs est toujours divisible par* 8.

Si l'on désigne par $2n + 1$ et $2n' + 1$ deux nombres impairs quelconques, on aura $(2n + 1)^2 = 4n^2 + 4n + 1$.

et $(2n' + 1)^2 = 4n'^2 + 4n' + 1$.

La différence de ces carrés sera

$$4n^2 + 4n + 1 - 4n'^2 - 4n' - 1 = 4n(n + 1) - 4n'(n' + 1).$$

Or, $n(n + 1)$ est nécessairement un multiple de 2, par suite $4n(n + 1)$ est divisible par 8 ; de même $4n'(n' + 1)$ est divisible par 8,

donc $4n(n + 1) - 4n'(n' + 1)$ est divisible par 8.

284. *Un carré parfait admet un nombre impair de diviseurs, et tout nombre qui n'est pas un carré parfait en admet un nombre pair.*

En effet, les exposants des facteurs d'un nombre qui est un carré parfait sont tous pairs. Or (124), le nombre total des diviseurs d'un nombre est égal au produit des exposants de ses facteurs premiers augmentés chacun d'une unité. Les exposants, après avoir été augmentés chacun d'une unité, formeront donc des nombres impairs, et leur produit sera par conséquent impair.

On démontre de même que tout nombre qui n'est pas un carré parfait admet un nombre pair de diviseurs.

Ex. I. Soit $44\,100 = 2^2 \times 3^2 \times 5^2 \times 7^2$.

On a pour tous les diviseurs de ce nombre

$$(2+1)(2+1)(2+1)(2+1) = 81.$$

Ex. II. Soit $1\,980 = 2^2 \times 3^2 \times 5 \times 11$.

On a pour tous les diviseurs de ce nombre

$$(2+1)(2+1)(1+1)(1+1) = 36.$$

285. *Tout carré est un multiple de 4, ou un multiple de 4 augmenté de 1.*

En effet, un nombre quelconque peut être représenté par $2n$ ou par $2n + 1$.

Or, $(2n)^2 = 4n^2$, carré qui est un multiple de 4,

et $(2n+1)^2 = 4n^2 + 4n + 1$, carré qui est un multiple de $4 + 1$.

286. *Un nombre terminé par le chiffre 5 ne saurait être un carré parfait, si le chiffre des dizaines n'est pas 2.*

En effet, la racine carrée d'un carré terminé par 5 est nécessairement terminée aussi par 5 (303, Rem. II). Si l'on désigne par a les dizaines de cette racine ses unités étant 5, son carré sera

$$(a+5)^2 = a^2 + 10a + 25.$$

Or, il est évident que le produit $10a$ est terminé par 2 zéros, donc la somme $a^2 + 10a + 25$ représente un nombre terminé par 25.

287. *Le carré d'un nombre entier quelconque est un multiple de 5, ou un multiple de 5 augmenté ou diminué de 1.*

En effet, un nombre quelconque peut se décomposer en dizaines et en unités. Soit a les dizaines d'un nombre et b ses unités : son carré sera

$$(a+b)^2 = a^2 + 2ab + b^2.$$

Or, il est évident que la somme $a^2 + 2ab$ est divisible par 5 ; donc le reste qu'on trouve en divisant un carré par 5 est le même que celui qu'on trouve en divisant par 5, le carré provenant du carré du chiffre des unités. Mais ce carré étant ou 4 (2×2), ou 9, ou 16, ou 25, ou.... On voit que chacun de ces carrés est un multiple de 5 diminué ou augmenté de 1, ou un multiple exact de 5 : donc, etc.

288. *Selon que le reste auquel on s'arrête dans l'extraction d'une racine est plus grand ou plus petit que la racine trouvée, la racine est fautive de plus ou de moins d'une demi-unité.*

Ainsi, par exemple, la racine carrée de 2 984 étant 54 et le reste 68, on a l'égalité

$$2\,984 = 54^2 + 68.$$

Comme 68 est $>$ 54, la racine 54 est fautive de plus d'une demi-unité.

En effet (305),

$$\left(54 + \frac{1}{2}\right)^2 = 54^2 + 2.54.\frac{1}{2} + \frac{1}{4} = 54^2 + 54 + \frac{1}{4}.$$

On a par conséquent

$$2\,984 = 54^2 + 68 > \left(54 + \frac{1}{2}\right)^2.$$

La racine exacte de 2 984 est donc comprise entre 54,5 et 55 : donc la racine 54 est fautive de plus d'une demi-unité.

Si, au contraire, on cherche la racine de 3 745, on trouve 61 et pour reste 24 : d'où l'égalité

$$3\,745 = 61^2 + 24.$$

Comme 24 est $<$ 61, la racine 61 est fautive de moins d'une demi-unité.

En effet,

$$\left(61 + \frac{1}{2}\right)^2 = 61^2 + 61 + \frac{1}{4}.$$

On a par conséquent

$$3\,745 = 61^2 + 24 > \left(61 + \frac{1}{2}\right)^2.$$

La racine exacte de 3 745 est donc comprise entre 61 et 61,5 : donc la racine 61 est fautive de moins d'une demi-unité.

Corollaire. — Si dans l'extraction d'une racine carrée le reste est inférieur à la racine obtenue, on a la racine par *défaut ;* s'il est supérieur, on augmente la racine trouvée d'une unité, et l'on obtient une racine par *excès* : dans les deux cas, l'erreur est moindre qu'une demi-unité.

EXERCICES

SUR LA RACINE CUBIQUE.

289. *Extraire les racines cubiques des nombres*

50 653 , 157 464 , 348 981.

Rép. 37 , 54 , 61.

290. *Extraire les racines cubiques des nombres*

884 736 , 1 860 867.

Rép. 96 , 123.

291. *Extraire les racines cubiques des nombres*

143 877 824 , 733 870 808.

Rép. 524 , 902.

292. *Trouver, à une unité près, les racines cubiques des nombres*

51 276 838 501 , 12 406 605 504.

Rép. 8 004 , 2 314.

293. *Trouver, à une unité près, la racine cubique du nombre*

61 758 564 934 450.

Rép. 93 078.

294. *Calculer, à 0,0001 près,* $\sqrt[3]{2}$, $\sqrt[3]{3}$

Rép. $\sqrt[3]{2} = 1,2599$; $\sqrt[3]{3} = 1,4422$.

295. *Calculer, à 0,0001 près,* $\sqrt[3]{4}$, $\sqrt[3]{5}$.

RÉP. $\sqrt[3]{4} = 1{,}5874$; $\sqrt[3]{5} = 1{,}7100$.

296. *Calculer, à* $\frac{1}{15}$ *près,* $\sqrt[3]{\frac{7}{25}}$.

RÉP. $\frac{9}{15}$.

On a $15^3 = 3^3 \times 5^3$,

$$\text{et } \frac{7}{25} = \frac{7}{5^2} = \frac{7 \times 3^3 \times 5}{5^2 \times 3^3 \times 5}.$$

$$\sqrt[3]{\frac{7}{25}} = \sqrt[3]{\frac{7 \times 3^3 \times 5}{15^3}} = \frac{\sqrt[3]{7 \times 3^3 \times 5}}{15} = \frac{9}{15}, \text{ à } \frac{1}{15} \text{ près.}$$

297. *Calculer, à* $\frac{1}{9}$ *près,* $\sqrt[3]{\frac{2}{5}}$.

RÉP. $\frac{2}{3}$.

$$\text{On a } \frac{2}{5} = \frac{\frac{2}{5} \times 9^3}{9^3} = \frac{291\frac{3}{5}}{9^3}.$$

$$\text{Par suite } \sqrt[3]{\frac{2}{5}} = \sqrt[3]{\frac{291\frac{3}{5}}{9^3}} = \frac{6}{9} = \frac{2}{3}, \text{ à } \frac{1}{9} \text{ près.}$$

298. *Trouver les arrêtes des cubes dont les volumes sont*
$0^{mc},091125$, $0^{mc},000003375$.

RÉP. $0^{m},45$, $0^{m},015$.

299. *Trouver un nombre tel que son carré multiplié par le cinquième de ce nombre produise* 675.

RÉP. 15.

Lorsqu'on multiplie le carré d'un nombre par le cinquième de ce nombre, on obtient évidemment pour produit le $\frac{1}{5}$ du cube du nombre.

Le cube du nombre demandé est donc

$$675 \times 5 = 3\,375.$$

Par suite ce nombre est égal à

$$\sqrt[3]{3375} = 15.$$

300. *La différence entre les cubes de deux nombres entiers consécutifs est* 4 219. *On demande ces nombres.*

RÉP. 37 et 38.

Si l'on représente le petit nombre par a, le suivant sera $a + 1$, et la différence entre leurs cubes sera (328, coroll. II),

$$3\,a^2 + 3\,a + 1;$$

de sorte qu'on aura

$$3\,a^2 + 3\,a + 1 = 4\,219:$$

d'où

$$3\,a^2 + 3\,a \quad = 4\,218.$$

En divisant les 2 membres de cette égalité par 3, il vient

$$a^2 + a = 1\,406;$$

a^2 est donc un carré contenu dans 1 406, et c'est le plus grand carré : car la différence a est moindre que $2\,a + 1$ (305, coroll. II).

La racine carrée de 1 406 est 37.

Les nombres demandés sont donc 37 et 38.

301. *La différence entre deux cubes consécutifs est un multiple de* 6 *augmenté de* 1.

En effet, soient les nombres n et $n + 1$, on a

$$(n + 1)^3 - n^3 = 3\,n^2 + 3\,n + 1 = 3\,n \times (n + 1) + 1.$$

Or n ou $n + 1$ est divisible par 2, donc le produit $3\,n \times (n + 1)$ est divisible par 6, donc enfin la différence $3\,n \times (n + 1) + 1$ est un multiple de 6 augmenté de 1.

302. *Un cube terminé par* 5 *a pour chiffre des dizaines* 2 *ou* 7.

En effet, un cube terminé par 5 ne peut provenir que d'une

racine terminée par 5 (326). Si donc on représente par n le chiffre des dizaines de la racine, on aura pour le cube de cette racine

$$(10n + 5)^3 = 1\,000\,n^3 + 3.\ 100\,n^2.\ 5 + 3.\ 10\,n.\ 5^2 + 125.$$

On a pour les dizaines de ce nombre

$$100\,n^3 + 30\,n^2.\ 5 + 3.\ n.\ 5^2 + 12.$$

Or, les 2 premières parties $100\,n^3$ et $30\,n^2.\ 5$ sont toujours terminées par zéro; quant à la 3e, $3.\ n.\ 5^2$, si n est pair, le produit $3.\ n.\ 5^2$ est aussi terminé par zéro, par suite la somme des 3 premières parties sera terminée par 0. Cette somme augmentée de 12 sera terminée par 2; dans ce cas, le chiffre des dizaines est par conséquent 2.

Si n est impair, le produit $3.\ n.\ 5^2$ est terminé par 5, et par suite, la somme des 3 premières parties est terminée par 5. Si l'on ajoute 12 à cette somme, elle sera terminée par 7. Dans ce cas, le chiffre des dizaines est par conséquent 7.

303. *Quelles sont les dimensions du double-décalitre, sa hauteur étant égale à son diamètre?*

RÉP. $294^{mm},2$.

Soit R le rayon du double-décalitre, sa hauteur sera 2 R et son volume

$$R^2 \times 3{,}1416 \times 2\,R = R^3 \times 2 \times 3{,}1416.$$

Or, le volume d'un double-décalitre est égal à 20^{dmc},

donc $$R^3 \times 2 \times 3{,}1416 = 20.$$

Si l'on divise les deux membres de cette égalité par $2 \times 3{,}1416$, il vient

$$R^3 = \frac{20}{2 \times 3{,}1416} = \frac{10}{3{,}1416}.$$

Si l'on extrait la racine cubique de chaque membre, on a

$$R = \sqrt[3]{\frac{10}{3{,}1416}} = 1^{dm},471 \text{ ou } 147^{mm},1.$$

Le diamètre est $294^{mm},2$.

EXERCICES

SUR LES NOMBRES INCOMMENSURABLES.

304. *Faire le carré de* $3+\sqrt{5}$, de $4-\sqrt{7}$, de $5-3\sqrt{11}$.

1° $(3+\sqrt{5})^2 = 3^2+2\times 3\sqrt{5}+(\sqrt{5})^2 = 3^2+6\sqrt{5}+5$
$$= 14+6\sqrt{5}.$$

2° $(4-\sqrt{7})^2 = 4^2-2\times 4\sqrt{7}+(\sqrt{7})^2 = 4^2-8\sqrt{7}+7$
$$= 23-8\sqrt{7};$$

3° $(5-3\sqrt{11})^2 = 5^2-2\times 5\times 3\sqrt{11}+(3\sqrt{11})^2$
$$= 5^2-30\sqrt{11}+3^2\times 11 = 124-30\sqrt{11}.$$

305. *On sait que* $\sqrt{2} = 1,414$: *on demande d'en déduire* $\sqrt{450}$.

On a $450 = 3^2\times 5^2\times 2$;

d'où $\sqrt{450} = \sqrt{3^2\times 5^2\times 2} = 15\sqrt{2} = 15\times 1,414 = 21,21.$

306. *Simplifier l'expression* $\sqrt{48}+\sqrt{75}+\sqrt{363}$.

Rép. On trouve $20\sqrt{3}$.

On a

1° $48 = 16\times 3$: d'où $\sqrt{48} = \sqrt{16\times 3} = 4\sqrt{3}$.

2° $75 = 25\times 3$: d'où $\sqrt{75} = \sqrt{25\times 3} = 5\sqrt{3}$.

3° $363 = 11^2\times 3$: d'où $\sqrt{363} = \sqrt{11^2\times 3} = 11\sqrt{3}$.

Il vient par suite,

$$\sqrt{48}+\sqrt{75}+\sqrt{363} = 20\sqrt{3}.$$

307. *Simplier l'expression* $\sqrt{50} + \sqrt{72} + 5\sqrt{18}$.

RÉP. On trouve $26\sqrt{2}$.

On a

1° $50 = 5^2 \times 2$: d'où $\sqrt{50} = \sqrt{5^2 \times 2} = 5\sqrt{2}$;

2° $72 = 3^2 \times 2^2 \times 2$: d'où $\sqrt{72} = \sqrt{3^2 \times 2^2 \times 2} = 6\sqrt{2}$;

3° $18 = 3^2 \times 2$: d'où $5\sqrt{18} = 5\sqrt{3^2 \times 2} = 3 \times 5\sqrt{2}$;

et par conséquent

$$\sqrt{50} + \sqrt{72} + 5\sqrt{18} = 26\sqrt{2}.$$

308. *Simplifier l'expression* $\frac{2}{3}\sqrt{20} + \frac{3}{4}\sqrt{45} - \frac{7}{12}\sqrt{5}$.

RÉP. On trouve $3\sqrt{5}$.

On a

1° $20 = 2^2 \times 5$: d'où $\frac{2}{3}\sqrt{20} = \frac{2}{3}\sqrt{2^2 \times 5} = \frac{4}{3}\sqrt{5}$;

2° $45 = 3^2 \times 5$: d'où $\frac{3}{4}\sqrt{45} = \frac{3}{4}\sqrt{3^2 \times 5} = \frac{9}{4}\sqrt{5}$.

Il vient donc

$$\frac{2}{3}\sqrt{20} + \frac{3}{4}\sqrt{45} - \frac{7}{12}\sqrt{5} = \frac{4}{3}\sqrt{5} + \frac{9}{4}\sqrt{5} - \frac{7}{12}\sqrt{5}$$
$$= \frac{36}{12}\sqrt{5} = 3\sqrt{5}.$$

309. *Calculer la racine* 4° *de* 256.

On a $\sqrt[4]{256} = \sqrt{\sqrt{256}} = 4.$

310. *Faire le cube de* $2 + \sqrt{3}$ et de $1 + \sqrt{5}$.

RÉP. $26 + 15\sqrt{3}$ et $16 + 8\sqrt{5}$.

On a

1° $(2+\sqrt{3})^3 = (2+\sqrt{3})^2 \times (2+\sqrt{3}) = (4+4\sqrt{3}+3) \times (2+\sqrt{3})$

et $(4 + 4\sqrt{3} + 3) \times (2 + \sqrt{3}) = (7 + 4\sqrt{3}) \times (2 + \sqrt{3})$
$= 14 + 15\sqrt{3} + 4\sqrt{3} \times \sqrt{3} = 26 + 15\sqrt{3}.$

$$2^{\circ}\ (1+\sqrt{5})^3=(1+\sqrt{5})^2\times(1+\sqrt{5})=(1+2\sqrt{5}+5)\times(1+\sqrt{5})$$
$$=(6+2\sqrt{5})\times(1+\sqrt{5});\ \text{mais}$$
$$(6+2\sqrt{5})\times(1+\sqrt{5})=6+2\sqrt{5}+6\sqrt{5}+2\sqrt{5}\times\sqrt{5}=16+8\sqrt{5}.$$

311. *Faire le cube de l'expression* $\sqrt{2}+\sqrt{5}$.

RÉP. $17\sqrt{2}+11\sqrt{5}$.

On a

$$(\sqrt{2}+\sqrt{5})^3=(\sqrt{2}+\sqrt{5})^2\times(\sqrt{2}+\sqrt{5})=(2+2\sqrt{2}\times\sqrt{5}+5)$$
$$\times(\sqrt{2}+\sqrt{5})=(7+2\sqrt{2}\times\sqrt{5})\times(\sqrt{2}+\sqrt{5})=7\sqrt{2}+2\sqrt{2}$$
$$\times\sqrt{5}\times\sqrt{2}+7\sqrt{5}+2\sqrt{2}\times\sqrt{5}\times\sqrt{5}=7\sqrt{2}+4\sqrt{5}+7\sqrt{5}+10\sqrt{2}$$
$$=17\sqrt{2}+11\sqrt{5}.$$

312. *Démontrer l'égalité des expressions* $1+\sqrt{2}$ *et* $\dfrac{\sqrt{2}}{2-\sqrt{2}}$.

Si ces expressions ont même valeur, leur quotient doit égaler l'unité. Or, on a $1+\sqrt{2}:\dfrac{\sqrt{2}}{2-\sqrt{2}}=\dfrac{(1+\sqrt{2})\times(2-\sqrt{2})}{\sqrt{2}}$.

Mais (Ex. 277, REM.) $\dfrac{(1+\sqrt{2})\times(2-\sqrt{2})}{\sqrt{2}}=\dfrac{2+2\sqrt{2}-\sqrt{2}-2}{\sqrt{2}}$

$$=\frac{\sqrt{2}}{\sqrt{2}}=1.$$

Donc les deux expressions dont il s'agit ont même valeur.

313. *Extraire la racine carrée de* $7+4\sqrt{3}$.

RÉP. $2+\sqrt{3}$ ou 3,732.

Il est évident qu'on pourrait d'abord extraire la racine carrée de 3, puis multiplier cette racine par 4, ajouter 7 au produit et enfin extraire la racine carrée de cette somme ; mais on peut abréger ces calculs, lorsque, comme dans le cas actuel, l'expression donnée est un carré parfait. Si l'on se reporte au n° 305 du cours, on voit que le carré de la somme de 2 nombres se compose de **3** parties : 1° du carré du 1er nombre ; 2° de deux fois le produit du 1er par le second ; 3° du carré du second, et que d'ailleurs pour avoir la racine d'un tel carré, il suffit simplement d'extraire la racine carrée du 1er nombre et du 3e.

Ainsi on a $\sqrt{8^2 + 2(8 \times 5) + 5^2} = \sqrt{8^2} + \sqrt{5^2} = 8 + 5.$

Cela étant dit, il est facile de trouver la racine de l'expression $7 + 4\sqrt{3}$.

On peut considérer 7 comme la somme du carré de la 1re partie et du carré de la 3e, et enfin $4\sqrt{3}$, comme étant le double produit de la 1re partie par la seconde ; le produit de la 1re partie par la seconde est donc $2 \times \sqrt{3}$; de sorte que $7 = 2^2 + (\sqrt{3})^2$, et par suite la racine carrée de $7 + 4\sqrt{3}$ est $2 + \sqrt{3} = 3{,}732$, ce qu'on peut vérifier en élevant $2 + \sqrt{3}$ au carré.

On a, en effet, $(2 + \sqrt{3})^2 = 4 + 4\sqrt{3} + 3 = 7 + 4\sqrt{3}.$

Remarque. — Comme il est difficile de distinguer si une expression telle que $7 + 4\sqrt{3}$ est un carré parfait, lorsqu'on extrait la racine en suivant la marche que nous avons indiquée, il est bon d'élever la racine au carré, afin de s'assurer de l'exactitude du résultat.

314. *Extraire la racine carrée de* $7 + 2\sqrt{10}$.

Rép. $\sqrt{5} + \sqrt{2}$ ou 3,65.

On peut considérer, d'après l'exercice précédent, $2\sqrt{10}$ comme le double produit de la 1re partie par la seconde ; ce produit est donc $\sqrt{10} = \sqrt{5} \times \sqrt{2}$, et la racine demandée est $\sqrt{5} + \sqrt{2}$. Ce qui est facile à vérifier.

$$(\sqrt{5} + \sqrt{2})^2 = 5 + 2\sqrt{5} \times \sqrt{2} + 2 = 7 + 2\sqrt{10}.$$

315. *Calculer, à moins de* 0,01 *près, la valeur de la fraction* $\frac{3}{\sqrt{5}}$.

Rép. 1,34.

On a $\frac{3}{\sqrt{5}} = \frac{3\sqrt{5}}{\sqrt{5} \times \sqrt{5}} = \frac{3\sqrt{5}}{5}.$

Il suffit d'extraire la racine de 5 avec un degré d'approximation tel qu'en multipliant cette racine par $\frac{3}{5}$, on trouve une erreur moindre que 0,01. Or, en extrayant la racine carrée de 5 à moins de 0,01 près et en répétant cette erreur $\frac{3}{5}$ de fois, le résultat sera encore exact à moins de 0,01 près. On a donc, à moins de 0,01 près, $\frac{3\sqrt{5}}{5} = \frac{3 \times 2,24}{5} = 1,34$.

316. *Calculer, à moins de* 0,01 *près, la valeur de* $\frac{\sqrt{2}}{\sqrt{5}-\sqrt{3}}$.

RÉP. 2,80.

On a (Ex. 34), $\frac{\sqrt{2}}{\sqrt{5}-\sqrt{3}} = \frac{\sqrt{2} \times (\sqrt{5}+\sqrt{3})}{(\sqrt{5}-\sqrt{3}) \times (\sqrt{5}+\sqrt{3})}$

$$= \frac{\sqrt{2} \times \sqrt{5} + \sqrt{2} \times \sqrt{3}}{5-3} = \frac{\sqrt{10}+\sqrt{6}}{2}.$$

On a donc à diviser par 2, la somme des racines carrées de 10 et de 6. Pour que l'erreur du quotient soit inférieure à 0,01, il suffit que celle du dividende soit inférieure à 0,02, ou mieux encore à 0,01. Pour cela, on calculera ces deux racines avec 3 décimales,

On trouve

$$\sqrt{10} = 3,162, \text{ et } \sqrt{6}, = 2,449,$$

$$\sqrt{10} + \sqrt{6} = 3,162 + 2,449 = 5,611.$$

La somme est approchée à moins de 0;002 et à *fortiori* à moins de 0,01. En divisant cette somme par 2 on obtient 2,80 pour la valeur demandée.

RAPPORTS ET PROPORTIONS

RÈGLES DE TROIS.

317. *Le rapport de deux longueurs est* 2,4 ; *la* 1re *vaut* 4m.50 : *que vaut la seconde?*

RÉP. 1m,875.

Le rapport 2,4 est le quotient de la 1re longueur divisé par la seconde. Si donc on désigne la seconde longueur par x,

on a
$$\frac{4,50}{x} = 2,4 :$$

d'où
$$x \times 2,4 = 4,50$$

et
$$x = \frac{4,50}{2,4} = 1^{m},875.$$

318. *Le rapport de deux longueurs est* $4\frac{5}{9}$; *la seconde vaut* $45^{m},60$: *que vaut la* 1re ?

RÉP. $207^{m},733$.

Si l'on désigne la 1re par x, on a

$$\frac{x}{45,60} = 4\frac{5}{9} = \frac{41}{9} :$$

d'où
$$x = \frac{41 \times 45,60}{9} = 207^{m},733.$$

319. *Le rapport de deux grandeurs est* $\frac{3}{4}$; *la* 1re *vaut* $\frac{9}{11}$: *que vaut la seconde ?*

RÉP. $\frac{12}{11}$.

On a successivement
$$\frac{\frac{9}{11}}{x} = \frac{3}{4},$$

$$\frac{9}{11} = \frac{3x}{4},$$

$$3x = \frac{9 \times 4}{11},$$

et
$$x = \frac{9 \times 4}{11 \times 3} = \frac{12}{11}.$$

320. *Démontrer que si une fraction a un même nombre de chiffres à son numérateur et à son dénominateur, on peut écrire un certain nombres de fois de suite le numérateur, et autant de* *fois le dénominateur, la fraction qui en résulte a même valeur que la précédente.*

Ainsi
$$\frac{21}{56} = \frac{2121}{5656} = \frac{212121}{565656} = \ldots\ldots$$

En effet, on a
$$\frac{21}{56} = \frac{0,21}{0,56} = \frac{0,0021}{0,0056} = \ldots\ldots$$

Or cette suite de rapports égaux donne (380)
$$\frac{21}{56} = \frac{21 + 0,21 + 0,0021}{56 + 0,56 + 0,0056} = \frac{212121}{565656}. \qquad c.\ q.\ f.\ d.$$

321. *Trouver une 4e proportionnelle aux nombres* 9, 8 *et* 45.

Rép. 40.

On a
$$\frac{9}{8} = \frac{45}{x},$$
d'où
$$9\,x = 45 \times 8,$$
$$x = \frac{45 \times 8}{9} = 40.$$

322. *Trouver une 4e proportionnelle aux nombres* $\frac{3}{4}$, $\frac{5}{6}$ *et* $\frac{2}{7}$.

Rép. $\frac{20}{63}$.

On a
$$\frac{\frac{3}{4}}{\frac{5}{6}} = \frac{\frac{2}{7}}{x},$$
d'où
$$\frac{3}{4} \times \frac{6}{5} = \frac{2}{7 \times x}$$
$$\frac{9}{10} = \frac{2}{7\,x}$$
$$7\,x \times 9 = 2 \times 10:$$
on trouve enfin
$$x = \frac{20}{63}.$$

323. *Trouver une moyenne proportionnelle entre les nombres* 16 *et* 25.

Rép. 20.

On a $$\frac{16}{x} = \frac{x}{25};$$

par suite $$x \times x = 16 \times 25,$$

ou $$x^2 = 400$$

$$x = \sqrt{400} = 20.$$

324. *Démontrer qu'une proportion quelconque, telle que* $\frac{5}{7} = \frac{15}{21}$, *donne* $\frac{5 \times 7}{15 \times 21} = \frac{(5+7)^2}{(15+21)^2}$.

En effet, de $$\frac{5}{7} = \frac{15}{21},$$

on déduit $$\frac{5}{15} = \frac{7}{21},$$

cette égalité donne $$\frac{5}{15} = \frac{5+7}{15+21},$$

et $$\frac{7}{21} = \frac{5+7}{15+21}.$$

Si l'on multiplie ces proportions termes à termes, il vient

$$\frac{5 \times 7}{15 \times 21} = \frac{(5+7)^2}{(15+21)^2}. \quad c.\ q.\ f.\ d.$$

325. *Une ligne* AB *a* 120 *mètres, on prend le milieu* O *de cette ligne et l'on marque ensuite sur cette ligne un point* X, *de telle sorte qu'on a*

$$\frac{AX}{BX} = \frac{BX}{XO}.$$

On demande de déterminer BX, *et par suite la position du point* X.

A O X B

Rép. $BX = 40^m$.

La proportion $$\frac{AX}{BX} = \frac{BX}{XO}$$

donne (379, coroll. III) $$\frac{AX + BX}{AX} = \frac{BX + XO}{BX},$$

ou $$\frac{AB}{AX} = \frac{BO}{BX}.$$

Mais $AX = AB - BX$, de sorte qu'on a

$$\frac{AB}{AB - BX} = \frac{BO}{BX}.$$

En chassant les dénominateurs, on obtient

$$AB \times BX = BO \times AB - BO \times BX.$$

Ajoutant $BO \times BX$, aux deux membres, on a

$$AB \times BX + BO \times BX = BO \times AB.$$

ou

$$BX\,(AB + BO) = BO \times AB.$$

Si l'on divise chaque membre par $AB + BO$, on trouve enfin

$$BX = \frac{BO \times AB}{AB + BO} = \frac{60 \times 120}{120 + 60} = \frac{6 \times 120}{12 + 6} = 40^{m}.$$

Ce résultat est exact, car on a

$$AX = 60 + 60 - 40 = 80\ ,$$
$$BX = 40\ ,$$
$$XO = 60 - 40 = 20\ :$$

d'où

$$\frac{AX}{BX} = \frac{BX}{XO} = \frac{80}{40} = \frac{40}{20}.$$

Remarque. — Le raisonnement est indépendant de la position du point O. La question se traiterait donc de même, si le point O était placé au $\frac{1}{3}$, ou au $\frac{1}{4}$, etc. de la ligne AB.

326. *Les profondeurs de trois puits artésiens sont respectivement* $A = 220^{m}$; $B = 395^{m}$; $C = 543^{m}$: *les températures des eaux sont, pour* A, 19°,75 ; *pour* B, 25°,33, *et pour* C, 30°,50. *On demande si, pour ces 3 puits, il est exact de dire que l'accroissement de température soit proportionnel à l'accroissement de profondeur. Quelle serait la température de l'eau fournie par* C, *si la loi précédente était exacte?*

Rép. La température de C serait 30°,05.

Si la loi était exacte, on devrait avoir en appelant x la température de l'eau fournie par C

$$\frac{543}{395} = \frac{395}{220} = \frac{x}{25°,33} = \frac{25°,33}{19°,75}.$$

D'où (379, corol. IV)

$$\frac{543 - 395}{395 - 220} = \frac{x - 25°,33}{25°,33 - 19°,75}.$$

D'où l'on déduit successivement

$$\frac{148}{175}=\frac{x-25^{\circ},33}{5^{\circ},58},$$

$$x-25^{\circ},33=\frac{148\times 5^{\circ},58}{175},$$

$$x=25^{\circ},33+\frac{148\times 5,58}{175}=25^{\circ},33+4^{\circ},72=30^{\circ},05.$$

La loi est par conséquent à peu près exacte.

327. *Les espaces parcourus par un corps qui tombe librement sont proportionnels aux carrés des temps employés à les parcourir.*

Connaissant cette loi de la chute des corps, on demande combien de secondes mettrait une pierre pour arriver au fond d'un puits de mine qui a 180^{m}. On sait d'ailleurs qu'un corps qui tombe librement parcourt 4^{m},9044 dans la 1re seconde.

Soit x le temps demandé, on a, d'après la loi,

$$\frac{x^2}{1^2}=\frac{180}{4,9044}:$$

d'où $$x=\sqrt{\frac{180}{4,9044}}=6 \text{ secondes environ.}$$

328. *Connaissant la loi énoncée dans l'exercice précédent, et l'espace parcouru, 4^{m},9044, dans la 1re seconde de la chute d'un corps qui tombe librement, sachant, en outre, que le son parcourt 340^{m} par seconde, on demande au bout de combien de temps un observateur a entendu le bruit d'une pierre qu'il a laissée tomber du haut d'une tour ayant 120^{m} de hauteur.*

RÉP. 5^{s},29.

Soit x le temps que la pierre a mis pour tomber, on a, d'après la loi connue,

$$\frac{x^2}{1^2}=\frac{120}{4,9044}:$$

d'où $$x=\sqrt{\frac{120}{4,9044}}=4^{s},94.$$

L'observateur a été d'abord 4^{s},94, avant d'entendre le bruit de la pierre, et en outre le temps que le son a mis pour parcourir 120^{m}. Or, le son parcourt 340^{m} par seconde, pour parcourir 1^{m}, il met un temps égal à $\frac{1}{340}$, et pour parcourir 120^{m}, un temps égal à

$$\frac{120}{340} = 0^{s},35.$$

C'est donc après $4^{s},94 + 0,35 = 5^{s},29$ qu'il a entendu le bruit de la pierre qu'il a laissée tomber.

329. *La valeur d'un diamant est proportionnelle au carré de son poids. Sachant que 1 karat de diamant brut vaut 48 fr., on demande la valeur d'un diamant brut du poids de* $8^{g},5$ *(le karat vaut* $205^{mg},5$.

RÉP. $82\ 111^{f}$.

$8^{g},5 = 8\ 500^{mg}$; le poids du diamant en karats est donc :

$$\frac{8\ 500}{205,5} = \frac{85\ 000}{2\ 055} = 41,36 \text{ karats.}$$

Soit x la valeur du diamant. On a

$$\frac{x}{48} = \frac{(41,36)^2}{1^2} :$$

d'où $x = (41,36)^2 \times 48 = 82\ 111^{f}$ environ.

330. *Le diamant brut perd moitié à la taille ; mais un diamant de 1 karat vaut 250 fr., au lieu de 48 fr., lorsqu'il est de belle eau et sans défaut. Combien le diamant de l'exercice précédent aura-t-il gagné à la taille ?*

RÉP. $24\ 804^{f}$.

Le poids du diamant taillé sera $\frac{41,36}{2} = 20,68$ karats.

Si l'on désigne par x la valeur de ce diamant, on aura comme plus haut

$$x = (20,68)^2 \times 250 = 106\ 915^{f}.$$

Le diamant a donc gagné à la taille

$$106\ 915^{f} - 82\ 111 = 24\ 804^{f}.$$

331. *Un joaillier casse par accident un diamant brut de 12 karats, en deux fragments, l'un de 4 karats et l'autre de 8. Combien ce joaillier perd-il par suite de cet accident ? On sait d'ailleurs qu'un diamant brut de 1 karat vaut* 48^{f}, *et que la valeur d'un diamant est proportionnelle au carré de son poids.*

RÉP. $3\ 072^{f}$.

Soit x la valeur du diamant avant l'accident, on a

$$\frac{x}{48} = \frac{(12)^2}{1^2},$$

d'où $$x = 144 \times 48 = 6\,912^f.$$

Soit y la valeur du plus gros fragment, on a, d'après ce qui précède,

$$y = 64 \times 48 = 3\,072^f.$$

Soit y' la valeur du plus petit fragment, on a

$$y' = 16 \times 48 = 768^f.$$

Valeur des deux fragments $3\,072^f + 768 = 3\,840^f$.

Le joaillier a donc perdu, par suite de son accident,

$$6\,912^f - 3\,840 = 3\,072^f.$$

332. *Les carrés des temps des révolutions des planètes autour du soleil sont entre eux comme le cube de leur distance moyenne à cet astre* (Loi de Képler).

La distance moyenne de la planète Mars au Soleil est 1,52369, *en prenant pour unité la distance de la terre au soleil. Trouver en jours la durée de la révolution de cette planète, sachant que la terre effectue sa révolution sidérale en* $365^j,256$.

Rép. $686^j,97$.

Soit x la durée de la révolution de la planète Mars. On a, d'après les données et la loi de Képler,

$$\frac{x^2}{(365,256)^2} = \frac{(1,52369)^3}{1^3};$$

d'où $$x^2 = (1,52369)^3 \times (365,256)^2.$$

En effectuant les calculs, on trouve

$$x = 686^j,97.$$

333. *La durée des oscillations d'un pendule est proportionnelle à la racine carrée de la longueur de ce pendule. Le pendule qui bat la seconde à Paris a* $0^m,99384$. *On demande quelle longueur on devrait donner à un pendule pour que la durée d'une oscillation fût de* $\frac{1}{4}$ *de seconde.*

Rép. $0^m,062115$.

Soit x la longueur demandée; on a, d'après l'énoncé et les données de la question,

$$\frac{\sqrt{x}}{\sqrt{0,99384}} = \frac{\frac{1}{4}}{1} = \frac{1}{4}.$$

En élevant au carré chaque membre, il vient

$$\frac{x}{0,99384} = \frac{1}{16},$$

$$x = \frac{0,99384}{16} = 0^{m},062115.$$

334. *Il y a dans une place forte 9 000 hommes qui ont encore des vivres pour 64 jours. La ville est sur le point de subir un siège qui peut durer 150 jours. Combien doit-on faire sortir d'hommes pour qu'en diminuant la ration de $\frac{1}{5}$ les vivres puissent être suffisants pour ce temps?*

RÉP. 4 200 hommes.

Si l'on désigne par x le nombre d'hommes qui peuvent rester, on a

hommes	jours	rations
9 000	64	$\frac{5}{5}$
x	150	$\frac{4}{5}$

$$x = \frac{9\,000 \times 64 \times 5}{150 \times 4} = 4\,800^{h}.$$

Il est évident qu'il pourrait y avoir un nombre d'hommes égal à $9\,000 \times 64$, si les vivres ne devaient durer qu'un jour; mais ils doivent durer 150 jours, le nombre d'hommes sera donc 150 fois moindre ou $\frac{9\,000 \times 64}{150}$. Si la ration était seulement $\frac{1}{5}$, il pourrait y avoir 5 fois plus d'hommes ou $\frac{9\,000 \times 64 \times 5}{150}$; et comme la ration est $\frac{4}{5}$, le nombre d'hommes sera

$$\frac{9\,000 \times 64 \times 5}{150 \times 4} = 4\,800.$$

Il faudra donc faire sortir

$$9\,000^{h} - 4\,800 = 4\,200 \text{ hommes}.$$

335. 40 *ouvriers ont fait en* 15 *jours, travaillant* 10 *heures par jour,* 300^{m} *d'un certain ouvrage. Combien faudrait-il d'ouvriers, travaillant* 9 *heures par jour, pour faire en* 20 *jours* 180^{m} *du même ouvrage?*

RÉP. 20 ouvriers.

On a, d'après les données,

ouvriers	jours	heures	mètres
40	15	10	300
x	20	9	180

On déduit de ces rapports

$$x = \frac{40 \times 15 \times 10 \times 180}{20 \times 9 \times 300} = 20 \text{ ouvriers.}$$

336. *Deux convois se mettent en marche sur une ligne de chemin de fer avec des vitesses proportionnelles aux nombres* 6 *et* 5. *Le* 1er *parcourt* 240^{km} *en* 6 *heures. Combien le* 2e *en parcourra-t-il en* 7 *heures?*

RÉP. 233^{km},333.

L'énoncé donne

kilom.	vitesses	temps
240	6	6
x	5	7

On trouve sans difficulté

$$x = \frac{240 \times 5 \times 7}{6 \times 6} = 233^{km},333.$$

337. 400 *soldats renfermés dans un fort ont des vivres pour* 180 *jours, à raison de* 750 *gr. par homme et par jour; cette garnison augmente de* 100 *hommes et ne recevra plus de vivres avant* 240 *jours. Quelle devra être la ration d'un homme par jour pour que les vivres puissent suffire?*

Combien, en outre, y a-t-il de kg. de vivres?

RÉP. 450^{gr} ; 54 000^{kg}.

Il est facile de déduire de l'énoncé les données suivantes :

soldats	rations	jours
400	750^{gr}	180
500	x	240

On trouve alors aisément que

$$x = \frac{750 \times 400 \times 180}{500 \times 240} = 450^{gr}.$$

D'ailleurs le poids des vivres est égal à

$$0^{kg},750 \times 400 \times 180 = 54\,000^{kg}.$$

338. *Il a fallu à une institution 2 600 hectolitres de blé pesant 75 kg. pour nourrir ses élèves pendant les dix mois de l'année scolaire. L'année suivante, le blé pèse 78 kg. et le nombre des élèves a augmenté de $\frac{1}{5}$. Combien l'établissement doit-il acheter d'hectolitres de blé pour son approvisionnement de 10 mois.*

Rép. 3 000hl.

L'énoncé donne

hectolitres	kilog.	nombre d'élèves
2 600	75	$\frac{5}{5}$
x	78	$\frac{6}{5}$

On trouve sans difficulté $x = \frac{2\,600 \times 75 \times 6}{78 \times 5} = 3\,000^{hl}$.

339. *On emploie 24 ouvriers pour creuser une tranchée ; ces ouvriers, travaillant 10 heures par jour, ont enlevé en 18 jours 6 400 mètres cubes de terre. On a encore 12 800 mètres cubes de terrassement à faire ; mais on ne peut plus avoir que 16 ouvriers. En combien de jours la tranchée sera-t-elle terminée, s'ils travaillent 9 heures par jour, dans un terrain $\frac{1}{6}$ plus difficile que le 1er ?*

Rép. 70 jours.

L'énoncé donne

ouvriers	heures	mètres	jours	difficultés
24	10	6 400	18	6
16	9	12 800	x	7

Il est facile de trouver l'égalité

$$x = \frac{18 \times 24 \times 10 \times 12\,800 \times 7}{16 \times 9 \times 6\,400 \times 6} = 70 \text{ jours}$$

340. *Une machine à vapeur, fonctionnant 12 heures par jour, a consommé en 21 jours 9 600 kg. de houille. Combien doit-on dépenser en combustible, si elle fonctionne 11 heures par jour pendant 300 jours, et si les 1 000 kg. de houille coûtent 28 fr. rendus à pied d'œuvre.*

Rép. 3 520f.

Calculons d'abord la quantité de combustible nécessaire pour 300 jours. On a d'après les données,

kilog.	jours	heures
9 600	21	12
x	300	11

Le raisonnement donne

$$x = \frac{9\,600 \times 300 \times 11}{21 \times 12}.$$

Au lieu de calculer x, il est plus simple de chercher immédiatement la valeur en francs de ce nombre de kg. :

$$\frac{9\,600 \times 300 \times 11}{21 \times 12},$$

valeur qui est évidemment

$$\frac{96 \times 30 \times 11 \times 28}{21 \times 12} = 3\,520^{f}.$$

341. 640 *terrassiers, travaillant* 10 *heures par jour, ont mis* 80 *jours pour creuser un canal de* 2 000^{m} *de longueur sur* 8^{m} *de largeur et* 4 *de profondeur. En combien de jours* 800 *ouvriers, travaillant* 9^{h} *par jour, creuseront-ils un autre canal ayant* 3 000^{m} *de longueur sur* 9^{m} *de largeur et* 4 *de profondeur, dans un terrain* $\frac{1}{4}$ *moins difficile que l'autre.*

RÉP. 90 jours.

Si l'on représente par x le nombre cherché, l'énoncé donne

ouvriers	heures	jours	longueurs	largeurs	profond.	difficultés
640	10	80	2 000^{m}	8^{m}	4^{m}	4
800	9	x	3 000	9	4	3

Il est facile de trouver que

$$x = \frac{80 \times 640 \times 10 \times 3\,000 \times 9 \times 4 \times 3}{800 \times 9 \times 2\,000 \times 8 \times 4 \times 4} = 90 \text{ jours.}$$

INTÉRÊT. — ESCOMPTE.

342. *Quel est le capital qui à $4^f,50$ % peut donner $1\,620^f$ de rente?*

Rép. $36\,000^f$.

$4^f,50$ proviennent d'un capital de 100^f.

1 provient — — $\frac{100}{4,50}$

1 620 proviennent — — $\frac{100 \times 1\,620}{4,50} = 36\,000^f$.

Autre solution. La formule (421)

$$a = \frac{100\,\mathrm{I}}{\mathrm{R}\,t},$$

donne, en remplaçant les lettres par leurs valeurs respectives,

$$a = \frac{100 \times 1\,620}{4,50 \times 1} = 36\,000^f.$$

343. *Au moment de son départ, un voyageur prête 3 400 fr. à 5 % et à intérêts simples. Il revient au bout de 4 ans. Combien doit-on lui remettre?*

Rép. $4\,080^f$.

Pour 100^f prêtés ce voyageur, après 4 ans, doit recevoir 120^f.

— 1 — — — — — $\frac{120}{100}$

— 3 400 prêtés ce voyageur, après 4 ans, doit recevoir

$$\frac{120 \times 3\,400}{100} = 4\,080^f.$$

Autre solution. La formule (424)

$$\mathrm{A} = a \times (1 + r\,t),$$

donne, en substituant aux lettres leurs valeurs,

$$\mathrm{A} = 3\,400 \times (1 + 0,05 \times 4) = 3\,400 \times 1,20 = 4\,080^f.$$

344. *Combien un capital doit-il rester de temps, placé à intérêts simples et à 4 %, pour qu'il augmente de son cinquième?*

RÉP. 5 ans.

Un capital placé à 4 % augmente chaque année de ses $\frac{4}{100}$ ou $\frac{1}{25}$; pour augmenter de son cinquième, il mettra un temps égal à

$$\frac{1}{5} : \frac{1}{25} = 5 \text{ ans.}$$

345. *Un père de famille donne ce qu'il possède à ses quatre enfants, moins une rente de 2 400 fr. à 4 %, qu'il conserve, et dont le capital représente le $\frac{1}{4}$ de sa fortune. 1° Quelle était la fortune de ce père de famille? 2° Combien chacun de ses enfants a-t-il reçu?*

RÉP. 1° 240 000f ; 2° 45 000f.

Il est facile de trouver le capital qui placé à 4 % rapporte 2 400f de rente.

4f de rente sont rapportés par 100f.

$$1 \quad \text{— est rapporté —} \quad \frac{100}{4},$$

$$2\,400 \quad \text{— sont rapportés —} \quad \frac{100 \times 2\,400}{4} = 60\,000^{f}.$$

1° La fortune de ce père de famille était donc

$$60\,000 \times 4 = 240\,000^{f}.$$

2° Chaque enfant a reçu $\frac{1}{4}$ de $60\,000 \times 3 = 45\,000^{f}$.

346. *Quelle somme faut-il placer à 4 %, pour avoir dans 2 ans 3 mois 5 450 fr., capital et intérêts simples?*

RÉP. 5 000f.

100f placés à 4 % pendant 2 ans 3 mois produisent 9f d'intérêt, 109 proviennent donc d'un capital de 100f.

$$1 \text{ provient — —} \quad \frac{100}{109},$$

$$5\,450 \text{ proviennent — —} \quad \frac{100 \times 5\,450}{109} = 5\,000^{f}.$$

Autre solution. Si dans la formule [2] (424), on remplace les lettres par leurs valeurs, on trouve

$$a = \frac{5\ 450}{1 + 0,04 \times \frac{27}{12}} = \frac{5\ 450}{1,09} = 5\ 000^{f}.$$

347. *Trouver le temps que mettront* 3 052f,50, *placés à* 6 %, *pour rapporter* 40f,70 *d'intérêt.*

Rép. 80 jours.

L'énoncé donne

capitaux	intérêts	temps
100	6	360
3 052,50	40,70	x

100f pour rapporter 6f ont mis 360j.

1 — 6 a mis 360×100,

1 — 1 a mis $\frac{360 \times 100}{6}$

3 052,50 — 1 ont mis $\frac{360 \times 100}{6 \times 3\ 052,50}$

3 052,50 — 40,70 — $\frac{360 \times 100 \times 40,70}{6 \times 3\ 052,50} = 80^{j}.$

Autre solution. La formule (421)

$$I = \frac{a R t}{100}$$

donne $$100 I = a R t$$

et $$t = \frac{100 I}{a R}$$

donc $$t = \frac{100 \times 40,70}{3052,50 \times 6} = \frac{2}{9} \text{ d'année} = 80 \text{ jours.}$$

348. *Calculer, par la méthode des parties aliquotes, l'intérêt à* 6 % *de* 3 732 *fr. pendant* 48 *jours.*

Rép. 29f,85.

60 jours le $\frac{1}{100}$ de 3 732^f	37^f,32
12 — le $\frac{1}{5}$ de 37^f,32	7, 46
48 — à 6 %	29^f,86

Soit 29^f,85.

349. *Calculer, par la méthode des parties aliquotes, l'intérêt à 5 % de 3 425*^{f} *pendant* 159 *jours.*

Rép. 75^f,65.

72 jours le $\frac{1}{100}$ de 3 425^f	= 34^f,25
72 — — —	34, 25
9 — le $\frac{1}{8}$ de 34,25	= 4, 28
3 — le $\frac{1}{3}$ de 4,28	= 1, 43
3 — — —	= 1, 42
159 jours à 5 %	= 75^f,63

Soit 75^f,65 cent.

350. *Une somme de* 3 200^f *est restée placée à* 4 1/2 %, *depuis le* 15 *juin jusqu'au* 5 *novembre de la même année. Quel intérêt doit-on?*

Rép. 57^f,20.

En se servant du tableau du n° 410, on trouve qu'il y a 143 jours du 15 juin au 5 novembre.

100^f rapportent en 360 jours 4^f,50

1 rapporte — $\frac{4,50}{100}$

1 — en 1 jour $\frac{4,50}{100 \times 360}$

3 200 rapportent — $\frac{4,50 \times 3\,200}{100 \times 360}$

3 200 — en 143 jours $\frac{4,50 \times 3\,200 \times 143}{100 \times 360} = 57^f,20.$

Autre solution. La formule [1] (420) donne immédiatement

$$I = \frac{3\,200 \times 4,5}{100} \times \frac{143}{360} = 57^f,20.$$

351. *Un capital a été placé à 4 % le 17 mars, et il a été retiré le 8 février de l'année suivante. On demande ce capital, sachant qu'on a reçu* $49^f,20$ *d'intérêts.*

RÉP. $1\,350^f$.

Du 17 mars au 8 février (410), il y a 328 jours.

Or, en 360 jours 100^f rapportent 4^f,

en 328 — 100^f — $\frac{4 \times 328}{360} = \frac{164^f}{45}$.

On donc dire :

$\frac{164^f}{45}$ proviennent d'un capital 100^f, placé pendant 328 jours.

1^f provient — $\frac{100 \times 45}{164}$ — —

$49^f,20$ proviennent — $\frac{100 \times 45 \times 49,20}{164} = 1\,350^f$.

Autre solution. La formule (421) donne

$$a = \frac{100 \times 49,20}{4 \times \frac{328}{360}} = \frac{100 \times 49,20 \times 360}{4 \times 328} = 1\,350^f.$$

352. *Une personne place* 5 720 *fr. à intérêts simples, et au taux* 4 : *au bout de combien de temps aura-t-elle* $7\,396^f$, *capital et intérêts ?*

RÉP. $7^a, 3^m, 27^j$.

$5\,720^f$ ont rapporté pendant le temps demandé

$$7\,396^f - 5\,720 = 1\,676^f.$$

Or, l'intérêt de $5\,720^f$ pour un an à 4 % est

$$4 \times 57,20 = 228^f,80.$$

Le capital $5\,720^f$ est donc resté placé un nombre d'années égal à

$$1\,676^f : 288,80 = 7^a, 3^m, 27^j \text{ environ}.$$

La formule du n° 423 donne immédiatement

$$t = \frac{100 \times 1\,676}{5\,720 \times 4} = 7^a, 3^m, 27^j \text{ environ}.$$

353. *Déterminer le capital qui, placé à 4,5 % pendant 7 mois 9 jours, et ensuite pendant 1 an 5 mois 12 jours à 5,40 % a rapporté en tout 126f,81 d'intérêt.*

RÉP. 1 200f.

Le capital demandé est d'abord resté placé pendant 219 jours, ensuite pendant 522 jours.

Dans le 1er cas, 1f rapporte en 219 jours $\frac{4,5}{100} \times \frac{219}{360} = \frac{985,5}{36\,000}$,

et dans le second cas 1f rapporte en 522 jours $\frac{5,4 \times 522}{36\,000} = \frac{2818,8}{36\,000}$.

Un capital de 1f a donc rapporté dans les deux placements

$$\frac{985,5 + 2818,8}{36\,000} = \frac{3804,3}{36\,000} = \frac{4\,227}{40\,000}.$$

En divisant l'intérêt total 126f,81, par l'intérêt de 1f on aura évidemment le capital placé :

d'où $$\frac{126^f,80 \times 40\,000}{4\,227} = 1\,200^f \text{ environ.}$$

354. *Un propriétaire a acheté un pré qui lui coûte, tous frais compris, 7 500 fr. Il paie chaque année 22 fr. d'impôts et loue son pré 300 fr. A quel taux son argent se trouve-t-il placé?*

RÉP. 3f,70 environ.

D'après l'énoncé, la somme de 7 500f rapporte 300f — 22f ou 278f.

7 500f rapportent 278f par an.

1f rapporte $\frac{278}{7\,500}$,

100 rapportent $\frac{300 \times 100}{7\,500} = 3^f,70$ environ.

355. *Un propriétaire trouvait à placer 6 000 fr. pour 2 ans à raison de 4 %, il a voulu attendre, pensant faire un meilleur placement; il trouve, en effet, 9 mois après, à placer son argent pour 1 an 3 mois à raison de 5 %. A-t-il gagné d'attendre?*

RÉP. Le propriétaire a perdu 105f.

A 4 % 6 000f rapportent en 2 ans : $4 \times 60,00 \times 2 = 480^f$

A 5 % 6 000 — en 1 an 3 mois

$$5 \times 60,00 \times 1,25 = 375$$

Il a donc perdu. . . . . 105^f

336. *Un propriétaire a acheté une maison qui lui coûte 30 000 fr. tous frais payés. Il estime qu'il aura à donner chaque année 450 fr. tant pour les impôts que pour les réparations. Louée à divers locataires, aujourd'hui sa maison lui rapporte 2 000 fr. par an; mais il prévoit que pour les pièces qui pourront rester inoccupées, ainsi que pour les pertes que des locataires insolvables lui feront éprouver, il doit réduire d'au moins 1/10e la somme qu'il devrait recevoir en réalité. A quel taux son argent est-il placé?*

RÉP. 4f,65.

Le capital employé est de 30 000 fr. D'après l'énoncé, cette somme rapporte annuellement 2 000 fr. moins les frais occasionnés par les impôts et les réparations, c'est-à-dire

$$2\,000^f - 450 = 1\,550.$$

Mais, par suite des pièces inoccupées, etc., on doit encore réduire cette somme d'au moins 1/10e : donc les 30 000 fr. rapporteront en tout $1\,550 - \frac{1}{10} \times 1\,550 = 1\,395^f$.

30 000f rapportent 1 395f

1 rapporte $\frac{1\,395}{30\,000^f}$

$$100^f \text{ rapportent } \frac{1\,395 \times 100}{30\,000} = 4^f,65.$$

337. *Un rentier prête 3 650f à 5 % pour 8 mois 24 jours. Dire le montant du billet à faire, sachant qu'il doit se composer du capital et de ses intérêts.*

RÉP. 3 783f,85.

$8^m,24^j = 264$ jours. On a donc (412)

$$\text{Intérêt} = \frac{3.650 \times 264}{7\,200} = 133^f,83 \text{ environ.}$$

Le billet sera donc de $3\,650 + 133^f,85 = 3\,783^f,85$.

338. *On a deux billets, l'un de 200 fr. payable dans 6 mois, l'autre de 400 fr. payable dans 4 mois. On veut réunir ces deux* *billets en un seul payable dans* 10 *mois : quel sera le montant du billet, le taux étant* 6 %?

RÉP. 616f.

Le billet nouveau à souscrire devra être égal au montant des billets, augmenté de l'intérêt du 1er pendant 4 mois et de l'intérêt du second pendant 6 mois. Or, 200f pendant 4 mois à 6 % rapportent 4f, et 400f pendant 6 mois, au même taux, rapportent 12f. Le billet à 10 mois devra donc être égal à

$$200 + 4 + 400 + 12 = 616^{f}.$$

359. *Un rentier a* 8 930 *fr. de placés chez un particulier, et* 5 740 *fr. chez un autre et au même taux. La différence des intérêts est de* 127f,60. *On demande le taux.*

RÉP. 4f.

La différence des intérêts provient évidemment de la différence des capitaux. Or, on a

$$8\,930 - 5\,740 = 3\,190^{f}.$$

Il arrive, par conséquent, que 3 190f rapportent 127f,60,

$$100^{f} \text{ rapportent } \frac{127,60 \times 100}{3\,190} = 4^{f}.$$

360. *Une personne a placé un capital au taux* 4 %. *Au bout de* 4 *ans, elle retire ce capital, elle y joint une somme égale aux intérêts simples qu'il a produits pendant ce temps, et elle place le tout à* 5 %. *Alors il se trouve qu'elle a* 1 160 *fr. de revenu. On demande le capital primitif.*

RÉP. 20 000f.

Dans le dernier placement

5f proviennent du capital 100f.

$$1 \text{ provient} \quad — \quad \frac{100}{5}.$$

$$1\,160 \text{ proviennent} \quad — \quad \frac{100 \times 1\,160}{5} = 23\,200^{f}.$$

La question revient donc à trouver quel est le capital qui, augmenté de ses intérêts à 4 %, a donné 23 200f au bout de 4 ans. Or,

100^f, placés pendant 4 ans, rapportent 16^f ; de sorte qu'on peut dire que

116^f capital et intérêts, proviennent de 100^f.

1 — — provient de $\frac{100}{116}$.

23 200^f — — proviennent de $\frac{100 \times 23\,200}{116} = 20\,000^f$.

361. *Une personne a* 12 630 *fr. chez un banquier qui paie l'intérêt à* 4 %. *Au bout de* 3 *mois cette personne a retiré* 4 520^f. *On demande d'établir le compte de fin d'année.*

RÉP. Le banquier redoit 8 479^f,60.

Le banquier doit l'intérêt de 12 630^f — 4 520 ou 8 110^f pour 1 an et l'intérêt de 4 520^f pour 3 mois ou 0^a,25.

Intérêt de 8 110^f à 4 % pour 1 an $4 \times 81,10 = 324^f,40$

Intérêt de 4 520 — 0^a,25 $4 \times 45,20 \times 0,25 = 45,20$

369^f,60

Le banquier redoit donc à la personne

$$8\,110 + 369^f,60 = 8\,479^f,60.$$

362. *Un fermier qui a emprunté* 14 000^f *à* 5 % *s'est engagé à payer moitié des intérêts tous les six mois. De combien le taux de son emprunt se trouve-t-il élevé ?*

RÉP. 0^f,0625.

14 000^f rapportent à 5 % :

$$5 \times 140,00 = 700^f.$$

Le fermier paie donc 700 : 2 = 350^f, au bout de 6 mois.

S'il avait gardé cette somme, elle aurait pu porter intérêt pendant 6 mois.

Intérêt de 350^f à 5 % pendant 6 mois $5 \times 3,50 \times 0,5 = 8^f,75$.

En réalité, le fermier donne 700 + 8^f,75 ou 708^f,75, pour l'intérêt de 14 000^f pour 1 an.

14 000^f rapportent par an 708^f,75.

100 — — $\frac{708,75 \times 100}{14\,000} = 5^f,0625$.

Le taux de l'emprunt se trouve donc élevé de 0^f,0625.

363. *Une somme placée pendant 5 mois est devenue 477^f,75 ; la même somme placée pendant 13 mois est devenue 493^f,35, capital et intérêts simples. Trouver cette somme et le taux d'intérêt.*

RÉP. Capital : 468^f ; taux : 5^f.

La différence $493^f,35 - 477,75 = 15^f,60$

représente l'intérêt de la somme inconnue pendant 8 mois.

L'intérêt de cette somme pendant 1 mois serait donc

$$\frac{15,60}{8},$$

et l'intérêt pendant 5 mois

$$\frac{15,60 \times 5}{8} = 9^f,75.$$

La somme demandée est donc

$$477^f,75 - 9,75 = 468^f.$$

Cette somme rapporte par an $\frac{9,75 \times 12}{5} = 23^f,40.$

Le taux cherché est donc

$$\frac{23,40 \times 100}{468} = 5^f.$$

364. *Une personne a placé les $\frac{4}{5}$ de ses fonds à 4 %, et le reste à 5 %; elle retire en tout 2 940 fr. d'intérêt annuel. Quelle est sa fortune, et quelle somme a-t-elle placée à chaque taux?*

RÉP. 70 000^f. 56 000^f à 4 % ; 14 000^f à 5 %.

Si la personne dont il s'agit n'avait que 500^f, son revenu serait

$$16 + 5 = 21^f.$$

Or les capitaux sont proportionnels aux revenus. Si donc on désigne le capital cherché par x, on a

$$\frac{x}{500} = \frac{2\,940}{21},$$

d'où $$x = \frac{2\,940 \times 500}{21} = 70\,000^f.$$

La somme placée à 4 % est donc égale à

$$\frac{70\,000 \times 4}{5} = 56\,000^f.$$

La somme placée à 5 % est par conséquent

$$70\,000 - 56\,000 = 14\,000^f.$$

La vérification est facile, car les intérêts respectifs sont :

$$4 \times 560{,}00 = 2\,240^f$$

et

$$5 \times 140{,}00 = 700$$

Total. . . . $2\,940^f$

365. *Un cultivateur achète avant l'hiver* 220 *moutons à* 25 *fr. l'un. Il doit payer le vendeur dans* 6 *mois.* 4 *mois après son acquisition, il trouve à les revendre au comptant à raison de* 33 *fr. pièce. Il estime que le fumier peut payer ses soins, et que chaque mouton lui coûte* 6 *fr. pour la nourriture des* 4 *mois. Combien a-t-il gagné pour* 100, *sachant qu'il a perdu* 6 *moutons au bout de* 3 *mois, et qu'on doit tenir compte de l'intérêt de son argent à* 5 % *jusqu'au moment où il paiera le vendeur ?*

RÉP. 4,55 environ.

Prix des 220 moutons . . . . $25 \times 220 = 5\,500^f$

Frais pour 214 moutons. . . . . . $6 \times 214 = 1\,284$

Frais pour 6. . . . . $\dfrac{6 \times 3}{4} \times 6 = 27$

Prix des moutons après 4 mois. . . . . . . $6\,811^f$

Vente des 214 moutons. . . . . $33 \times 214 = 7\,062^f$

Intérêt de $7\,062^f$ pour 2 mois. . . $70{,}62 \times \dfrac{5}{6} = 58{,}85$

$7\,120^f{,}85$

Bénéfice : $7\,120^f{,}85 - 6\,811 = 309^f{,}85$.

$6\,811^f$ ont rapporté $309^f{,}85$.

$$100 \quad — \quad — \quad \frac{309{,}85 \times 100}{6\,811} = 4^f{,}55 \text{ environ}$$

366. *Les capitaux* $36\,420^f$ *et* $28\,750^f$ *rapportent ensemble* $3\,258^f{,}50$ *d'intérêt annuel; la différence de leurs intérêts est* $383^f{,}50$ *on demande à quel taux ils sont placés.*

RÉP. 5 %.

La somme des deux intérêts est $3\,258^f{,}50$, et leur différence $383^f{,}50$. Donc l'intérêt de la plus forte somme est (Ex. 7)

$$\frac{3\,258{,}50 + 383{,}50}{2} = 1\,821^f.$$

Donc

36 420f rapportent 1 821f d'intérêt par an,

et 100f — $\frac{182\,100}{36\,420} = 5^{f}$.

367. *Une personne place une partie de sa fortune à 5 °/₀ et l'autre partie à 4 °/₀; elle a ainsi 1 240 fr. de revenu. Si la somme qui est placée à 4 °/₀ l'était à 5 et réciproquement, son revenu augmenterait de 40 fr. On demande la somme placée à 5 °/₀ et la somme placée à 4 °/₀.*

RÉP. 16 000f à 4 °/₀ et 12 000f à 5 °/₀.

Puisque le revenu augmente en faisant l'échange des taux, c'est que la seconde somme est plus grande que la première.

Or, une différence de 100f dans les capitaux produit une différence de 1f dans les intérêts : donc autant de fois 1f dans 40f, autant de fois 100f dans la différence des capitaux.

La différence entre les deux capitaux est donc

$$\frac{40 \times 100}{1} = 4\,000^{f}.$$

L'intérêt de 4 000f à 4 °/₀ est 160f.

Si l'on retranche cet intérêt de 1 240f, le reste 1 240 — 160 ou 1 080 sera l'intérêt de deux sommes égales, l'une placée à 5 °/₀ et l'autre à 4 °/₀, ou encore l'intérêt de l'une d'elles placée à 4 + 5 ou à 9 °/₀.

L'une des sommes est donc

$$\frac{1\,080 \times 100}{9} = 12\,000^{f}.$$

L'autre somme demandée est

$$12\,000 + 4\,000 = 16\,000^{f}.$$

368. *Un négociant a acheté au comptant 5 000kg de blé à 26 fr. les 100kg, et le même jour 2 000kg à 5 °/₀ plus cher que le 1er; 17 jours après il a revendu le tout à des particuliers qui l'ont payé comptant à 4f,50 le double décalitre. Combien a-t-il gagné pour 100, sachant que le double décalitre de ce blé pesait*

15^{kg},5, *que les frais d'emmagasinage s'élèvent à 8 fr., que l'intérêt de son argent doit être calculé à 6 %, et enfin qu'il y a sur le blé 0,005 de déchet?*

Rép. 8^f,75.

La dépense totale du négociant comprend :

5 000^{kg} de blé à 26^f les 100^{kg}	=	1 300^f
2 000^{kg} — 5 % plus cher ou à $26 + 0{,}26 \times 5$	=	546
Intérêt de la somme totale $1\,300 + 546 = 1\,846$ pendant 17 jours à 6 %	=	5, 23
Frais d'emmagasinage		8
Total		1 859^f,23

Soit 1 859^f,25.

Il a revendu :

7 000^{kg} de blé, qui ont subi un déchet de 0,005, ce qui donne

$$7\,000 - 7\,000 \times 0{,}005 = 6\,965^{kg}.$$

Le double décalitre pesant 15^{kg},5 et se vendant 4^f,50, on aura pour le prix de 6 965^{kg}

$$\frac{6\,965 \times 4{,}50}{15{,}5} = 2\,022^f{,}09, \text{ ou mieux } 2\,022{,}10.$$

Le bénéfice sera de 2 022^f,10 — 1 859^f,25 = 162^f,85.

Si sur 1 859^f,23, on a un bénéfice de 162^f,85.

$$1 \quad — \quad — \quad \frac{162{,}85}{1\,859{,}25},$$

et sur 100^f on a $\dfrac{162{,}85 \times 100}{1\,859{,}25} = 8^f{,}75.$

369. *Un rentier a 24 000^f de placés dont une partie à 4,50 % et l'autre partie à 6 % : il retire le même intérêt que si toute la somme était placée à 5 %. Combien ce rentier a-t-il de placé à 4^f,50 et combien à 6 %?*

Rép. 16 000^f à 4^f,50 et 8 000 à 6 %.

La somme placée à 5 % rapporterait $5 \times 240{,}00 = 1\,200^f$.

Si la somme entière était placée à 6 %, l'intérêt serait

$$6 \times 240{,}00 = 1\,440^f.$$

Mais l'intérêt de la somme dont une partie est placée à 6 % et l'autre 4^f,50, est seulement égal à 1 200^f.

Or, chaque fois qu'on remplace 100^f à 6 % par 100^f à 4,50 %, l'intérêt diminue de $1^f,50$. Comme il doit diminuer de 1 440 — 1 200 ou de 240^f, il est évident qu'il y a autant de fois 100^f à $4^f,50$ que l'exprime le quotient de 240 par 1,50 : ce quotient est 160^f.

Il y a donc à $4^f,50$ une somme égale à

$$160 \times 100 = 16\,000^f.$$

La somme placée à 6 % est $24\,000^f - 16\,000 = 8\,000^f$.

370. *Une personne avait placé les* $\frac{5}{6}$ *de son capital à* 3 %, *et l'autre sixième à* 5 %. *Après avoir prélevé* 2 800 *fr. pour le paiement de quelques dettes, elle place ce qui lui reste à* 4 %, *et elle se trouve ainsi avoir augmenté son revenu de* 208 *fr. Quel était son capital primitif?*

Rép. $48\,000^f$.

L'intérêt annuel de $2\,800^f$ à 4 % est $4 \times 28,00 = 112^f$.

Si la personne n'avait pas touché à son capital, elle aurait donc augmenté son revenu de

$$208 + 112 = 320^f.$$

Cela posé, si l'on prend un capital de 600^f, les $\frac{5}{6}$, ou 500^f placés à 3 %, rapportent 15^f, et l'autre 6e placé à 5 % rapporte 5^f. En tout les 600^f rapportent $15 + 5 = 20^f$.

Cette somme placée à 4 % rapporte 24^f.

Ce qui produit un accroissement de revenu égal à

$$24 - 20 = 4^f.$$

De sorte qu'un accroissement de revenu

4^f provient d'un capital de 600^f.

1^f — — — $\frac{600}{4}$,

et 320^f — — — $\frac{600 \times 320}{4} = 48\,000^f$.

371. *Une personne a placé les* $\frac{5}{8}$ *de ses fonds à* 4 % *et le reste à* 5 %; *elle retire ainsi une rente de* 2 800 *fr. On demande son capital.*

Rép. $64\,000^f$.

Soit a le capital demandé. Les $\frac{5}{8}$ de ce capital placés à 4 % rapporteront un intérêt égal à

$$\frac{5}{8} \times a \times \frac{4}{100} = \frac{20 \times a}{800} = \frac{a}{40}.$$

De même l'intérêt à 5 % du reste, ou des $\frac{3}{8}$ du capital, sera

$$\frac{3}{8} \times a \times \frac{5}{100} = \frac{15a}{800} = \frac{3 \times a}{160}.$$

On aura donc d'après l'énoncé

$$\frac{a}{40} + \frac{3 \times a}{160} = 2\,800.$$

ou

$$\frac{4 \times a}{160} + \frac{3 \times a}{160} = 2\,800.$$

Si l'on multiplie les deux membres de cette égalité par 160, on a

$$4 \times a + 3 \times a = 2\,800 \times 160.$$

ou

$$7 \times a = 2\,800 \times 160.$$

En divisant chaque membre par 7, on aura la valeur de a, c'est-à-dire du capital demandé :

$$a = \frac{2\,800 \times 160}{7} = 64\,000^{f}.$$

372. *Le blé se vendait 26 fr. les 100kg au comptant; une personne n'ayant pas son argent achète 3 mois après, à raison de 29 fr. les 100kg. Quelle perte pour % a-t-elle faite, sachant qu'elle aurait pu emprunter à raison de 5 % pour acheter son blé?*

RÉP. $9^{f},89$.

Cette personne aurait dû payer son blé 26^{f} plus l'intérêt à 5 % de 26^{f} pour 3 mois, en tout $26^{f},39$.

En attendant, elle a donc perdu

$$29 - 26^{f},39 = 2^{f},61.$$

Cette personne aurait pu payer $26^{f},39$ ce qu'elle a payé 29^{f}; il arrive que sur $26^{f},39$ elle perd $2^{f},61$, elle perd donc pour %

$$\frac{2,61 \times 100}{26,39} = 9^{f},89.$$

373. *Un oncle donne 9 975 fr. à ses trois neveux âgés de 5, 9 et 11 ans. Il leur partage cette somme de manière que si l'on plaçait immédiatement, à intérêts simples, la part de chaque enfant, tous les trois recevraient la même somme à leur majorité. Comment le partage a-t-il été effectué ?*

RÉP. Le 1er a eu 3 000f ; le 2e, 3 375f ; le 3e, 3 600f.

La part du plus jeune restera placée pendant 21 — 5 = 16 ans ; celle du cadet pendant 12 et celle de l'aîné pendant 10 ans.

Soient 5f le taux d'intérêt, et 100f la somme donnée au plus jeune neveu.

En ajoutant à 100 fr. son intérêt à 5 0/0 pendant 16 ans, on a

$$100 + 5 \times 16 = 180^f.$$

En cherchant quelle somme il faut donner au 2e pour qu'elle produise 180f, intérêt et capital, pendant 12 ans, on trouve 112f,50.

En raisonnant de même on trouve 120f pour le 3e.

Donc $100^f + 112^f{,}50 + 120^f = 332^f{,}50.$

Si la somme donnée aux neveux était 332f,50, le 1er aurait 100f, le 2e, 112f,50 et le 3e, 120f.

Donc, 332f,50 correspondent à 9 975f

$$1^f \quad \text{correspond à} \quad \frac{9\,975}{332{,}5} = \frac{3\,990}{133}.$$

1re part : $\dfrac{3\,990 \times 100}{133} = 3\,000^f$

2e part : $\dfrac{3\,990 \times 112{,}5}{133} = 3\,375$

3e part : $\dfrac{3\,990 \times 120}{133} = 3\,600$

Somme égale 9 975f

Comme vérification, on peut calculer l'intérêt de ces trois parts, la 1re, pendant 16 ans, la 2e, pendant 12 ans, la 3e, pendant 10 ans, on trouvera que les trois neveux auront chacun la même somme à 21 ans.

374. *On doit une somme de 1 200 fr. On voudrait s'acquitter à l'aide de trois billets égaux : le 1er dans 4 mois, le 2e dans 8 mois et le 3e dans un an. Quel doit être le montant de chaque billet, si l'on tient compte de l'intérêt à 6 %?*

RÉP. 415f,90.

L'intérêt de 100f pour 4 mois est de 2f.
L'intérêt de 100f — 8 — — 4f.
Enfin l'intérêt de 100f — 1 an est de 6f.

Soit x le montant de chaque billet. On est conduit à ce raisonnement pour le 1er billet.

Un billet de 102f payable dans 4 mois vaut 100f aujourd'hui.

— 1f — — — $\frac{100}{102}$ —

— x — — — $\frac{100\,x}{102}$ —

Pour le 2e billet, on a de même $\frac{100\,x}{104}$.

Pour le 3e — — — $\frac{100\,x}{106}$.

Puisque la somme de ces trois billets doit être égale à 1 200f, on a

$$\frac{100\,x}{102} + \frac{100\,x}{104} + \frac{100\,x}{106} = 1\ 200\ ;$$

ou

$$\left(\frac{100}{102} + \frac{100}{104} + \frac{100}{106}\right) x = 1\ 200.$$

Divisant les deux membres par 100, il vient

$$x\left(\frac{1}{102} + \frac{1}{104} + \frac{1}{106}\right) = 12.$$

Réduisant les fractions au même dénominateur, on a

$$x\left(\frac{2\ 756}{281\ 112} + \frac{2\ 703}{281\ 112} + \frac{2\ 652}{281\ 112}\right) = 12\ :$$

d'où

$$x = \frac{12 \times 281\ 112}{8\ 111} = 415^{f},90.$$

La somme des trois billets est égale à 1 247f,70, dont 1 200f de capital et 47f,70 d'intérêts.

Comme vérification, on peut calculer ce que vaut actuellement le billet de 415f,90 payable dans 4 mois, de même ce que vaut actuellement ce billet payable dans 8 mois et dans un an : la somme de ces trois valeurs sera égale à 1 200f.

Pour faire ce calcul, on fera usage de la formule [2] du numéro 424, et alors on aura :

$$1\ 200 = \frac{415,90}{1 + 0,06 \times \frac{4}{12}} + \frac{415,90}{1 + 0,06 \times \frac{8}{12}} + \frac{415,90}{1 + 0,06}.$$

375. *Calculer ce que deviendront après 7 ans 12 000f placés à intérêts composés à 5 %?*

Rép. 16 885f,20.

Si l'on consulte la table du numéro 426, on voit que

1f placé à intérêts composés à 5 % devient 1,4071 après 7 ans.

12 000f placés — — deviendront

$$1,4071 \times 12\,000 = 16\,885^{f},20$$

376. *Combien 9 000 fr. placés à intérêts composés à 4 % rapporteront-ils pendant 12 ans 2 mois?*

Rép. 5 505f,35.

D'après la table (426)

1f au taux de 4 % devient 1f,601032 après 12 ans.

9 000 — — deviendraient

$$1,601032 \times 9\,000 = 14\,409^{f},288.$$

Soit	14 409f,30
Les intérêts pendant 2 mois de 14 409f,30 =	96, 06
Donc, intérêts et capital de 9 000f après 12 ans 2 mois =	14 505f,36
Si l'on retranche le capital	9 000
Il reste pour l'intérêt demandé	5 505f,36

Soit 5 505f,35.

377. *Quel capital faut-il placer à intérêts composés au taux 4 1/2 %, pour recevoir après 8 ans, capital et intérêts, 7 110f,50?*

Rép. 5 000f.

1f placé à intérêts composés au taux 4 1/2 devient après 8 ans 1,4221.

Si l'on désigne par a le capital inconnu, on a, d'après l'exercice précédent,

$$1,4221 \times a = 7\,110^{f},50:$$

d'où

$$a = \frac{7\,110,50}{1,4221} = 5\,000^{f}.$$

378. *Quel est l'escompte à 6 % d'un billet de 3 060 fr. à échéance de fin novembre, et présenté le 9 septembre?*

Rép. 41f,80.

Du 9 septembre au 9 novembre, il y a 304j — 243 = 61 jours.

Du 9 novembre au 30, il y a 21 jours. Du 9 septembre à fin novembre, il y a donc en tout 61j + 21 = 82 jours.

L'escompte de 3 060f pour 82 jours n'étant pas autre chose que l'intérêt de cette somme pour 82 jours, on a, en faisant usage de la *Méthode des nombres et des diviseurs* (413),

$$E = \frac{82 \times 3\,060}{6\,000} = 41^{f},82.$$

Soit 41f,80.

379. *L'escompte d'un billet, à 40 jours d'échéance, et à 6 %, a été de 22 fr. On demande le montant du billet.*

Rép. 3 300f.

L'énoncé donne

billets	escomptes	jours
100f	6f	360
x	22	40

6f d'escompte sont faits sur un billet de 100f payable dans 360j.

1	—	est fait	—	—	$\frac{100}{6}$	—	360j.
1	—	—	—	—	$\frac{100 \times 360}{6}$	—	1j.
1	—	—	—	—	$\frac{100 \times 360}{6 \times 40}$	—	40j.
22	—	sont faits	—	—	$\frac{100 \times 360 \times 22}{6 \times 40} = 3\,300^{f}.$		

Autre solution. De la formule (433).

$$E = \frac{aRt}{100};$$

on tire

$$a = \frac{100 \times E}{Rt} = \frac{100 \times 22}{6 \times \frac{40}{360}} = \frac{100 \times 22 \times 360}{6 \times 40} = 3\,300^{f}.$$

380. *On a escompté le 4 juin un billet de 3 600 fr., payable le 10 août : le taux d'escompte a été de 6 %, la commission de*

1/2 % et le change de place de 1/4 %. On demande le bordereau d'escompte.

Rép. 3 532f,80.

Bordereau :

Valeur au 10 août		3 600f
67 jours à 6 %	40f,20	
Commission $\frac{1}{2}$ %	18 »	67, 20
Change de place $\frac{1}{4}$ %	9 »	
Net à payer		3 532f,80

381. *Pour un billet de 4 500 fr. payable dans 16 jours, l'escompte a été de 12 fr. On demande le taux d'escompte.*

Rép. 6f.

L'énoncé donne

billets	escomptes	jours
4 500f	12f	16
100	R	360

Pour un billet de 1f seulement, l'escompte eût été $\frac{12}{4\,500}$.

— 1f pour 1 jour — $\frac{12}{4\,500 \times 16}$.

— 100f pour 1 jour — $\frac{12 \times 100}{4\,500 \times 16}$.

— 100f pour 360 jours — $\frac{12 \times 100 \times 360}{4\,500 \times 16} = 6^f$.

Autre solution. La formule (433)

$$E = \frac{aRt}{100}$$

donne immédiatement

$$R = \frac{100 \times E}{at} = \frac{100 \times 12}{4\,500 \times \frac{16}{360}} = \frac{100 \times 12 \times 360}{4\,500 \times 16} = 6^f.$$

382. *On reçoit 6 731f,25 pour un billet de 6 750 fr. payable dans 20 jours. A quel taux a-t-il été escompté ?*

Rép. 5f.

L'escompte est égal à

$$6\,750 - 6\,731^{f},25 = 18^{f},75.$$

Si dans la formule

$$E = \frac{a R t}{100};$$

on substitue aux lettres leurs valeurs, il vient

$$18,75 = \frac{6\,750 \times R \times \frac{20}{360}}{100} = \frac{6\,750 \times R \times 20}{100 \times 360}:$$

d'où

$$R = \frac{18,75 \times 100 \times 360}{6\,750 \times 20} = 5^{f}.$$

383. *Quel est le montant d'un billet payable dans 42 jours, escompté à 6 °/₀ et pour lequel on reçoit 3 177ᶠ,60 ?*

Rép. 3 200ᶠ.

L'escompte de 100ᶠ pour 42 jours est égal à

$$\frac{100 \times 42}{6\,000} = 0^{f},70.$$

$$100^{f} - 0,70 = 99^{f},30.$$

Par conséquent

$99^{f},30$ proviennent d'un billet de 100^{f}.

1 provient — $\frac{100}{99,30}$.

3 177ᶠ,60 proviennent — $\frac{100 \times 3\,177,60}{99,30} = 3\,200^{f}$.

Autre solution. Le capital étant a et l'escompte E, on a

$$a - E = 3\,177^{f},60.$$

et comme $E = \frac{a R t}{100}$, il vient

$$a - \frac{a R t}{100} = 3\,177^{f},60.$$

Multipliant les 2 membres par 100, on obtient

$$100\,a - a R t = 317\,760.$$

Mettant a en facteur commun, on a

$$a \times (100 - R t) = 317\,760 :$$

d'où

$$a = \frac{317\,760}{100 - R t} = \frac{317\,760}{100 - 6 \times \frac{42}{360}} = \frac{317\,760}{99,30} = 3\,200.$$

384. *Quelle est la valeur réelle d'un billet de 1 000 fr. payable dans 3 mois, l'escompte étant à 6 % par an?*

RÉP. 985^f.

L'escompte étant égal à l'intérêt de la valeur nominale du billet, il en résulte que ce billet vaut aujourd'hui $1\,000^f$ moins l'intérêt à 6 % pour 3 mois, ou $1\,000^f - 15 = 985^f$.

385. *Un billet de 940 fr. à échéance de fin juin a été remis en payement le 10 avril à une personne. Pour combien celle-ci doit-elle l'accepter, si on calcule l'escompte à raison de 6 % par an?*

RÉP. $927^f,30$.

Du 10 avril au 10 juin il y a $151^j - 90$ ou 61 jours.
Du 10 juin au 30, il y a 20 jours.
Du 10 avril au 30 juin, il y a donc $61 + 20$ ou 81 jours.
Il suffit par conséquent de chercher l'intérêt à 6 % de 940^f pour 81 jours.

Cet intérêt est $\frac{940 \times 81}{6\,000} = 12^f,69.$

Soit $12^f,70$.

Le billet vaut donc

$$940^f - 12^f,70 = 927^f,30.$$

386. *On veut payer 850 fr. avec un billet de 810 fr., payable dans 30 jours. Combien devra-t-on on ajouter à ce billet pour parfaire la somme, si l'on calcule l'escompte à 6 %?*

RÉP. $44^f,05$.

L'intérêt à 6 % pour 30 jours est

$$\frac{810 \times 30}{6\,000} = 4^f,05.$$

Le billet vaut donc aujourd'hui

$$810 - 4,05 = 805^f,95.$$

Il faudra par conséquent ajouter au billet

$$850 - 805,95 \text{ ou } 44^f,05.$$

387. *Un billet de 4 200 fr., payable dans 25 jours, a été escompté à 6 % : on a pris 1/2 % de commission et 1/4 % de* *change de place. On demande : 1° la somme qui a été donnée au porteur, 2° le taux réel de l'escompte.*

RÉP. 1° 4 151f ; 2° 16f,80.

Bordereau :

1° Valeur dans 25 jours		4 200f
25 jours à 6 %	17f,50	
Commission 1/2 %	21	
Change de place 1/4 %	10, 50	
Net à payer		4 151f

2° $\frac{1}{2}$ % ou 0f,50 pour 25 jours, c'est pour 1 jour $\frac{0,50}{25}$, et pour 360 jours

$$\frac{0,50 \times 360}{25} = 7^f,20.$$

Pour le change de place, c'est évidemment la moitié de 7f,20 ou 3f,60,

Le taux réel d'escompte est donc

$$6 + 7,20 + 3,60 = 16^f,80.$$

388. *Un banquier prélève 15f,20 sur un billet de 1 520 fr. payable dans 15 jours. A quel taux se trouve porté l'escompte pour 100 par an par suite des frais de commission et de change de place ?*

RÉP. 24f.

Sur 1 520f le banquier a prélevé 15f,20 pour 15 jours.

—	1f	—	—	$\frac{15,20}{1\,520}$	— —
—	1f	—	—	$\frac{15,20}{1\,520 \times 15}$	— 1 jour.
—	100f	—	—	$\frac{15,20 \times 100}{1\,520 \times 15}$	— 1 —
—	100f	—	—	$\frac{15,20 \times 100 \times 360}{1\,520 \times 15}$	

$= 24^f$ pour 360 jours.

389. *Un commerçant a souscrit en faveur d'un banquier un billet de 1 500 fr., payable à 90 jours. L'escompte a été de 6 %, la* *commission de* 1/3 %, *le timbre* (440) *de* 2 *fr. Combien ce commerçant a-t-il reçu ?*

Rép. 1 470f,50.

Valeur à 90 jours		1 500f
Escompte, 90 jours à 6 %	22f,50	
Commission 1/3 %	5	29, 50
Timbre	2	
Net à payer		1 470f,50

390. *Un commerçant a reçu d'un banquier* 1 500 *fr. : quelle est à* 90 *jours la valeur nominale du billet souscrit par le commerçant ? Le taux d'escompte est* 6 %, *la commission* 1/3, *le timbre coûte* 2 *fr.*

Rép. 1 530f.

A 6 %, l'intérêt de 100f pour 90 jours est $\frac{3}{2}$.

Le droit de commission pour 100f est $\frac{1}{3}$.

Or, $$\frac{3}{2}+\frac{1}{3}=\frac{11^f}{6}, \text{ et } 100^f-\frac{11}{6}=\frac{589^f}{6}.$$

On peut donc dire :

Pour $\frac{589^f}{6}$ que l'on recevrait, il faudrait faire un billet de 100f.

— 1f — — — — — $\frac{100\times 6}{589}$.

Pour 1 500f que l'on recevrait, il faudrait faire un billet de

$$\frac{100\times 6\times 1\,500}{589}=1\,528^f.$$

En ajoutant le timbre de 2f, on trouve que le billet devra être de 1 530f.

391. *Un commerçant emprunte à un banquier ; comme celui-ci ne prête pas au-delà de* 90 *jours, le commerçant est obligé de renouveler son billet de* 3 *mois en* 3 *mois et de payer à chaque fois l'escompte, la commission et le timbre. On demande le taux réel pour* 100 *par an auquel le commerçant a emprunté. On sait qu'il a souscrit un billet de* 1 200 *fr., d'ailleurs le taux d'escompte a été de* 6 % *et la commission* 1/3 %. *Il y a, en outre, le timbre* *de 2 fr. à payer. On supposera que les sommes avancées par ce commerçant, pour renouveler le billet tous les 3 mois, portent intérêt à 6 %.*

RÉP. 8f,35.

Valeur à 90 jours		1 200f
Escompte pour 90 jours à 6 %	18f	
Commission 1/3 %	4	24
Timbre	2	
		1 176f

Le commerçant reçoit donc aujourd'hui 1 176f.

3 mois après, pour renouveler son billet, il est obligé de donner 24f. Cette somme aurait pu lui porter intérêt pendant 9 mois. De même 3 mois après, il donne encore 24f, etc. En résumé, pour avoir 1 176f pendant un an, il donne

24f plus l'intérêt de 24f pendant 9 mois, ou	25f,08
24 — 24 — 6 —	24, 72
24 — 24 — 3 —	24, 36
A la fin de l'année, il donne	1 200
Total	1 274f,16

Pour 1 176f, dont il a joui pendant 1 an, il a payé 1 274f,16.
L'intérêt de 1 176f est donc égal à 1 274f,16 — 1 176 = 98f,16.
Par suite, l'intérêt pour 100 est égal à

$$\frac{98,16 \times 100}{1\,176} = 8^{f},35 \text{ à } 0,01 \text{ près.}$$

392. *On achète des marchandises pour 842f,50 ; on paye comptant en profitant d'un escompte de 4 %. Combien doit-on payer ?*

RÉP. 808f,80.

Prix des marchandises	842f,50
Escompte 4 %	33, 70
Net à payer	808f,80

393. *Un commerçant paye au comptant 1 150 fr. des marchandises qu'il a achetées. Combien aurait-il dû payer, s'il n'avait pas profité d'un escompte de 8 % ?*

RÉP. 1 250f.

Ce qu'il a payé 92^{f}, il l'aurait payé 100^{f};

— 1^{f} — $\frac{100}{92}$;

— 1 150^{f} — $\frac{100 \times 1\,150}{92} = 1\,250^{f}$.

394. *Un commerçant achète des marchandises pour 840 fr.; comme il paye comptant, on lui fait remise de 50^{f},40. Quel a été le taux d'escompte?*

RÉP. 6^{f}.

Sur 840^{f}, on fait une remise de 50^{f},40.

Sur 1^{f} — — $\frac{50,40}{840}$.

Sur 100^{f} — — $\frac{50,40 \times 100}{840} = 6^{f}$.

395. *Une personne fait diverses acquisitions qu'elle paye au comptant; on lui fait alors une remise de 4 % sur le montant de sa facture, ce qui lui procure ainsi un bénéfice de 32^{f},50. Combien aurait-elle eu à payer sans cet escompte, et combien a-t-elle payé en réalité?*

RÉP. 812^{f},50 ; 780^{f}.

Un bénéfice de 4^{f} correspond à une facture de 100^{f}.

— 1^{f} — — $\frac{100}{4} = 25^{f}$.

— 32^{f},50 — — $25 \times 32,50 = 812^{f},50$.

Cette personne aurait donc eu à payer 812^{f},50. Elle a par conséquent donné $812^{f},50 - 32,50 = 780^{f}$.

396. *On achète pour 2 880 fr. de marchandises payables dans 3 mois et sans escompte, ou avec escompte de 2 % en payant comptant. Quel parti doit-on prendre, sachant que l'argent dont on dispose peut rapporter 8 % par an?*

RÉP. En payant au comptant on gagne 1^{f},15.

L'escompte de 2 % sur 2 880^{f} est $2 \times 28,80 = 57^{f},60$.

En payant au comptant on donne donc

$$2\,880^f - 57,60 \text{ ou } 2\,822^f,40.$$

de sorte que 2 822^f,40 rapportent 57^f,60 en 3 mois.

100^f	placés à 8 %	rapportent	2^f en 3 mois.	
1	placé	—	rapporte	0,02 —
2 822^f,40	placés	—	rapportent	

$$0,02 \times 2\,822,40 = 56^f,45 \text{ environ.}$$

En payant comptant, on gagnerait donc

$$57^f,60 - 56,45 = 1^f,15.$$

397. *On a acheté des marchandises pour 1 850 fr., en profitant d'un escompte de 2 %. Lorsqu'on les a revendues, les frais d'emmagasinage et autres, ainsi que l'intérêt de l'argent, s'élevaient déjà à 82 fr., on a cependant fait un bénéfice net de 8 % : combien les marchandises ont-elle été revendues ?*

RÉP. 2 046^f,60.

Le 2 % de 1 850^f est 37^f.
Les marchandises ont donc coûté d'acquisition

$$1\,850^f - 37 \text{ ou } 1\,813^f.$$

Les frais d'emmagasinage et autres s'étant élevés à 82^f, il arrive que les marchandises coûtaient 1 813^f + 82 ou 1 895^f, lorsqu'elles ont été revendues. Comme on a gagné 8 %, ce qui a coûté 100^f on l'a revendu 108; par suite, ce qui coûtait 1^f a été revendu 1^f,08, et ce qui coûtait 1 895^f a donc été revendu

$$1^f,08 \times 1\,895 = 2\,046^f,60.$$

398. *Un commerçant a acheté des marchandises pour 1 780 fr., il paye au comptant et profite d'un escompte de 3 %; 4 mois après il vend, à 2 mois de crédit, les mêmes marchandises pour 1 980 fr.; les frais d'emmagasinage et autres qu'il a payés le jour où il a revendu ses marchandises, se sont élevés à 20 fr. Combien a-t-il gagné pour 100, en tenant compte de l'intérêt de son argent à 6 % ?*

RÉP. 11^f,32

Le 3 % de 1 780^f est 53,40.
Les marchandises ont donc coûté d'acquisition

$$1\,780^f - 53,40 = 1\,726^f,60.$$

L'intérêt à 6 % de 1 726f,60 pour 4 mois + 2 ou 6 mois est 51f,80.

L'intérêt de 20f pour 2 mois est de 0f,20.

Ainsi, les marchandises ont coûté en tout

$$1\,726^f{,}60 + 51^f{,}80 + 0{,}20 = 1\,778^f{,}60.$$

Le bénéfice net est donc égal à

$$1\,980^f - 1\,778{,}60 = 201^f{,}40.$$

Le gain sur 1 778f,60 étant 201f,40.

— — 1f est égal à $\frac{201^f{,}40}{1\,778{,}60}$.

— — 100f — $\frac{201{,}40 \times 100}{1\,778{,}60} = 11^f{,}32.$

399. *Un commerçant a acheté 120kg de chocolat à raison de 2f,40 le kilog. et avec remise de 1 %; l'emballage a coûté 10 fr., les frais de transport se sont élevés à 8f,80. Ce commerçant revend au détail 1f,50 le 1/2 kil. On demande son gain brut pour 100.*

Rép. 18f,46.

A 2f,40 le kilog., 120kg coûtent : 2,40 × 120 = 288f
Remise 1 % 2, 88
285f,12

Le chocolat coûte donc d'acquisition 285f,12, ou mieux 285f,10, il coûte par conséquent en tout

$$285^f{,}10 + 10^f + 8^f{,}80 = 303^f{,}90.$$

Le commerçant a vendu le kilog. 1f,50 × 2 = 3f.

Il a par conséquent retiré de la vente : 3 × 120 = 360f.

Son gain brut est donc égal à 360f — 303f,90 = 56f,10.

Son gain brut pour 100 est donc $\frac{56{,}10 \times 100}{303{,}90} = 18^f{,}46.$

400. *Un commissionnaire vend pour son correspondant : 108 mètres de drap à 15 fr. le mètre; 85 mètres d'une autre qualité à 18 fr. le mètre; 220 mètres de toile à 1f,80 le mètre et 360 mètres de calicot à 1f,20 le mètre. Combien le commissionnaire doit-il à son correspondant, sachant qu'il prélève 4 % pour sa commission?*

Rép. 3 818f,90.

108^m de drap à 15^f	l'un :	15×108	=	$1\,620^f$
85^m —	18^f —	18×85	=	$1\,530$
220^m de toile à	$1^f,80$ —	$1,80 \times 220$	=	396
360^m de calicot à	$1^f,20$ —	$1,20 \times 360$	=	432
		Total		$3\,978^f$

L'escompte à 4 % de 3 978f est 159f,10.

Le commissionnaire doit donc à son correspondant

$$3\,978^f - 159,10, \text{ ou } 3\,818^f,90.$$

401. *Un libraire de province reçoit d'un éditeur de Paris* 78 *volumes à* 2f,50 *l'un, et il paye* 3 *fr. pour le port; mais il a* 13 *pour* 12 (*on dit mieux,* treize douze, *et on écrit* 13/12) *et* 25 % *de remise en payant à* 3 *mois. Un mois après l'envoi de l'éditeur, le libraire vend ses volumes à divers clients à raison de* 2 *fr. le volume, et il n'est payé que* 4 *mois après cette vente. Combien ce libraire a-t-il gagné pour* 100, *si l'on tient compte de l'intérêt de son argent à* 6 %.

RÉP. 11f,93.

Lorsque le libraire reçoit 13 volumes, il en paie 12; comme il en a reçu 78, autant de fois 13 seront contenus dans 78, autant de fois 12 volumes à payer :

$$\frac{78 \times 12}{13} = 72 \text{ volumes à } 2^f,50 = 180^f.$$

La remise étant de 25 %, le libraire aura à payer

$$180^f - 1,80 \times 25 = 135^f.$$

2 mois avant de payer cette somme, il vend les volumes à 4 mois de crédit, il perd donc l'intérêt de 135f pendant 2 mois.

A 6 %, l'intérêt de 100f pendant 2 mois est de 1f; l'intérêt de 135f pour 2 mois est de 1f,35.

En réalité, les 78 volumes coûtent 135f + 1f,35 + 3f pour le port, en tout 139f,35.

D'autre part, la vente des 78 volumes à 2f l'un a produit 156f.

Il a donc gagné 156f — 139,35 = 16f,65.

Sur 139f,35 il a gagné 16f,65.

Sur 100f — $\frac{16,65 \times 100}{139,50} = 11^f,93.$

402. *Un billet de 2 507^f,50 est payable dans 18 jours. Quel sera l'escompte en dedans à 6 %?*

RÉP. 7^f,50.

L'intérêt de 1^f pour 18 jours à 6 % est 0,003 ; on peut donc dire :

Sur un billet de

1^f,003 payable dans 18 jours, le banquier retient 0,003.

1^f — — — — $\frac{0,003}{1,003}$.

2 507^f,50 payable dans 18 jours, le banquier retient

$$\frac{0,003 \times 2\,507,50}{1,003} = 7^f,50.$$

Autre solution. Si dans la formule (446)

$$a = \frac{A}{1 + rt},$$

on remplace les lettres par leurs valeurs, on a

$$a = \frac{2\,507^f,50}{1 + 0,06 \times \frac{18}{360}} = 2\,500^f.$$

L'escompte est donc 2 507^f,50 — 2 500 = 7^f,50.

403. *Un banquier a pris 13^f,50 d'escompte sur un certain billet payable dans 54 jours et escompté en dedans à 6 % : quel était le montant du billet?*

RÉP. 1 513^f,50.

L'intérêt de 1^f à 6 % pour 54 jours est 0,009.

On peut donc dire :

Un escompte de

0^f,009 répond à un billet de 1,009 payable dans 54 jours.

1^f — — $\frac{1,009}{0,009}$.

13^f,50 — — $\frac{1,009 \times 13,50}{0,009} = 1\,513^f,50.$

Autre solution. La formule

$$a = \frac{A}{1 + rt},$$

donne successivement $a + art = A,$

$$art = A - a,$$

$$a = \frac{A - a}{rt}.$$

Mais $A - a = 13^f,50$: donc on a

$$a = \frac{13,50}{0,06 \times \frac{54}{360}} = 1\,500^f.$$

Par suite

$$A = 1\,500 + 13^f,50 = 1\,513^f,50$$

404. *L'escompte en dedans d'un billet de* $1\,510^f,50$ *payable dans 42 jours, a été de* $10^f,50$. *On demande le taux d'escompte.*

Rép. 6^f.

$10^f,50$ représentent l'intérêt pour 42 jours de la somme versée par l'escompteur, c'est-à-dire l'intérêt de $1\,510^f,50 - 10^f,50 = 1\,500^f$. On peut donc raisonner ainsi :

Si l'intérêt de $1\,500^f$ pour 42 jours est $10^f,50$.

L'intérêt de 1^f — — $\frac{10,50}{1\,500}$.

— 1^f — 1 jour est $\frac{10,50}{1\,500 \times 42}$.

— 1^f — 360 jours $\frac{10,50 \times 360}{1\,500 \times 42}$.

— 100^f — — $\frac{10,50 \times 360 \times 100}{1\,500 \times 42} = 6^f$.

Autre solution. La formule

$$a = \frac{A}{1 + rt},$$

donne $a + art = A,$

$$art = A - a,$$

$$r = \frac{A - a}{at}.$$

Donc on a

$$r = \frac{10,50}{1\,500 + \frac{42}{360}} = 0,06.$$

Le taux pour franc étant 0,06, le taux pour 100 est 6^f.

405. *L'escompte à 6 %, et en dedans, d'un billet de 4 030 fr. a été de 30 fr. Trouver le temps avant l'échéance du billet.*

RÉP. 45 jours.

30f représentent l'intérêt pour le temps cherché, de la somme versée par l'escompteur, c'est-à-dire l'intérêt de

$$4\,030^{f} - 30 = 4\,000^{f}.$$

On a donc, d'après les données,

capitaux	intérêts	jours
100f	6	360
4 000	30	x

100f pour rapporter 6f ont mis 360 jours.

1	—	6 a mis	$360 \times 100.$
1	—	1 —	$\dfrac{360 \times 100}{6}.$
4 000	—	1 ont mis	$\dfrac{360 \times 100}{6 \times 4\,000}.$
4 000	—	30 —	$\dfrac{360 \times 100 \times 30}{6 \times 4\,000} = 45$ jours.

Autre solution. La formule

$$a = \frac{A}{1 + rt},$$

donne

$$a + art = A,$$

$$art = A - a,$$

$$t = \frac{A - a}{ar}:$$

donc on a

$$t = \frac{30}{4\,000 \times 0{,}06} = \frac{1}{8} \text{ d'année commerciale}$$

ou 45 jours.

406. *Quelle somme doit donner au porteur un banquier qui escompte, en dedans et à 6 %, un billet de 1 513f,50 payable dans 54 jours?*

RÉP. 1 500f.

L'intérêt de 1f à 6 % pour 54 jours est 0,009. On peut donc dire :

Pour un billet de $1^f,009$ le porteur reçoit 1^f.

— 1^f — — $\frac{1}{1,009}$.

— $1\,513^f,50$ — — $\frac{1 \times 1\,513^f,50}{1,009} = 1\,500^f$.

Autre solution. La formule (446) donne immédiatement

$$a = \frac{1\,513,50}{1 + 0,06 \times \frac{54}{360}} = 1\,500^f.$$

407. *Un billet escompté en dedans à 5 % à 90 jours vaut au comptant 1 240 fr. : quelle est sa valeur nominale ?*

RÉP. $1\,255^f,50$.

Puisque l'escompte en dedans n'est autre chose que l'intérêt de l'argent reçu par le porteur, il suffit, pour obtenir la valeur nominale du billet, de calculer l'intérêt à 5 % de $1\,240^f$ pour 90 jours et d'ajouter cet intérêt $1\,240^f$.

Or 90 jours étant le $\frac{1}{4}$ de l'année, on calculera, pour l'année, l'intérêt à 5 % de $1\,240^f$, et on prendra le $\frac{1}{4}$ du résultat.

Intérêt à 5 % de $1\,240^f$ pour 1 an : $5 \times 12,40 = 62^f$.

$$\frac{1}{4} \text{ de } 62^f = 15,50.$$

La valeur nominale du billet est donc

$$1\,240 + 15,50 = 1\,255^f,50.$$

Autre solution. La formule

$$a = \frac{A}{1 + rt},$$

donne immédiatement

$$A = a + art,$$

ou en remplaçant les lettres par leurs valeurs respectives

$$A = 1\,240 + 1\,200 \times 0,05 \times \frac{90}{360} = 1\,255^f,50.$$

PARTAGES PROPORTIONNELS — RÈGLE DE SOCIÉTÉ

408. *Partager une droite de 26 mètres en trois parties proportionnelles aux nombres* 2, $\frac{3}{4}$, $\frac{1}{2}$.

Rép. 16^m, 6^m, 4^m.

Au lieu d'effectuer le partage proportionnellement aux nombres

$$2\,,\ \frac{3}{4}\,,\ \frac{1}{2}\,,$$

il est évident qu'il peut être fait proportionnellement aux nombres

$$4 \times 2\,,\ 4 \times \frac{3}{4}\,,\ 4 \times \frac{1}{2}\,;$$

ou

$$8\,,\quad 3\,,\quad 2\,.$$

Si l'on désigne les parties demandées par x, y, et z, on a

$$\frac{x}{8} = \frac{y}{3} = \frac{z}{2}\,.$$

Mais dans une suite de rapports égaux la somme des numérateurs est à la somme des dénominateurs comme un numérateur quelconque est à son dénominateur, on a donc

$$\frac{x+y+z}{8+3+2} = \frac{26^m}{13} = 2 = \frac{x}{8} = \frac{y}{3} = \frac{z}{2}.$$

D'où l'on tire

$$\begin{aligned} x &= 8 \times 2 = 16^m \\ y &= 3 \times 2 = \ \ 6 \\ z &= 2 \times 2 = \ \ 4 \\ \text{Somme égale} & \qquad\ \ 26^m \end{aligned}$$

409. *Partager* 88° 40′ 18″ *en parties proportionnelles à* 2, 5; 3, 2 *et* 4.

Rép. 22° 51′ 12″ $\frac{66}{97}$; 29° 15′ 9″ $\frac{3}{97}$; 36° 33′ 56″ $\frac{28}{97}$.

Si l'on désigne par x, y et z les parties demandées, on a

$$\frac{x}{2,5} = \frac{y}{3,2} = \frac{z}{4}.$$

D'où l'on tire (exercice précédent)

$$\frac{x+y+z}{2,5+3,2+4} = \frac{88^\circ\,40'\,18''}{9,7} = \frac{x}{2,5} = \frac{y}{3,2} = \frac{z}{4}.$$

Il vient par suite

$$x = \frac{(88^\circ\,40'\,18'') \times 2,5}{9,7} = 22^\circ\,51'\,12''\,66/97$$

$$y = \frac{(88^\circ\,40'\,18'') \times 3,2}{9,7} = 29^\circ\,15'\,9''\,3/97$$

$$z = \frac{(88^\circ\,40'\,18'') \times 4}{9,7} = 36^\circ\,33'\,56''\,28/97$$

Total égal $88^\circ\,40'\,18''$

410. *Partager* 620m,40 *en parties proportionnelles aux arcs* 12° 23' 42", 19° 16' 18" *et* 23° 17' 15".

Rép. 139m,93 ; 217m,56 ; 262m,90.

On a

$$12^\circ\,23'\,42'' = 44\,622''$$
$$19^\circ\,16'\,18'' = 69\,378''$$
$$23^\circ\,17'\,15'' = 83\,835''$$

Les parties demandées étant x, y et z, on peut écrire

$$\frac{x}{44\,622} = \frac{y}{69\,378} = \frac{z}{83\,835}.$$

D'où l'on tire

$$\frac{x+y+z}{44\,622+69\,378+83\,835} = \frac{620^m,40}{197\,835} = \frac{x}{44\,622}$$
$$= \frac{y}{69\,378} = \frac{z}{83\,835}.$$

Il vient par suite

$$x = \frac{620,4 \times 44\,622}{197\,835} = 139^m,93$$

$$y = \frac{620,4 \times 69\,378}{197,835} = 217,\ 56$$

$$z = \frac{620,4 \times 83\,835}{197\,835} = 262,\ 90$$

Total égal $620^m,39$

411. *Partager une longueur de 257 mètres en trois parties, dont les carrés soient proportionnels aux nombres 3, 5, 7. On évaluera chacune des trois parties demandées à un millième près.*

RÉP. $67^m,304$; $86^m,888$; $102^m,808$.

Soient x, y et z les longueurs cherchées; l'énoncé donne

$$\frac{x^2}{3} = \frac{y^2}{5} = \frac{z^2}{7}:$$

d'où

$$\frac{x}{\sqrt{3}} = \frac{y}{\sqrt{5}} = \frac{z}{\sqrt{7}}.$$

Mais, on a

$$\frac{x+y+z}{\sqrt{3}+\sqrt{5}+\sqrt{7}} = \frac{257}{\sqrt{3}+\sqrt{5}+\sqrt{7}} = \frac{x}{\sqrt{3}} = \frac{y}{\sqrt{5}} = \frac{z}{\sqrt{7}}.$$

On déduit facilement les valeurs de x, y et z

$$x = \frac{257 \times \sqrt{3}}{\sqrt{3}+\sqrt{5}+\sqrt{7}} = 67^m,304$$

$$y = \frac{257 \times \sqrt{5}}{\sqrt{3}+\sqrt{5}+\sqrt{7}} = 86,\ 888$$

$$z = \frac{257 \times \sqrt{7}}{\sqrt{3}+\sqrt{5}+\sqrt{7}} = 102,\ 808$$

Total égal 257^m

412. *Trois ouvriers de même force ont reçu 120 fr. pour un terrassement fait en commun; le 1er a travaillé 12 jours et 10 heures par jour; le 2e 15 jours et 9 heures par jour; le 3e 10 jours et 8 heures par jour. Combien revient-il à chacun?*

RÉP. 43^f ; $48^f,35$; $28^f,65$.

Le 1er a travaillé pendant $10 \times 12 = 120$ heures.
Le 2e — — $9 \times 15 = 135$ —
Le 3e — — $8 \times 10 = 80$ —

Il suffit donc de partager 120^f proportionnellement à 120, 135 et 80.

Le 1er aura : $\dfrac{120 \times 120}{120+135+80} = 43^f$ à 2^c près.

Le 2e — $\dfrac{120 \times 135}{335} = 48,\ 35$

Le 3e — $\dfrac{120 \times 80}{335} = 28,\ 65$

Total égal 120^f

413. *Trois compagnies d'ouvriers ont entrepris un travail qui a duré 15 jours, et qui a été payé 1 350 fr. La 1re compagnie a fourni 6 hommes ; la 2e, 10 hommes, et la 3e, 14 hommes. On demande ce qui revient à chaque compagnie.*

RÉP. 270f ; 450f ; 630f.

La 1re compagnie a droit à un nombre de journées égal à

$15 \times 6 = 90$ journées.

La 2e — $15 \times 10 = 150$

La 3e — $15 \times 14 = 210$

Total des journées 450

La somme 1 350f doit donc être partagée proportionnellement à 90, 150 et 210.

La part de la

1re compagnie sera donc (450) : $\frac{1\,350 \times 90}{450} = 270^f$

2e — — $\frac{1\,350 \times 150}{450} = 450$

3e — — $\frac{1\,350 \times 210}{450} = 630$

Total égal 1 350f

414. *Trois ouvriers de même force ont reçu 85 fr. pour empierrer un chemin : le 1er a travaillé 8 jours $\frac{3}{4}$; le 2e, 10 jours $\frac{1}{6}$, et le 3e, 9 jours $\frac{1}{2}$. Combien chaque ouvrier a-t-il reçu ? Quel est le prix d'une journée d'ouvrier ?*

RÉP. 26f,25 ; 30f,50 ; 28f,25. Prix de la journée : 3f.

Le 1er a travaillé pendant 8j $\frac{3}{4}$ ou 105/12 de jour.

Le 2e — — 10j $\frac{1}{6}$ ou 122/12 —

Le 3e — — 9j $\frac{1}{2}$ ou 113/12 —

Total des journées 340/12 de jour.

Il s'agit donc de partager 85f proportionnellement aux fractions $\frac{105}{12}$, $\frac{122}{12}$ et $\frac{113}{12}$, ou proportionnellement à leurs numérateurs dont la somme est 340.

Le 1er ouvrier aura donc (450) : $\frac{85 \times 105}{340} = 26^f,25$

Le 2e — — $\frac{85 \times 122}{340} = 30,50$

Le 3e — — $\frac{85 \times 113}{340} = 28,25$

Total égal 85f

Puisque chaque ouvrier est payé au même prix, on trouvera le prix d'une journée en divisant 26,25 par 105/12 : le quotient est 3f.

418. *Un ouvrage de terrassement évalué 3 110 fr., a été exécuté par trois entrepreneurs qui ont fait travailler simultanément leurs ouvriers. Le 1er a fait travailler pendant 20 jours 6 ouvriers ; le 2e pendant 24 jours 10 ouvriers ; enfin, le dernier avait 20 ouvriers qui ont travaillé pendant 15 jours. On suppose ces ouvriers également habiles. On demande le bénéfice brut de chaque entrepreneur, les ouvriers étant payés à raison de 3 fr. par jour.*

RÉP. 205f,45 ; 410f,90 ; 513f,65.

Les ouvriers du 1er entrepreneur ont fait un nombre de journées égal à

$20 \times 6 = 120$ journées.

Les ouvriers du 2e ont fait $24 \times 10 = 240$ —

Les ouvriers du 3e — $15 \times 20 = 300$ —

Total des journées 660

Les ouvriers recevront donc une somme égale à

$$3 \times 660 = 1\,980^f.$$

Les entrepreneurs devant donner 1 980f à leurs ouvriers, leur bénéfice net sera égal à

$$3\,110^f - 1\,980 = 1\,130^f.$$

Il est évident que le gain, 1 130f, doit être partagé proportionnellement au nombre des journées faites par les ouvriers de chaque entrepreneur.

Le bénéfice du 1er entrepreneur sera : $\frac{1\,130 \times 120}{660} = 205^f,45.$

— 2e — $\frac{1\,130 \times 240}{660} = 410,90.$

— 3e — $\frac{1\,130 \times 300}{660} = 513,65$

Total égal 1 130f

416. *Trois personnes se sont associées pour une entreprise et ont mis chacune la même somme. La mise de la 1re personne est restée 2 ans dans la société ; celle de la 2e, 18 mois, et celle de la 3e 15 mois. Le bénéfice a été de 12 800 fr. Quelle somme revient-il à chaque personne, la 1re prélevant 10 % sur le bénéfice pour gestion de l'entreprise?*

RÉP. 4 850f,50 ; 3 637f,90 ; 3 031f,60.

Le 10 % de 12 800f est 1 280f ; il reste donc à partager 12 800f — 1 280 = 11 520f proportionnellement aux temps :

2 ans, 18 mois et 15 mois, ou 2 ans, 1a,5, 1a,25.

La 1re personne aura donc : $\frac{11\,520 \times 2}{2 + 1,5 + 1,25} = 4\,850^f,50$ à 2c près.

La 2e — — $\frac{11\,520 \times 1,5}{4,75} = 3\,637^f,90$ à 1c —

La 3e — — $\frac{11\,520 \times 1,25}{475} = 3\,031^f,60$ à 2c —

Total égal 11 520f

417. *Partager* 6 000 *fr. entre trois personnes, de manière que la* 1re *ait* $\frac{1}{5}$ *de plus que la* 2e, *et la* 3e $\frac{5}{12}$ *de plus que la* 2e.

RÉP. 1 659f ; 1 990f,75 ; 2 350f,25.

Si la part de la 2e est représentée par $\frac{5}{5} = \frac{60}{60}$,

celle de la 1re le sera par $\frac{5}{5} + \frac{1}{5} = \frac{6}{5}$ ou $\frac{72}{60}$,

celle de la 3e — $\frac{5}{5} + \frac{5 \times 5}{5 \times 12} = \frac{12}{12} + \frac{5}{12}$ ou $\frac{17}{12} = \frac{85}{60}$.

Il s'agit donc de partager 6 000f proportionnellement à

$$\frac{60}{60}, \quad \frac{72}{60} \text{ et } \frac{85}{60},$$

ou encore proportionnellement à

$$60, \quad 72 \text{ et } 85.$$

La 1re personne aura donc $\dfrac{6\,000 \times 60}{60 + 72 + 85} = 1\,659^{f}$ à 2c près.

La 2e — — $\dfrac{6\,000 \times 72}{217} = 1\,990^{f},75$ à 3c —

La 3e — — $\dfrac{6\,000 \times 85}{217} = 2\,350,25$ à 2c —

Total égal 6 000f

418. *Tous frais déduits, un débiteur ne peut donner que 70 % à ses créanciers : le 1er a reçu 12 600 fr., le 2e 10 500 fr., et le 3e 8 400 fr. Combien chaque créancier a-t-il perdu ?*

RÉP. 5 400f, 4 500f, 3 600f.

12 600f représentent les 0,70 de ce qui était dû au 1er, il a donc perdu les 0,30 ou $\dfrac{12\,600 \times 30}{70} = 5\,400^{f}$.

De même le 2e a perdu $\dfrac{10\,500 \times 30}{70} = 4\,500^{f}$.

— le 3e — $\dfrac{8\,400 \times 30}{70} = 3\,600^{f}$.

419. *Un débiteur a trois créanciers, il doit 15 000 fr. au 1er ; 11 400 fr. au 2e, et 12 000 fr. au 3e ; il ne peut leur donner que 15 360 fr. Combien chaque créancier recevra-t-il ? Combien pour 100 ?*

RÉP. 6 000f, 4 560f, 4 800f ; 40 %.

Le 1er créancier recevra : $\dfrac{15\,360 \times 15\,000}{15\,000 + 11\,400 + 12\,000} = 6\,000^{f}$

Le 2e — — $\dfrac{15\,360 \times 11\,400}{38\,400} = 4\,560$

Le 3e — — $\dfrac{15\,360 \times 12\,000}{38\,400} = 4\,800$

Total égal 15 360f

Pour 38 400f les 3 créanciers reçoivent 15 360f.

— 1f — — $\frac{15\,360}{38\,400}$.

— 100f — — $\frac{15\,360 \times 100}{38\,400} = 40\ \%$.

420. *Trouver le rapport des temps pendant lesquels trois mises sont restées placées. On sait que la 1re mise est double de la 2e, et la 3e le triple de la 2e. Le 1er associé a eu 1 000 fr. de bénéfice ; le 2e, 800 fr., et le 3e, 3 300 fr.*

RÉP. 5, 8, 11.

Soient x, y et z les temps pendant lesquels les mises sont restées placées.

D'après l'énoncé, les mises correspondantes peuvent être représentées par 2, 1 et 3. Le gain a donc été partagé proportionnellement à $2 \times x$, $1 \times y$ et $3 \times z$; de sorte qu'on a

$$\frac{2 \times x}{1\,000} = \frac{1 \times y}{800} = \frac{3 \times z}{3\,300} ;$$

ce qui revient à

$$\frac{x}{500} = \frac{y}{800} = \frac{z}{1\,100}.$$

Les temps x, y et z sont donc proportionnels à 500, 800 et 1 100, ou encore proportionnels à

5, 8 et 11.

421. *Un négociant commence une entreprise avec une somme de 12 000 fr. ; 8 mois plus tard, un associé verse dans son entreprise une somme de 18 600 fr. ; 14 mois après encore, un associé s'intéresse pour une somme de 30 000 fr. L'entreprise, après avoir duré 6 ans, a produit un bénéfice de 48 000 fr. Le premier associé doit percevoir une prime de 6 % sur le bénéfice, pour rémunération de la gestion dont il a été chargé. Quelle est la part de chaque associé dans le bénéfice ?*

RÉP. 13 847f,70 ; 15 111f,10 ; 19 041f,20.

Pour la prime, les 6 % de 48 000 sont $480{,}00 \times 6 = 2\,880$f.

48 000f — 2 880 = 45 120f de bénéfice à partager suivant les mises.

Le 1er a mis 12 000^f^ pendant 72 mois ou

$12\,000 \times 72 = \quad 864\,000^f$ pendant 1 mois

Le 2e a mis 18 600^f^ pendant 64 mois ou

$18\,600 \times 64 = 1\,190\,400$ —

Le 3e a mis 30 000^f^ pendant 50 mois ou

$30\,000 \times 50 = 1\,500\,000$ —

Total des mises 3 554 400

La somme des mises étant 3 554 400^f^ pour un bénéfice de 45 120^f^.

1^f^ de mise donne $\frac{45\,120}{3\,554\,400}$ de bénéfice, ou en simplifiant $\frac{94}{7\,405}$.

Le 1er aura : $\frac{94 \times 864\,000}{7\,405} + 2\,880 = 13\,847^f,70$ à 2^c^ près.

Le 2e — $\frac{94 \times 1\,190\,400}{7\,405} = 15\,111,10$ à 1^c^ —

Le 3e — $\frac{94 \times 1\,500\,000}{7\,405} = 19\,041,20$ à 1^c^ —

Somme égale 48 000^f^

422. *Trois négociants se sont associés et ont apporté : le 1er, 12 000 fr.; le 2e, 18 000 fr.; le 3e, 15 000 fr. La société a duré 5 ans. Au jour de la liquidation, on trouve, tous frais déduits, que la maison de commerce vaut 175 000 fr. On demande ce qui revient à chaque associé, sachant que le premier doit prélever pour la gestion de la société 6 % sur les bénéfices.*

RÉP. 52 386^f^,65 ; 66 880^f^ ; 55 733^f^,35.

Le bénéfice fait pendant l'association est égal à

$175\,000 - (12\,000 + 18\,000 + 15\,000) = 130\,000^f$.

Le 6 % de cette somme est : $6 \times 1300{,}00 = 7\,800^f$.

Il reste donc à partager 130 000^f^ — 7 800 ou 122 200^f^ proportionnellement aux mises des coassociés.

La somme de ces mises est 45 000^f^.

La part du 1er sur les 122 200^f^ sera par conséquent :

$$\frac{122\,200 \times 12\,000}{45\,000} = 32\,586^f,65$$

Celle du 2e, $\frac{122\,200 \times 18\,000}{45\,000} = 48\,880$

Celle du 3e, $\frac{122\,200 \times 15\,000}{45\,000} = 40\,733^f,35$ environ.

Total égal 122 200^f^

En tout, il revient donc

Au 1er associé		12 000 + 7 800 + 32 586f,65	= 52 386f,65
Au 2e	—	18 000 + 48 880f	= 66 880
Au 3e	—	15 000 + 40 733f,35	= 55 733, 35
		Total égal	175 000f

423. *Une personne laisse 134 000 fr. à partager entre quatre héritiers. La part du 1er est à celle du 2e comme 2 est à 3 ; celle du 2e au 3e, comme 5 est à 6 ; et enfin celle du 3e au 4e comme 3 est à 4. Quelle est la part de chaque héritier ? On sait que les divers frais s'élèvent à 6 % de la valeur de l'héritage.*

RÉP. 18 800f ; 28 200f ; 33 840f ; 45 120f.

Le 6 % de 134 000f est égal à $6 \times 1\,340{,}00 = 8\,040^f$.

Il reste à partager $134\,000^f - 8\,040 = 125\,960^f$.

Si l'on désigne les parts des 4 héritiers par les lettres x, y, z, t, l'énoncé donne

$$\frac{x}{2} = \frac{y}{3}, \quad \frac{y}{5} = \frac{z}{6}, \quad \frac{z}{3} = \frac{t}{4}.$$

La 1re égalité donne, en multipliant les 2 membres par 3,

$$\frac{3x}{2} = y\,;$$

la seconde donne

$$y = \frac{5z}{6}\,;$$

la 3e donne

$$z = \frac{3\,t}{4}\,:$$

d'où

$$\frac{5z}{6} = \frac{5}{6} \times \frac{3\,t}{4} = \frac{5\,t}{8}.$$

Donc on a

$$\frac{3x}{2} = \frac{y}{1} = \frac{5z}{6} = \frac{5\,t}{8}.$$

Si l'on divise ces rapports par 3 et par 5, il vient

$$\frac{x}{10} = \frac{y}{15} = \frac{z}{18} = \frac{t}{24}.$$

Mais ces rapports égaux donnent

$$\frac{x+y+z+t}{10+15+18+24}=\frac{x}{10},$$

ou

$$\frac{125\,960}{67}=\frac{x}{10}.$$

On a par conséquent

$$x=\frac{125\,960\times 10}{67}=18\,800^{f}$$

$$y=\frac{125\,960\times 15}{67}=28\,200$$

$$z=\frac{125\,960\times 18}{67}=33\,840$$

$$t=\frac{125\,960\times 24}{67}=45\,120$$

Total égal 125 960^{f}

D'ailleurs, on a bien

$$\frac{18\,800}{28\,200}=\frac{2}{3},\ \text{etc.}$$

424. *Un oncle laisse 40 000 fr. à trois neveux, qui doivent se partager cette somme en parties réciproquement proportionnelles aux impôts payés par chacun d'eux : le 1er paye 140 fr.; le 2e 170 fr., et le 3e 220 fr. Combien revient-il à chaque neveu, sachant qu'il y a à payer divers frais qui s'élèvent à 7 % de la succession?*

Rép. Le 1er aura 15 122^{f},60; le 2e, 12 453^{f},90; le 3e, 9 623^{f},50.

Le 7 % de 40 000^{f} est égal à 400,00 × 7 = 2 800^{f}.
Il reste donc à partager 40 000^{f} — 2 800 = 37 200^{f}.
Les nombres réciproques à 140, 170 et 220 sont:

$$\frac{1}{140}=\frac{187}{26\,180},\ \frac{1}{170}=\frac{154}{26\,180},\ \frac{1}{220}=\frac{119}{26\,180}.$$

Il s'agit par conséquent de partager la succession proportionnellement à ces fractions, ou mieux à leurs numérateurs.

Le 1er aura donc : $\frac{37\,200\times 187}{187+154+119}=15\,122^{f},60$ à 1c près.

Le 2e — $\frac{37\,200\times 154}{460}=12\,453,90$ à 1c —

Le 3e — $\frac{37\,200\times 119}{460}=9\,623,50$ à 2c —

Total égal 37 200^{f}

425. *Une commune dont le revenu foncier est de 1 142 840f,60 paye 20 650f de contribution foncière : on demande de calculer la contribution foncière de 4 parcelles dont le revenu est porté sur le cadastre à 524f,30, 428f,10, 316f,40, 112f,45.*

RÉP. 1re, 9f,47 ; 2e, 7f,73 ; 3e, 5f,71 ; 4e, 2f,03.

La contribution afférente à 1f de revenu est évidemment

$$\frac{20\ 650}{1\ 142\ 840,60} = 0^f,01806 \text{ à } 0,00001 \text{ près.}$$

La contribution foncière payée par la 1re propriété sera donc :

$0^f,01806 \times 524,30 = 9^f,47.$

Par la 2e $0,01806 \times 428,10 = 7^f,73.$

— 3e $0,01806 \times 316,40 = 5^f,71.$

— 4e $0,01806 \times 112,45 = 2^f,03.$

MÉLANGES - ALLIAGES - MOYENNES

426. *Combien faut-il mélanger de litres de vin à 45 c. et à 25 c. pour avoir un hectolitre à 30 c. ?*

RÉP. 25l à 45c et 75l à 25c.

Si l'on mélange 2 litres, dont 1l à 45c et 1l à 25c pour les vendre 30c, on perd sur le 1er, 15c et l'on gagne sur le second 5c. Pour qu'il y ait compensation, on devra par conséquent prendre 3 fois plus de vin à 25c qu'à 45c.

Le mélange devra donc être fait dans la proportion de 1 à 3. Il suffit par conséquent de partager 100 proportionnellement aux nombres 1 et 3. Si l'on effectue le partage, on trouve qu'il entrera dans le mélange 25l à 45c et 75l à 25c.

427. *On ajoute 6 lit. d'eau à 19 lit. de vin à 75 c. Que vaut un lit. de mélange ?*

RÉP. 0f,57.

Les 19 litres coûtent : $0,75 \times 19 = 14^f,25.$

14f,25 sont aussi le prix des 25 litres du mélange; par suite, 1l du mélange vaut

$$14,25 : 25 = 0^f,57.$$

428. *On mélange 60 lit. de vin à 50 c., 80 lit. à 45 c. avec 16 lit. d'eau. Quelle sera la valeur d'un litre de ce mélange?*

RÉP. $0^f,42$.

60^l à 0,50 valent	$0,50 \times 60 =$	30^f
80^l à 0,45 —	$0,45 \times 80 =$	36
	Total	66^f

Mais 66^f sont aussi la valeur de $60^l + 80 + 16 = 156^l$ de mélange.

1^l vaut donc $66 : 156 = 0^f,42$ à 1^c près.

429. *On mélange des vins à 24 fr., à 23 fr. et à 21 fr. l'hectolitre. On veut que l'hectolitre de mélange revienne à 22 fr. Combien devra-t-on prendre d'hectolitres à 21 fr. si le mélange doit contenir 2 hectolitres à 24 fr. et 5 à 23 fr.?*

RÉP. 9^{hl}.

Sur 2 hectolitres	à 24^f,	on perd 2×2 ou	4^f
Sur 5 —	23^f —	1×5 ou	5
		Perte totale	9^f

Sur 1^{hl} à 21^f, on gagne 1^f; il faudra donc en prendre 9 : 1, ou 9 à 21^f, pour qu'il y ait compensation.

430. *On demande la quantité d'eau qui a été ajoutée à 50 lit. de vin à 33 c. et à 60 lit. à 40 c. pour obtenir un mélange qui vaut 30 c. le litre?*

RÉP. 25^l.

50^l de vin à 33^c valent :	$0,33 \times 50 =$	$16^f,50$
60^l — à 40^c —	$0,40 \times 60 =$	24
		$40^f,50$

Cette somme de $40^f,50$ représente la valeur de $50 + 60 = 110^l$ de vin; mais $40^f,50$ représentent aussi la valeur du vin mélangé d'eau, et comme 1^l vaut $0^f,30$, le mélange contient un nombre de litres égal à $40,50 : 0,30 = 135^l$.

On a donc ajouté $135^l - 110 = 25^l$ d'eau.

431. *On a de l'eau-de-vie à 41° et à 65°. On prend 5 lit. de la 1re qu'on mélange avec une certaine quantité de la 2e, on a ainsi de l'eau-de-vie à 50°. Combien le mélange contient-il de litres*

RÉP. 8^l.

41°		15
	50°	
65°		9

Si l'on détermine dans quelle proportion le mélange doit être fait pour obtenir de l'eau-de-vie à 50°, on trouve (463) qu'il faut prendre 15^l à 41° pour 9^l à 65°; si donc on ne prend que 5^l à 41°, il faudra en prendre seulement 3 à 65°, et le mélange contiendra 8^l en tout.

432. *Un fermier a acheté 6 pièces de vin de 230 lit. à raison de 24 fr. l'hectolitre. Les frais de transport et autres se sont élevés à $6^f,20$ par hectolitre. Quelle quantité d'eau doit-il ajouter à son acquisition, s'il veut boire du vin qui ne lui revienne qu'à 20 c. le litre? Combien aura-t-il d'hectolitres après le mélange ?*

RÉP. 703^l 3/4 ; $20^{hl},83^l$ 3/4.

Les 6 pièces contiennent : $230 \times 6 = 1\,380$ litres $= 13^{hl},80$.

Le vin coûte : $(24 + 6,20) \times 13,80 = 416^f,75$ à 1^c près.

Puisque le litre, après avoir ajouté l'eau doit revenir à $0^f,20$, le mélange contient un nombre de litres égal à

$$416,75 : 0,20 = 2\,083^l,75.$$

Le fermier doit donc ajouter $2\,083^l,75 - 1\,380 = 703^l,75$.

Après le mélange, il aura $20^{hl},83^l$ 3/4.

433. *Un propriétaire a acheté 8 pièces de vin de 180 lit. à raison de $22^f,50$ l'hectolitre. Les frais de transport et autres se sont élevés à $5^f,75$ par hectolitre. Combien aura-t-il déboursé en tout? S'il ajoute $\frac{1}{4}$ d'eau, à combien lui reviendra l'hectolitre?*

RÉP. $406^f,80$; $22^f,60$.

1° Le propriétaire a : $180 \times 8 = 1\,440^l = 14^{hl},40$ de vin.

Son vin lui coûte $(22^f,50 + 5^f,75) \times 14,40 = 406^f,80$.

2° S'il ajoute $\frac{1}{4}$ d'eau, il aura en tout :

$$14^{hl},40 + \frac{1}{4} \times 14,40 = 18^{hl}$$

Il est évident que l'hectolitre lui reviendra à

$$406,80 : 18 = 22^f,60.$$

434. *Un boulanger a deux espèces de farine : l'une qui lui revient à 46f,50 les 100 kg. et l'autre à 44 fr.; il mélange ces farines dans la proportion de 3 à 2. 1° Combien doit-il prendre de farine de chaque espèce pour cuire 330 kg. de pain? On sait qu'on obtient 132 kg. de pain avec 100 kg. de farine. 2° Combien la farine qui a servi à fabriquer les 330 kg. de pain lui coûtera-t-elle?*

RÉP. 1° 150kg à 46f,50 ; 100kg à 44f. 2° 113f,75.

Pour fabriquer 132kg de pain il faut 100kg de farine.

— 330 — $\frac{100 \times 330}{132} = 250^{kg}$ de farine.

Il est évident que l'on connaîtra la quantité de farine de chaque espèce en partageant 250 proportionnellement à 3 et à 2.

1° La quantité de la 1re espèce est $\frac{250 \times 3}{5} = 150^{kg}$.

— — 2e — $\frac{250 \times 2}{5} = 100^{kg}$.

2° La farine coûtera :

$0^f,465 \times 150 = 69^f,75$
$0,44 \times 100 = 44$
Total $113^f,75$

435. *On veut remplir un fût de 380 lit. avec du vin à 30 c. et à 40 c. le litre. On met 25 lit. à 40 c., puis, pour remplir le fût, on ajoute du vin à 30 c. et de l'eau ; le litre de boisson revient alors à 20 c. On demande le nombre de litres à 30 c. et la quantité d'eau qui a été ajoutée.*

RÉP. 220l à 30c ; 135l d'eau.

Le mélange vaudra $0,20 \times 380 = 76^f$.

D'un autre côté les 25l à 40c valent 10f. Donc le reste du mélange vaudra $76^f - 10^f = 66^f$. Cette somme représente évidemment le prix des litres de vin à 0f,30. Cette quantité de litres sera donc égale à $66 : 0,30 = 220^l$.

Le fût contient donc $220 + 25 = 245^l$ de vin,

et $380 - 245 = 135^l$ d'eau.

436. 80 *kg. d'un mélange de café à* 3f,20 *et à* 3f,35 *le kg. coûtent* 263f,50. *Combien le mélange contient-il de kg. de café de chaque qualité?*

RÉP. 30kg à 3f,20 et 50kg à 3f,35.

Si les 80^{kg} étaient à $3^f,20$, on aurait payé : $3,20 \times 80 = 256^f.$, c'est-à-dire $7^f,50$ en moins ; mais chaque fois qu'on remplacera 1^{kg} à $3^f,20$ par 1 à $3^f,35$, la différence diminuera de $0^f,15$, et comme elle doit diminuer de $7^f,50$, il y a un nombre de kg. à $3^f,35$ égal à $7^f,50 : 0,15 = 50^{kg}$. Le nombre de kg. à $3^f,20$ est donc

$$80 - 50 = 30^{kg}.$$

437. *Un commerçant a du riz de deux espèces : une espèce lui revient à* 55 *c. le kg. et une autre à* 45 *c.; il fait un mélange dans la proportion de* 5 *à* 6 *et vend à raison de* 60 *c. le kg. On demande son gain brut pour* 100.

Rép. $21^f,10$.

5^{kg} de la 1re espèce coûtent : $0,55 \times 5 = 2^f,75$

6^{kg} — 2e — $0,45 \times 6 = 2,70$

11^{kg} de mélange coûtent $5^f,45$

Ces 11^{kg} sont revendus $0,60 \times 11$ ou $6^f,60$.

Sur $5^f,45$ le commerçant gagne donc $6^f,60 - 5,45 = 1^f,15$.

— 1^f — — $\dfrac{1,15}{5,45}$.

— 100^f — — $\dfrac{1,15 \times 100}{5,45} = 21^f,10$.

438. *Un négociant a acheté* 1 500 *kg. de blé à* 28 *fr. le* 100, 800 *à* $27^f,50$, 500 *à* 26 *fr. et* 900 *à* $26^f,50$. *Quelque temps après, il revend à raison de* $29^f,50$ *les* 100 *kg. de mélange. On demande le gain brut pour* 100 *de ce commerçant. On sait d'ailleurs qu'il a trouvé un déchet de* 0,003.

Rép. $7^f,90$.

Prix d'achat des	$1\,500^{kg}$ à 28 %	: 28×15	=	420^f
— —	800^{kg} à 27,50 %	: $27,50 \times 8$	=	220
— —	500^{kg} à 26 %	: 26×5	=	130
— —	900^{kg} à 26,50 %	: $26,50 \times 9$	=	238, 50
Les	$3\,700^{kg}$ de blé ont coûté			$1\,008^f,50$

Puisqu'il y a un déchet de 0,003, le négociant a eu à revendre

$$3\,700 - 3\,700 \times 0,003 = 3\,689^{kg} \text{ environ.}$$

Prix de vente des $3\,689^{kg}$ à $29^f,50$ les 100^{kg} :

$$29^f,50 \times 36,89 = 1\,088^f,25.$$

Le négociant a donc gagné 1 088^f,25 — 1 008^f,50 = 79^f,75.

Si sur 1 008^f,50 il gagne 79^f,75 sur 100^f, il a gagné

$$\frac{79,75 \times 100}{1\,008,50} = 7^f,90.$$

439. *Un marchand a acheté des vins de 3 qualités différentes et qui lui coûtent pris sur place 20^f,50 l'hectolitre, 22^f,50 et 23 fr. Il a payé 6 fr. de l'hectolitre pour le transport et autres frais. Il revend l'hectolitre à raison de 32 fr. et réalise ainsi un bénéfice brut de 20 %. Quelle quantité d'eau a-t-il dû ajouter par hectolitre?*

Rép. 5^l.

3 hectolitres coûtent : 20^f,50 + 22^f,50 + 23 + 3 × 6 = 84^f.

Le 20 % de 84^f est 16^f,80; le vin a donc été revendu 84^f + 16^f,80 = 100^f,80. Puisque l'hectolitre a été revendu 32^f, le nombre d'hectolitres revendu est égal à 100^f,80 : 32 = 3^{hl},15. Sur 3 hectolitres, on a donc ajouté 15 litres, et par conséquent 5 litres par hectolitre.

440. *On mélange des vins à 21 fr., à 18 fr. et à 23 fr. l'hectolitre. Comment doit-on faire, si l'on veut que l'hectolitre revienne à 20 fr. et qu'il entre dans le mélange 2 hl. à 23 fr.? Combien aura-t-on d'hectolitres en tout?*

Rép. On devra prendre 2^{hl} à 23^f, 2 à 21^f et 4 à 18^f; on aura 8^{hl} en tout.

Si l'on cherche d'abord le rapport dans lequel on doit prendre les vins à 21^f et à 18^f l'hectolitre pour que le mélange revienne à 20^f l'hectolitre, on trouve, d'après la méthode connue (463), qu'il faut prendre 2 hectolitres à 21^f pour 1 à 18.

21		2
	20	
18		1

Mais en prenant 2^{hl} à 23^f, on perd 6^f; pour qu'il y ait compensation, il faudra donc prendre encore 3^{hl} à 18^f : donc en tout, il y aura 2^{hl} à 23^f, 2 à 21^f et 4 à 18^f; il y aura en tout, 8^{hl} de mélange.

Vérification :

Gain.	Perte.
$2 \times 4 = 8$	$\left.\begin{matrix} 2 \times 3 = 6 \\ 1 \times 2 = 2 \end{matrix}\right\} = 8$

441. *Un commerçant a du vin qui lui revient à 90 c. le litre ; il revend à raison de 1 fr. le litre, tout en réalisant un bénéfice brut de 20 %. Quelle quantité d'eau ajoute-t-il par hectolitre?*

RÉP. 8^l.

Le 20 % de 0,90 est $0^f,18$.

Si le commerçant n'ajoutait pas d'eau pour gagner 20 %, il devrait vendre son vin 0,90 + 0,18 ou $1^f,08$ le litre, ou encore 108^f l'hectolitre. Puisqu'il ne revend le litre que 1^f, il doit évidemment ajouter 8^l d'eau par hectolitre.

442. *On mélange du vin à 90 c. le litre avec du vin à 80 c. et la bouteille de 82 cl. revient à 70 c. Comment s'est effectué le mélange?*

RÉP. Le mélange s'est effectué dans la proportion de 44^l à 90^c et 38^l à 80^c.

1 centilitre de la 1re espèce coûte $0^c,90$, et 82 coûtent

$$0^c,90 \times 82 = 73^c,8.$$

1 centilitre de la 2e espèce coûte $0^c,80$, et 82 coûtent

$$0^c,80 \times 82 = 65^c,6.$$

On a donc du vin qui coûte $73^c,8$ et $65^c,6$ la bouteille. Il est facile de trouver dans quelle proportion le mélange demandé doit être fait :

73,8		4,4
	70	
65,6		3,8

Il faudra donc prendre $4^l,4$ à 90^c le litre pour $3^l,8$ à 80^c ; ou mieux 44^l à 90^c pour 38 à 80^c, ce qui donne 100 bouteilles de 82 centilitres.

443. *Un commerçant a du vin qu'il peut vendre 90 c. et 60 c. le litre. Combien devra-t-il mêler de la seconde qualité à 5 hl. de la 1re pour qu'en ajoutant 20 lit. d'eau par hectolitre il puisse vendre 55 c. la bouteille de 80 cl. ?*

RÉP. 166^l 2/3.

Après avoir ajouté l'eau aux 5^{hl} de la 1re qualité, on aura 6^{hl}, et le prix de ces 6^{hl} sera évidemment $90 \times 5 = 450^f$; le prix d'un hectolitre sera par conséquent $450 : 6 = 75^f$, et le litre revient à 75^c.

D'autre part, en vendant 55^{c} la bouteille de 80 centilitres, le litre est vendu par là-même $\frac{55 \times 100}{80} = 68^{c},75$.

D'ailleurs, en ajoutant 20^{l} par hectolitre, c'est ajouter $\frac{1}{5}$; de sorte que pour le vin de seconde qualité, additionné ainsi d'eau, $\frac{6}{5}$ de litre valent 0^{f},60, et par suite 1^{l} de ce mélange vaut 0^{f},50. Le problème revient donc maintenant à mélanger du vin à 75^{c} le litre et à 50^{c} de manière à obtenir du vin à 68^{c},75, et que le mélange contienne 600^{l} à 75^{c}.

75		18,75
	68^{c},75	
50		6,25

On prendra donc 18^{l},75 à 75^{c} pour 6^{l},25 à 50^{c}. On peut donc dire : pour 18^{l},75 à 75^{c}, il entre 6^{l},25 à 50^{c}, par conséquent pour 600^{l} à 75, il entrera $\frac{6,25 \times 600}{18,75} = 200^{l}$ à 50^{c}.

La quantité de vin contenue dans ces 200^{l} de mélange est évidemment égale à $\frac{200 \times 5}{6} = 166^{l}\ 2/3$.

Vérification :

Le mélange contient	d'une part 500^{l} à 90^{c}, ce qui fait	450^{f}
— —	de l'autre 166 2/3 à 60^{c} —	100
Le vin contenu dans le mélange vaut donc en tout		550^{f}

Mais le mélange lui-même contient 800^{l} ou 1 000 bouteilles de 80 centilitres. Ces 1 000 bouteilles valent donc 0,55 × 1 000 = 550^{f}, valeur déjà trouvée.

444. *Un commerçant vend un mélange de café à raison de 4 fr. le kg.; il fait ainsi un gain brut de 25 %. Comment le mélange s'est-il fait? On sait que le commerçant gagne autant sur 10 kg. de la 1*^{re} *espèce que sur 16 de la 2*^{e}*. Combien le commerçant a-t-il payé chaque espèce de café?*

RÉP. Dans le rapport de 15 à 24 ; 2^{f},96 et 3^{f},35.

Ce que le commerçant a revendu 125^{f}, il l'a acheté 100^{f}.

— — — 1^{f} — $\frac{100}{125}$.

— — — 4^{f} — $\frac{100 \times 4}{125} = 3^{f},20$

Le prix moyen d'achat étant 3f,20, le commerçant gagne donc par kg. $4^f - 3{,}20 = 0^f{,}80$.

Sur $10^{kg} + 16 = 26^{kg}$, il gagnera $0^f{,}80 \times 26 = 20^f{,}80$.

Puisqu'il gagne autant sur 10 de la 1re espèce que sur 16 de la 2e, il gagnera la moitié dans les 2 cas ou $\frac{20{,}80}{2} = 10^f{,}40$.

Sur 10kg il gagne 10f,40.

— 1kg — 1f,04.

D'autre part sur 16kg il gagne 10f,40.

— 1kg — $\frac{10{,}40}{16} = 0^f{,}65$.

Le commerçant a donc acheté la 1re qualité $4^f - 1{,}04 = 2^f{,}96$.

— — — 2e — $4^f - 0{,}65 = 3^f{,}35$.

Il est facile de trouver dans quelle proportion le mélange s'est effectué ; car (463) on a pris 15kg à 2f,96 pour 24kg à 3f,35.

2,96		15
	3,20	
3,35		24

Vérification.

10kg à 2f,96 =	29f,60
16kg à 3, 35 =	53, 60
Total	83f,20
1/4 %	20, 80
	104f
26kg à 4f.....	104f somme égale.

445. *On a mélangé des vins à 75 c., 80 c., 82 c., 85 c. et 90 c. le litre. Dans quelle proportion le mélange a-t-il été fait si le litre de mélange revient à 85 c. ?*

Il est facile d'établir les proportions ci-dessous :

75		5	;	80		5	;	82		5
	85				85				85	
90		10		90		5		90		3.

Rép. 5 à 75c pour 10 à 90c ; 5 à 80c pour 5 à 90c ; 5 à 82c pour 3 à 90c.

La vérification est facile. Il y a d'ailleurs d'autres proportions (466).

446. *On a des vins à 65 c., 70 c., 68 c., 75 c., 85 c. et 90 c. On veut les mélanger de manière que le litre revienne à 80 c. et qu'il entre dans le mélange 100 lit. à 65 c. Combien faudra-t-il prendre des autres sortes pour qu'on ait en tout 742 lit. de mélange?*

RÉP. 100^l à 65^c ; 300^l à 85^c ; 162^l à 90^c ; 60^l à 70^c à 68^c et à 75^c.

On a, comme dans l'exercice précédent, les proportions

65		5	70		10	68		10	75		10
	80	;		80	;		80	;		80	
85		15	90		10	90		12	90		5

D'après le 1er rapport, on voit qu'il entre 3 fois plus de litres à 85^c qu'à 65 : pour 100^l à 65^c, il faut donc 300^l à 85^c. $100^l + 300 = 400^l$. Or $742^l - 400 = 342^l$. Il devra donc y avoir 342^l à 90^c, 70^c, 68^c et à 75^c.

Si l'on ajoute les nombres de litres à 90^c, on trouve

$10 + 12 + 5$ ou 27^l pour 10^l à 70^c, à 68^c et à 75^c.

Il reste donc à partager 342^l proportionnellement à 27, 10, 10 et 10.

Si l'on effectue le partage, on trouve

à 90^c $\dfrac{342 \times 27}{57} = 162^l$.

à 70^c $\dfrac{342 \times 10}{57} = 60^l$.

à 68^c $\dfrac{342 \times 10}{57} = 60^l$.

à 75^c $\dfrac{342 \times 10}{57} = 60^l$.

Vérification :

Gain :	100^l à 65 :	$0{,}15 \times 100 =$	15^f
	60 à 70 :	$0{,}10 \times 60 =$	6^f
	60 à 68 :	$0{,}12 \times 60 =$	$7^f{,}20$
	60 à 75 :	$0{,}05 \times 60 =$	3^f
		Gain total........	$31^f{,}20$
Perte :	300^l à 85^c :	$0{,}05 \times 300 =$	15^f
	162^l à 90^c :	$0{,}10 \times 162 =$	$16^f{,}20$
		Perte totale.....	$31^f{,}20$

D'ailleurs, on a bien

$$100 + 60 + 60 + 60 + 300 + 162 = 742.$$

On trouverait aisément d'autres proportions.

447. *Dans quel rapport faut-il allier un lingot d'or au titre* 0,920 *et un autre lingot au titre* 0,750 *pour avoir un lingot au titre* 0,900 ?

En procédant comme dans la règle de mélange, et en faisant abstraction de la virgule, on trouve facilement, d'après les données, la proportion suivante :

920		150
	900	
750		20

Réponse. Le rapport demandé est donc 15 pour 2, ou 150 pour 20, etc.

448. *On fond ensemble* 312gr,5 *d'un lingot d'argent au titre* 0,700 *et* 1 250 *gr. d'un autre lingot au titre* 0,950. *Quel est le titre du nouveau lingot ?*

RÉP. 0,900.

Le 1er lingot contient en argent pur :	$0{,}700 \times 312{,}5 =$	218gr,75
Le 2e — —	$0{,}950 \times 1250 =$	1 187gr,50
Le nouveau lingot contient en argent pur.........		1 406gr,25

Le poids du nouveau lingot est égal à

$$312^{gr},5 + 1\,250 = 1\,562^{gr},5.$$

Si 1 562gr,5 contiennent 1 406gr,25 d'argent pur.

$$1^{gr} \quad \text{contient en argent pur} \ \frac{1\,406{,}25}{1\,562{,}5} = 0^{gr},900.$$

Le titre demandé est donc 0,900.

449. *On fond ensemble* 160 *gr. d'un lingot d'or au titre* 0,750 *et* 340 *gr. d'or pur. Quel est le titre du nouveau lingot ?*

RÉP. 0,920.

Les 160gr au titre 0,750 contiennent en or pur

$$0{,}750 \times 160 = 120^{gr}.$$

Le nouveau lingot aura un poids égal à $160 + 340 = 500^{gr}$; ce lingot contiendra d'ailleurs en or pur

$$120^{gr} + 340 = 460^{gr}.$$

Si 500^{gr} contiennent 460^{gr} d'or pur.

$$1^{gr} \text{ contient } \frac{460}{500} = 0^{gr},920.$$

Le titre est donc 0,920.

480. *On a deux lingots d'argent : l'un au titre* 0,950 *et l'autre au titre* 0,800. *Combien doit-on prendre de chaque lingot pour avoir* $3^{kg},600$ *au titre* 0,900 ?

RÉP. $2^{kg},400$ au titre 0,950, et $1^{kg},200$ au titre 0,800.

On doit prendre les lingots dans la proportion suivante :

950		100
	900	
800		50

Pour répondre à la question, il suffit donc de partager $3^{kg},600$ proportionnellement à 100 et à 50 ou à 2 et à 1.

Si l'on effectue le partage, on trouve :

$$\frac{3,600 \times 2}{3} = 2^{kg},400 \text{ au titre } 0,950.$$

et

$$\frac{3,600 \times 1}{3} = 1^{kg},200 \quad — \quad 0,800.$$

481. *Deux lingots d'or : l'un au titre* 0,920 *et l'autre au titre* 0,750 *ont été alliés dans le rapport de* 9 *à* 8. *Quel est le titre du nouveau lingot ?*

RÉP. 0,840.

Le 1er contient en or pur $0,920 \times 9 = 8,28$

Le 2e — — $0,750 \times 8 = 6$

Le nouveau lingot contient en or pur 14,28

Le poids du lingot est égal à $9 + 8 = 17$.

Le titre demandé est donc (Exerc. 448) $\frac{14,28}{17} = 0,840$.

482. *Quel poids d'argent et de cuivre faut-il prendre pour faire* 325 *pièces de* 5 *fr. ?*

RÉP. $7^{kg},3125$ d'argent, $0^{kg},8125$ de cuivre.

325 pièces de 5f pèsent :	$25^{gr} \times 325 =$	$8^{kg},125$
Il y aura en argent	$0^{kg},8125 \times 9 =$	$7^{kg},3125$
Il y aura en cuivre		$0^{kg},8125$
	Total égal	$8^{kg},1250$

483. *On fond ensemble* 200 *gr. d'un lingot d'or au titre* 0,750 *et un lingot d'or pur; on obtient ainsi un lingot au titre* 0,840. *On demande le poids du lingot d'or pur et le poids du lingot au titre* 0,840.

RÉP. $112^{gr},5$ d'or pur ; le poids du lingot sera $312^{gr},5$.

La proportion suivante est facile à trouver,

750		160
	840	
1 000		90

On doit donc prendre 160^{gr} à 750 pour 90^{gr} d'or pur, ou encore 16^{gr} pour 9.

Donc si l'on prend 1^{gr} à 750 on prendra $\frac{9}{16}$ à 1 000 ; et si l'on prend 200^{gr} à 750, on prendra $\frac{9 \times 200}{16} = 112^{gr},5$ à 1 000.

Le poids du lingot au titre 0,840 sera donc égal à

$$200^{gr} + 112,5 = 312^{gr},5.$$

484. *On fond ensemble trois lingots d'or : le* 1er, *au titre* 0,920, *pèse* 420 *gr. ; le* 2e, *au titre* 0,900, *pèse* 250 *gr., et le* 3e, *au titre* 0,750, *pèse* 380 *gr. On demande le titre du nouveau lingot.*

RÉP. 0,854.

Le 1er lingot contient en or pur			$0,920 \times 420 = 386^{gr},40$
Le 2e	—	—	$0,900 \times 250 = 225$
Le 3e	—	—	$0,750 \times 380 = 285$
Le nouveau lingot contient en or pur			$896^{gr},40$.

Le poids du nouveau lingot est égal à $420 + 250 + 380 = 1\,050^{gr}$.

Le titre demandé est donc (Ex. 448) $\frac{896,40}{1\,050} = 0,854$ à 0,001 près.

455. *On a 5 lingots dont les titres sont* 0,540, 0,600, 0,700, 0,850, 0,900. *Dans quels rapports faut-il les allier pour avoir un lingot au titre* 0,800?

En opérant comme l'indique la règle de mélange on trouve

540		50	;	600		50	;	700		100
	800				800				800	
850		260		850		200		900		100

Réponse. On prendra 50 parties à 0,540, 460 (260 + 200) à 0,850; 50 à 0,600; 100 à 0,700, et 100 à 0,900.

456. *On a 3 lingots d'argent : le* 1er *au titre* 0,950, *le* 2e *au titre* 0,700, *et le* 3e *au titre* 0,920. *En fondant ensemble ces trois lingots, on obtient* $3^{kg},240$ *d'un nouveau lingot au titre* 0,900. *On demande comment l'alliage a été fait, sachant qu'on a d'abord pris* $2^{kg},10$ *au titre* 0,950.

Rép. $2^{kg},10$ au titre 0,950; $0^{kg},580\frac{10}{11}$ à 0,700; $0^{kg},559\frac{1}{11}$ à 0,920

Le nouveau lingot doit contenir en argent pur

$$3^{kg},24 \times 0,9 = 2^{kg},916.$$

On peut d'abord supposer que l'alliage est fait au titre 0,900 avec un lingot du poids de $2^{kg},10$ au titre 0,950 et un autre lingot d'un certain poids au titre 0,700. Or, si l'on cherche dans quelle proportion il faut allier un lingot au titre 0,950 à un lingot au titre 0,700 pour obtenir un lingot au titre 0,900, on trouve qu'il faut prendre 4 parties à 0,950 pour 1 à 0,700.

950		200
	900	
700		50

Si donc on prend $2^{kg},10$ à 0,950, on prendra $\frac{2,10}{4}$ ou $0^{kg},525$ à 0,700. Ainsi, pour obtenir l'alliage demandé, on prendra d'abord $2^{kg},10$ à 0,950 et $0^{kg},525$ à 0,700, ce qui fait en tout $2^{kg},10 + 0,525 = 2^{kg},625$. Il restera donc une quantité d'alliage au titre 0,900 égale à $3^{kg},240 - 2^{kg},625 = 0^{kg},615$. Cet alliage doit être composé d'un certain poids du lingot au titre 0,920 et d'un autre poids du lingot au titre 0,700. Or, si l'on cherche dans quelle proportion ces lingots doivent être alliés pour obtenir un lingot au titre 0,900, on trouve

920		200
	900	
700		20

qu'il faut prendre 10 parties à 0,920 pour 1 à 0,700. Il ne s'agit donc plus que de partager $0^{kg},615$ proportionnellement à 10 et à 1. Si l'on effectue le partage, on trouve qu'il faut prendre $0^{kg},559\frac{1}{11}$ au titre 0,920, pour $0^{kg},055\frac{10}{11}$ à 0,700. Le lingot contiendra donc $2^{kg},10$ à 0,950 ; $0^{kg},525 + 0^{kg},055\frac{10}{11} = 0^{kg},580\frac{10}{11}$ à 0,700 et $0^{kg},559\frac{1}{11}$ à 0,920.

La vérification est facile.

$2^{kg},10$ à 0,950 contiennent en argent pur $2,10 \times 0,95 = 1^{kg},995$

$0^{kg},580\frac{10}{11}$ à 0,700 — — $0,580\frac{10}{11} \times 0,7 = 0,\ 406\frac{7}{11}$

$0^{kg},559\frac{1}{11}$ à 0,920 — — $0,559\frac{1}{11} \times 0,92 = 0,\ 514\frac{4}{11}$

$2^{kg},916$

Les $3^{kg},24$ contiennent en argent pur $2^{kg},916$, ce qui a déjà été trouvé.

457. *On a fondu ensemble $2^{kg},750$ d'un métal qui a coûté $10^{f},50$, et $5^{kg},600$ d'un second métal qui a coûté 28 fr. Quel sera le prix d'un kg. de l'alliage, en supposant qu'il y ait 2 % de déchet, et que la fabrication de cet alliage ait coûté $8^{f},50$?*

RÉP. $5^{f},75$.

$2^{kg},750$ ont coûté	$10^{f},50$
$5^{kg},600$ —	28^{f}
$8^{kg},350$	$8^{f},50$ prix de fabrication.
$0^{kg},167$ de déchet.	
$8^{kg},183$ ont coûté	47^{f}

1^{kg} a coûté $\frac{47}{8,183} = 5^{f},75$ à 1^{c} près.

458. *On a $3^{kg},60$ d'un alliage de plomb et d'étain ; ces métaux sont dans le rapport de 5 à 7. Quelle quantité de plomb faut-il ajouter à cette alliage pour avoir de la soudure des plombiers, c'est-à-dire pour que la quantité de plomb devienne double de celle de l'étain ?*

RÉP. $2^{kg},700$.

L'alliage de 3kg,600 contient 12 parties, dont 5 de plomb et 7 d'étain ; la quantité de plomb qu'il contient est donc égale à

$$\frac{3,600 \times 5}{12} = 1^{kg},500 ;$$

celle d'étain est égale à

$$\frac{3,600 \times 7}{12} = 2^{kg},100.$$

La quantité de plomb devant être double de celle de l'étain, le nouvel alliage contiendra donc en plomb

$$2^{kg},100 \times 2 = 4^{kg},200.$$

La quantité de plomb qu'il faudra ajouter est donc

$$4^{kg},200 - 1,500 = 2^{kg},700.$$

459. *Un alliage de cuivre et d'étain pèse 120 kg. Les métaux sont dans le rapport de 7 à 5. Quel sera le nouveau rapport si l'on ajoute 15 kg. d'étain à l'alliage ?*

Rép. 14 à 13.

L'alliage contient en cuivre : $\frac{120 \times 7}{12} = 70^{kg}$.

— — étain : $\frac{120 \times 5}{12} = 50^{kg}$.

Le nouvel alliage contiendra en étain $50^{kg} + 15 = 65^{kg}$.

Le nouveau rapport du cuivre à l'étain sera donc $\frac{70}{65} = \frac{14}{13}$.

460. *On a un alliage de plomb et d'antimoine du poids de 315 kg.; ces métaux sont dans le rapport de 4 à 11. Quelle quantité de plomb faut-il ajouter pour que le rapport devienne inverse?*

Rép. 551kg,25.

L'alliage contient en plomb : $\frac{315 \times 4}{15} = 84^{kg}$.

— — en antimoine : $\frac{315 \times 11}{15} = 231^{kg}$.

Dans le nouvel alliage le plomb doit être à l'antimoine dans le rapport de 11 à 4, et comme la quantité d'antimoine ne doit point changer, il arrive que 4 parties du nouvel alliage valent 231kg, 1 partie vaut donc $\frac{231}{4} = 57^{kg},75$.

Le poids des 11 parties de plomb sera :

$$57,75 \times 11 = 635^{kg},25.$$

La quantité de plomb qu'il a fallu ajouter est par conséquent égale à

$$635^{kg},25 - 84 = 551^{kg},25.$$

Vérification. On a : $\frac{635,25}{231} = \frac{11}{4}$.

461. *On a fondu ensemble deux métaux : l'un valan ,50 le kg. et l'autre 4f,80, dans la proportion de 2 à 3. On demande le prix de 20 kg. de cet alliage. On sait d'ailleurs que, par suite de la fabrication, les métaux ont gagné en valeur 30 %, et qu'il y a eu 2 % de déchet.*

RÉP. $113^f,55$.

2^{kg} à $3^f,50$ valent $3^f,50 \times 2 = 7^f$ }
3^{kg} à $4^f,80$ — $4^f,80 \times 3 = 14^f,40$ } $21^f,40$.

5^{kg} devant servir à composer l'alliage valent $21^f,40$.
$0^{kg},1$ de déchet.

Il reste $4^{kg},9$ qui valent, avant l'augmentation de valeur, $21^f,40$.

Les 20^{kg} valent donc — $\frac{21^f,40 \times 20}{4,9} = 87^f,35$ à 1^c près.

Après l'augmentation de valeur, les 20^{kg} sont évalués à

$$87^f,35 + 0,8735 \times 30 = 113^f,55.$$

462. *On a un lingot d'or pesant 400 gr. et au titre 0,850. 1° Combien devrait-on retrancher de cuivre pour obtenir un alliage au titre monétaire ? 2° Quelle quantité d'or pur faudrait-il ajouter au même lingot pour avoir de l'or monnayé ?*

RÉP. 1° $22^{gr},223$; 2° 200^{gr}.

1° 400^{gr} au titre 0,850 contiennent en or pur

$$0,850 \times 400 = 340^{gr}.$$

Le poids de l'or pur ne devant pas changer, 340^{gr} représentent les $\frac{9}{10}$ du lingot qu'on veut obtenir au titre 0,900.

Si $\frac{9}{10}$ de ce lingot pèsent 340^{gr}, le lingot pèsera

$$\frac{340 \times 10}{9} = \frac{3\,400}{9}.$$

On devra donc retrancher $400^{gr} - \frac{3\,400}{9} = 22^{gr},223$ de cuivre.

2° Le poids du cuivre est $400^{gr} - 340 = 60^{gr}$.

L'alliage au titre de 0,900 sera $60 \times 10 = 600^{gr}$.

Il faudrait donc ajouter $600^{gr} - 400 = 200^{gr}$ d'or pur.

463. *Le bronze des canons et des statues est formé de 90 parties de cuivre et de 10 parties d'étain ; le métal des miroirs de télescope se compose de 67 parties de cuivre et de 33 parties d'étain. On a 300 kg. de bronze de canons. Quelle quantité de cuivre et d'étain faut-il ajouter à cet alliage pour obtenir 540 kg. de métal des miroirs à télescope ?*

RÉP. $91^{kg},80$ de cuivre ; $148^{kg},20$ d'étain.

Les 300^{kg} de bronze de canons contiennent

en cuivre $\frac{300 \times 90}{100} = 270^{kg}$,

en étain $\frac{300 \times 10}{100} = 30^{kg}$.

Les 500^{kg} de métal des miroirs à télescope contiennent

en cuivre $\frac{540 \times 67}{100} = 361^{kg},80$,

en étain $\frac{540 \times 33}{100} = 178^{kg},20$.

Il faut donc ajouter : $361^{kg},80 - 270 = 91^{kg},80$ de cuivre.

— — $178^{kg},20 - 30 = 148^{kg},20$ d'étain.

464. *Une cloche pèse 1 200 kg. On demande le poids du cuivre et celui de l'étain, ainsi que le volume de la cloche, en supposant que l'alliage n'ait occasionné ni contraction ni dilatation. On sait d'ailleurs que le métal des cloches est formé de 78 parties de cuivre et de 22 parties d'étain, et que la densité du cuivre est 8,788 et celle de l'étain 7,291.*

RÉP.	1° 936^{kg} de cuivre qui donnent en volume		$106^{dmc},508$
	2° 264^{kg} d'étain	— —	$36^{dmc},210$
	3° Le volume de la cloche est		$142^{dmc},718$

En cuivre, la cloche contient $\frac{1\,200 \times 78}{100} = 936^{kg}$.

En étain, — — $\frac{1\,200 \times 22}{100} = 264^{kg}$.

1^{dmc} de cuivre pèse $8^{kg},788$; le nombre de dmc. sera donc

$$\frac{936}{8,788} = 106^{dmc},508.$$

Celui de l'étain sera

$$\frac{264}{7,291} = 36^{dmc},210.$$

Le volume total, c'est-à-dire le volume de la cloche, est donc

$$106,508 + 36,210 = 142^{dmc},718.$$

465. *Dans cinq marchés composant la même région agricole, les prix moyens de* 100 *kg. de blé ont été :* $28^f,50$, 27 *fr.*, $27^f,60$, 28 *fr. et* $28^f,80$. *On demande le prix moyen des* 100 *kg. dans cette région.*

RÉP. $27^f,98$.

100^{kg}	de blé ont coûté		$28^f,50$
100	—	—	27
100	—	—	27, 60
100	—	—	28
100	—	—	28, 80
500^{kg}	ont coûté		$139^f,90$

Le prix moyen de 100^{kg} est donc égal à $\frac{139,90}{500} = 27^f,98$.

466. *Un capitaliste a* 16 000 *fr. de placés à* 6 %, 18 000 *fr. à* 5 % *et* 20 000 *fr. à* 4 %. *Quel est le taux moyen de son revenu annuel ?*

RÉP. $4^f,92$.

$16\,000^f$	à 6 %	rapportent	: $6 \times 160,00 =$	960^f
18 000	à 5 %	—	: $5 \times 180,00 =$	900
20 000	à 4 %	—	: $4 \times 200,00 =$	800
$54\,000^f$	rapportent.			$2\,660^f$

100^f rapportent $\frac{2\,660 \times 100}{54\,000} = 4^f,92$ à moins de 1^c près.

467. *La température des jours d'une semaine du mois de novembre prise à 9 h. du matin a été : le 18 de + 7°, le 19 de + 3, le 20 de + 1, le 21 de 0°, le 22 de — 4°, le 23 de — 2, le 24 de + 1. On demande la température moyenne.*

Rép. 0°,857.

Température du	18	+ 7°	
—	19	+ 3°	
—	20	+ 1°	
—	21	0°	
—	22		— 4°
—	23		— 2°
—	24	+ 1°	

La somme des températures pour 7 jours a été 12° — 6° = 6°.
La température moyenne a donc été 6° : 7 = 0°,857 à 0,001 près.

468. *La hauteur annuelle d'eau tombée dans une région, prise sur une moyenne de 4 années, a été de 872^{mm}; la 1re année, la hauteur moyenne s'est élevée à 855^{mm}, la 2e à 861, la 3e à 883. On demande la hauteur moyenne d'eau de la 4e année.*

Rép. 889^{mm}.

On a d'après les données

$$\frac{855 + 861 + 883 + \text{hauteur de la 4}^{e}\text{ année}}{4} = 872^{mm},$$

ou $\quad 2\,599 + \text{hauteur de la 4}^{e} = 872 \times 4 = 3\,488^{mm}.$

Donc la hauteur de la 4e = 3 488^{mm} — 2 599 = 889^{mm}.

EXERCICES SUR L'ÉCHÉANCE MOYENNE

469. *Le 10 mars, un négociant a vendu des farines pour 12 000 fr., payables comme il suit : 3 000 fr. à 40 jours, 4 000 fr. à 60 jours et 5 000 fr. à 90 jours. On demande le terme moyen des trois effets que l'acheteur doit souscrire pour payer le vendeur.*

Rép. 67 jours.

Si l'acheteur ne payait qu'aux époques fixées, les 3 sommes porteraient intérêt entre ses mains. Le taux étant quelconque, par exemple, 6 %, la somme des intérêts serait (412) :

$$\frac{3\,000 \times 40}{6\,000} + \frac{4\,000 \times 60}{6\,000} + \frac{5\,000 \times 90}{6\,000}.$$

Le billet unique à faire étant de 12 000f, son intérêt à 6 % pendant le temps cherché t serait :

$$\frac{12\,000 \times t}{6\,000}.$$

Or, l'intérêt des 3 sommes partielles doit être égal à l'intérêt de la somme totale : donc, on a

$$\frac{12\,000 \times t}{6\,000} = \frac{3\,000 \times 40}{6\,000} + \frac{4\,000 \times 60}{6\,000} + \frac{5\,000 \times 90}{6\,000}$$

ou, après simplification,

$$12 \times t = 3 \times 40 + 4 \times 60 + 5 \times 90 = 810.$$

Divisant les 2 membres par 12, on a

$$t = \frac{810}{12} = 67 \text{ jours.}$$

470. *On demande de déterminer l'échéance moyenne des effets suivants :* 2 400 *fr. au* 10 *juin ;* 3 500 *fr. au* 15 *juillet ;* 4 000 *fr. au* 25 *août ;* 6 000 *fr. au* 5 *septembre.*

Rép. le 9 août.

Si l'on rapporte toutes les échéances au 10 juin (478), les nombres de jours à courir avant les échéances sont :

0j, 35j, 76j et 87j.

D'ailleurs le billet unique doit être de

2 400f + 3 500 + 4 000 + 6 000, ou de 15 900f.

On aura donc, d'après l'exercice précédent,

$$15\,900 \times t = 2\,400 \times 0 + 3\,500 \times 35 + 4\,000 \times 76 + 6\,000 \times 87,$$

ou $15\,900 \times t = 3\,500 \times 35 + 4\,000 \times 76 + 6\,000 \times 87$:

d'où $t = \dfrac{3\,500 \times 35 + 4\,000 \times 76 + 6\,000 \times 87}{15\,900} = 60$ jours.

L'échéance moyenne aura donc lieu 60 jours après le 10 juin, c'est-à-dire le 9 août.

471. *Une personne doit* 3 500 *fr. payables dans* 15 *mois. Elle donne immédiatement* 500 *fr. ;* 6 *mois après, elle donne* 1 500 *fr., et enfin* 2 *mois après* 500 *fr. On demande le temps qu'elle pourra garder le reste de ce qu'elle doit sans rien perdre.*

Rép. 31 mois 5.

Il reste encore 1 000f à payer.

Si l'on désigne le temps demandé par t, la personne ayant déjà joui des intérêts de 1 500f pendant 6 mois, de 500f pendant 8 mois, de 1 000f pendant 8 mois et des mêmes 1 000f pendant le temps t, comme d'ailleurs elle a payé 500f immédiatement, on a (476 et exercice précédent)

$$3\,500 \times 15 = 500 \times 0 + 1\,500 \times 6 + 500 \times 8 + 1\,000 \times 8 + 1\,000 \times t$$

ou $$52\,500 = 21\,000 + 1\,000 \times t$$

En retranchant 21 000 à chaque membre, on a

$$31\,500 = 1\,000\, t :$$

d'où $$t = 31 \text{ mois } 5.$$

472. *Une personne devait 6 000 fr. payables dans 6 mois. Elle donne 2 000 fr. au bout d'un certain temps; par suite de ce payement, elle peut garder le reste de la somme pendant 6 mois encore. On demande au bout de combien de temps ce payement a été effectué.*

Rép. 2 mois.

Soit t le temps demandé, on a, d'après les exercices précédents,

$$6\,000 \times 6 = 2\,000\, t + 4\,000 \times (6 + t),$$

ou $$36\,000 = 2\,000\, t + 24\,000 + 4\,000\, t.$$

En divisant les 2 membres par 1 000, il vient

$$36 = 2\, t + 24 + 4\, t.$$

Retranchant 24 à chaque membre, on obtient

$$12 = 6\, t :$$

d'où $$t = 2 \text{ mois}.$$

C'est au bout de 2 mois ; on a bien en effet :

$$6\,000 \times 6 = 2\,000 \times 2 + 4\,000 \times 8,$$

ou $$36\,000 = 4\,000 + 32\,000 = 36\,000.$$

473. *Un négociant n'offre à ses créanciers que 60 % et ne paye que 15 % à 6 mois, 20 % à 9 mois, et le reste à 12 mois. Quelle est l'offre réelle du négociant si l'on tient compte de l'intérêt de l'argent à 6 %?*

Rép. 57f,15 %.

Si l'on calcule l'échéance moyenne, on trouve

$$60 \times t = 15 \times 6 + 20 \times 9 + 25 \times 12 :$$

d'où $$t = \frac{15 \times 6 + 20 \times 9 + 25 \times 12}{60} = 9 \text{ mois } 15 \text{ jours.}$$

L'intérêt de 60f pour 9m,15j est de 2f,85.

Le négociant n'offre donc au comptant que

$$60^f - 2,85 = 57^f,15\ \%.$$

474. *Dans quelle proportion faut-il souscrire des effets payables au 15 juin et au 10 août pour remplacer un seul effet à échéance du 20 juillet?*

RÉP. dans la proportion de 21 à 35.

	15 juin	21
20 juillet		
	10 août	35
		56

Du 15 juin au 20 juillet, terme moyen, il y a 35 jours, et 21 jours du 20 juillet au 10 août : les effets doivent être souscrits dans la proportion de 21 à 35. Ainsi 56f payables le 20 juillet peuvent être remplacés par 21f payables le 15 juin et 35f payables le 10 août. En effet, 21f payés le 15 juin, 35 jours avant le 20 juillet, font perdre un intérêt égal à (en prenant le taux de 6 %, par exemple)

$$\frac{21 \times 35}{6\,000}.$$

D'autre part, si l'on paye 35f le 10 août au lieu du 20 juillet, on gagne l'intérêt de 35f pendant 21 jours, ou

$$\frac{35 \times 21}{6\,000};$$

il y a par conséquent compensation.

475. *Un négociant demande à remplacer un effet de 8 600 fr. payable le 20 mai par deux effets, formant la même somme, payables, l'un le 15 mars et l'autre le 20 juillet. Trouver la valeur nominale de chaque billet.*

RÉP. 3 748f,70 ; 4 851f,30.

Si l'on cherche dans quelle proportion il faudrait souscrire des effets payables le 15 mars et le 20 juillet pour remplacer la meme somme payable le 20 mai, on trouve, d'après l'exercice précédent, 51 et 66.

20 mai	15 mars	51
	20 juillet	66
		117

Il suffit donc de partager 8 600f proportionnellement à 51 et 66

L'effet payable le 15 mars sera égal à $\frac{8\,600 \times 51}{117} = 3\,748^{f},70.$

— le 20 juillet — $\frac{8\,600 \times 66}{117} = 4\,851^{f},30.$

Vérification à un taux quelconque, 6 % par exemple.

L'intérêt de 3 748f,70 payés 66j avant le 20 mai est

$$\frac{3\,748,70 \times 66}{6\,000} = 41^{f},23 \text{ (perte)}.$$

L'intérêt de 4 851f,30 payés 51j après le 20 mai est

$$\frac{4\,851,28 \times 51}{117} = 41^{f},23 \text{ (gain)}.$$

Somme égale 8 600f

EXERCICES SUR LE TANT 0/0

476. *Une personne a des fonds dans une entreprise et doit prélever* 6 % *sur les bénéfices. La recette d'une année s'élève à* 804 510 *fr., y compris les bénéfices qui ont été de* 20 %. *Combien doit-il revenir à cette personne?*

Rép. 8 045f,10.

120f de recette donnent 20f de bénéfice.

1f — donne $\frac{20}{120}$ ou $\frac{1}{6}$.

804 510f — donnent $\frac{804\,510}{6} = 134\,085^{f}$ de bénéfice,

La personne devant prélever 6 % sur les bénéfices, aura donc

$$1\,340,85 \times 6 = 8\,045^{f},10.$$

477. *Un marchand achète 150 m. de drap à 12 fr. l'un ; comme il paye comptant, il lui est fait une remise de 5 °/₀. Au bout de 3 mois, il cède la pièce entière à un autre commerçant qui paye comptant 13 fr. le mètre avec escompte de 3 °/₀. Combien le 1er marchand a-t-il gagné ? On tiendra compte de l'intérêt de son argent à 6 °/₀ ?*

Rép. 155f,85.

Prix des 150m de drap à 12f l'un : $12 \times 150 =$	1 800f
Escompte de 5 °/₀ sur 1 800f : $5 \times 18{,}00 =$	90
Les 150m ont donc été payés comptant	1 710f
L'intérêt de 1 710f pour 3 mois à 6 °/₀ est de	25f,65
Les 150m de drap ont donc coûté en réalité au 1er marchand	1 735f,65
Prix de vente des 150m de drap à 13f l'un : $13 \times 150 =$	1 950f
Escompte de 3 °/₀ sur cette somme : $3 \times 19{,}50 =$	58, 50
	1 891f,50

Bénéfice net : 1 891f,50 — 1 735f,65 = 155f,85.

478. *Un fermier a obtenu 92 kg. d'huile de 21 doubles décalitres de navette d'hiver. L'hectolitre de navette d'hiver pesant 66 kg. et la densité de cette huile étant 0,919, on demande le rendement °/₀ en poids et en volume de la navette d'hiver.*

Rép. En poids 33,19 °/₀ ; en volume 23,83 °/₀.

Poids de l'hectolitre de navette ou de 5 doubles décal. : 66kg.

— 21 doubles décalitres : $\frac{66 \times 21}{5} = 277^{kg},200.$

277kg,200 de navette ont produit 92kg d'huile.

100kg — — $\frac{92 \times 100}{277{,}2} = 33{,}19$ environ.

Le rendement °/₀ en poids est donc 33,19.

On sait déjà qu'on peut obtenir le poids d'un corps en multipliant son volume par sa densité. Si donc on désigne le volume de l'huile obtenu par V, on a

$$V \times 0{,}919 = 92^{kg},$$

d'où $$V = \frac{92}{0{,}919} = 100^{dmc},10 \text{ ou } 100^{l},10.$$

21 doubles décalitres ou 420^l de navette ont produit $100^l,10$ d'huile.

$$— \quad 100^l \quad — \quad \frac{100,10 \times 100}{420} = 23,83.$$

Le rendement % en volume est donc 23,83.

479. *Le colza rend en poids 38 % d'huile. Combien doit-on obtenir de litres d'huile de 12 doubles décalitres de colza, le colza pesant 68 kg. l'hectolitre, et la densité de cette huile étant 0,92?*

RÉP. $67^l,40$.

12 doubles décalitres de colza pèsent : $\frac{68 \times 12}{5} = 163^{kg},20$.

$163^{kg},20$ de colza produisent en huile : $38 \times 1,632 = 62^{kg},016$.

La densité de l'huile de colza étant 0,92, le litre pèse $0^{kg},92$.

Le nombre de litres produit par les 12 doubles décalitres de colza est donc égal à

$$\frac{62,016}{0,92} = 67^l,40.$$

480. *La patraque jaune (ox-noble) est la pomme de terre qui donne le plus de tubercules pour une égale superficie de terrain, dans les sols sablonneux, et plus de fécule pour un poids égal de tubercules.*

Un fermier a ensemencé $2^{ha},30$ en patraques jaunes; il a récolté 52 900 kg. de pommes de terre. Ces tubercules, vendus à un industriel, ont produit 12 167 kg. de fécule. On demande : 1° le rendement par hectare en pommes de terre ; 2° le rendement % en fécule.

RÉP. 1° $23\,000^{kg}$; 2° 23 %.

1° Le rendement par hectare en pommes de terre est égal à

$$\frac{52\,900}{2,30} = 23\,000^{kg}.$$

2° $529\,000^{kg}$ rendent $12\,167^{kg}$ de fécule.

$$100^{kg} \quad — \quad \frac{12\,167 \times 100}{529\,000} = 23\ \%.$$

Le rendement % en fécule est donc 23.

481. *Par le procédé de lavage, dit procédé Martin, la farine rend en poids 40 % (de 40 à 42) d'amidon de 1re qualité et 18 %*

(de 18 à 20) d'amidon de 2e qualité. Par le procédé de fermentation, dit ancien procédé, le rendement est de 28 $^0/_0$ (de 28 à 30) en amidon de 1re qualité et 13 $^0/_0$ (de 12 à 15) en amidon de 2e qualité. Quelle quantité d'amidon aura-t-on par l'un et l'autre procédé en traitant la farine provenant de 12 quintaux de blé, ce blé ayant rendu 72 $^0/_0$ en farine?

RÉP. 501kg,12, par le procédé de lavage ; 354kg,24, par le procédé ancien.

Poids de la farine provenant de 12 quintaux de blé :

$$72 \times 12 = 864^{kg}$$

Amidon 1re qualité obtenu par le procédé Martin :

				$40 \times 8{,}64 = 345^{kg},60$
— 2e	—	—	—	: $18 \times 8{,}64 = 155^{kg},52$
— 1re	—	—	de fermentation	: $28 \times 8{,}64 = 241^{kg},92$
— 2e	—	—	—	: $13 \times 8{,}64 = 112^{kg},32$

La quantité d'amidon obtenue par le 1er procédé est donc :

$$345^{kg},60 + 155{,}52 = 501^{kg},12.$$

Par le 2e :

$$241^{kg},92 + 112{,}32 = 354^{kg},24.$$

432. *La betterave blanche, ou betterave de Silésie, fournit le jus le plus riche et le plus facile à extraire. On offre au directeur d'une sucrerie des betteraves de Silésie à 18 fr. les 1 000 kg. et des betteraves ordinaires à 16 fr. les 1 000 kg. On obtient facilement un rendement de 7 $^0/_0$ avec les betteraves de Silésie, tandis que le rendement n'est guère que 5 $^0/_0$ avec les betteraves ordinaires. Quel parti doit prendre le directeur de l'usine, en supposant que la dépense soit la même pour traiter 1 000 kg. de l'une et l'autre espèce?*

RÉP. Il doit préférer la betterave de Silésie.

Puisque la betterave de Silésie rend 7 $^0/_0$ en sucre, 1 000kg de betterave produisent 70kg de sucre.

De même 1 000kg de betterave ordinaire produisent 50kg de sucre.

Dans le 1er cas, le kg. de sucre à extraire revient à $\frac{18}{70} = 0^f,257.$

Dans le 2e — — — — $\frac{16}{50} = 0^f,32.$

La betterave de Silésie est donc plus avantageuse.

483. *On considère généralement l'azote comme la matière la plus importante des engrais. Le fumier ordinaire contient en poids environ 0,6 % d'azote et le guano 14,8 %.*

Un fermier a encore besoin de 80 000 kg. de fumier pour ses terres. On lui offre du fumier à raison de 7 fr. le mètre cube du poids de 750 kg. ou du guano à raison de 32 fr. l'hectolitre du poids de 95 kg. Quel parti doit-il prendre?

RÉP. Le fumier coûterait moins que le guano.

Puisque 100^{kg} de fumier contiennent $0^{kg},6$ d'azote, il faut encore au fermier une quantité d'azote égale à

$$0^{kg},6 \times 800,00 = 480^{kg}.$$

D'autre part,

$80\,000^{kg}$ de fumier représentent un nombre de mètres cubes égal à

$$\frac{80\,000}{750} = 106^{mc},6.$$

Le prix de ce fumier sera donc

$$7 \times 106,6 = 746^{f},20.$$

$14^{kg},8$ d'azote provenant de 100^{kg} de guano.

480^{kg} — proviennent de $\frac{100 \times 480}{14,8} = 3\,243^{kg}$ de guano.

Il est facile de trouver le prix des $3\,243^{kg}$ de guano ; car si 95^{kg} coûtent 32^{f}, les 3 243 coûtent

$$\frac{32 \times 3\,243}{95} = 1\,092^{f},35 \text{ à } 2^{c} \text{ près en moins.}$$

Il serait donc préférable d'acheter du fumier, si le fermier ne tenait pas compte du transport.

484. *Un haut-fourneau a produit dans une année* $1\,573\,715^{kg}$ *de fonte. Il a fallu pour cette production 2 293 hl. d'un minerai pesant en moyenne 1 570 kg. le mètre cube et 20 632 hl. d'un autre minerai pesant en moyenne 1 560 kg. le mètre cube. On demande le rendement % en poids du mélange.*

RÉP. 44 %.

Poids du 1er minerai	$1\,570 \times 229,3$	$= 360\,001^{kg}$
— 2e —	$1\,560 \times 2\,063,2$	$= 3\,218\,592$
Poids du mélange		$3\,578\,593^{kg}$

Si 3 578 593^{kg} de minerai ont produit 1 573 715^{kg} de fonte.

$$100^{kg} \quad — \quad — \quad \frac{1\,573\,715 \times 100}{3\,578\,593} = 44 \text{ environ.}$$

Le rendement % est donc 44.

485. *On a deux minerais qui rendent en poids à la fusion 35 % et 42 % de fonte. On les mélange dans la proportion de 5 à 2. Quel doit être le rendement % du mélange* (1)?

Rép. 37 %.

Le 1er rend en fonte les 0,35 de son poids :

Pour 5 parties, le rendement sera $0,35 \times 5 = 1,75$

Pour 2 parties du second, le rendement sera $0,42 \times 2 = 0,84$

Pour 7 parties, le rendement est. 2,59

Pour 1 partie, — $\frac{2,59}{7} = 0,37$.

Le rendement % est donc 37.

486. *On a du minerai qui rend en poids généralement* 35 % *En mélangeant* 5 *parties de ce minerai à* 3 *parties d'un autre minerai, on obtient un rendement de* 39 %. *Quel doit être le rendement % du* 2e *minerai?*

Rép. 45,60 %.

Le 1er rend en fonte les 0,35 de son poids ; pour 5 parties le rendement sera $0,35 \times 5 = 1,75$.

Le mélange rend les 0,39 de son poids ; pour 5 + 3 ou 8 parties le rendement sera $0,39 \times 8 = 3,12$.

Le rendement pour 3 parties du second sera

$$3,12 - 1,75 = 1,37.$$

Le rendement pour 1 partie sera $\frac{1,37}{3} = 0,456$ environ.

Le rendement % du second minerai est donc 45,60.

487. *On assure dans une ville une maison contre l'incendie* 45 000 *fr. au taux de* 0^f,75 ‰. *Les compagnies perçoivent en outre au profit de l'Etat un droit de timbre qui est de* 0^f,04 ‰ *et un impôt de* 10 % *sur la prime proprement dite (le* 10 % *ne se prend*

(1) Par suite du mélange, la fusion est généralement plus facile et le rendement plus considérable.

pas sur le timbre). En outre, la 1re année, l'assuré donne 2 fr. pour la police. *On demande la somme à payer la 1re année par l'assuré.*

RÉP. 40f,95.

Montant de la prime :	$0,75 \times 45,000 =$	33f,75
Droit de timbre :	$0,04 \times 45,000 =$	1,80
Impôt de 10 % sur la prime :	$10 \times 0,3375 =$	3,40
Police		2
L'assuré doit payer en tout		40f,95

488. *A la campagne, on considère que les risques sont plus grands qu'à la ville : par suite, le taux de la prime est plus élevé.*

Un propriétaire a assuré sa maison 15 000 *fr. au taux de* 1 ‰; *son mobilier* 10 000 *à* 1f,25 ‰. *Combien, d'après l'exercice précédent, ce propriétaire aura-t-il à payer la 1re année ?*

RÉP. 33f,25.

Le propriétaire paye pour sa maison :	$1 \times 15,000 =$	15f
— — son mobilier :	$1,25 \times 10,000 =$	12,50
Droit de timbre	$0,04 \times 25,000 =$	1
Impôt de 10 % sur la prime	$10 \times 0,275 =$	2,75
Police		2
Le propriétaire devra donc payer		33f,25

489. *On paye à une compagnie, impôt et timbre compris,* 25f,95 *de prime annuelle pour un immeuble assuré* 30 000f *contre l'incendie : on demande le taux de la prime.*

RÉP. 0f,75.

Le droit de timbre s'élève à $0,04 \times 30 = 1^f,20$.

On paye donc chaque année pour l'impôt et la prime proprement dite 25f,95 — 1f,20 ou 24f,75.

L'impôt étant égal à $\frac{1}{10}$ de la prime proprement dite, il arrive que 24f,75 représentent $\frac{11}{10}$ de cette prime ; $\frac{1}{10}$ est par conséquent égal à $\frac{24,75}{11} = 2^f,25$ et $\frac{10}{10}$, ou la prime entière, à 22f,50.

Or, 22f,50 proviennent de la multiplication du taux de la prime par 30, donc le taux de la prime est égal à

$$\frac{22,50}{30} = 0^f,75.$$

490. *Une personne paye* 108^f *de prime annuelle, impôt et timbre compris. A raison de sa profession, le taux par* $^0/_{00}$ *est plus élevé que le taux ordinaire. On demande ce taux et le capital assuré. On sait d'ailleurs que le timbre n'entre dans la prime totale que pour la* 45e *partie.*

RÉP. $1^f,60\ ^0/_{00}$; $60\ 000^f$.

Le droit de timbre est égal à $\frac{108}{45} = 2^f,40.$

Puisqu'on paye $0^f,04\ ^0/_{00}$ pour le timbre, le nombre de $1\ 000^f$ assuré est donc égal à

$$\frac{2,0}{0,04} = 60.$$

Le capital assuré est par conséquent $60\ 000^f$.

Pour l'impôt et la prime proprement dite, on paye d'ailleurs, chaque année $108^f - 2,40$ ou $105^f,60$. Par la même raison que dans l'exercice précédent, cette somme de $105^f,60$ représente $\frac{11}{10}$ de la prime proprement dite ; $\frac{1}{10}$ est par conséquent égal à $\frac{105,60}{11} = 9^f,60$: la prime entière est donc de 96^f.

Mais comme 96 proviennent de la multiplication du taux de la prime par 60, ce taux est égal à

$$\frac{96}{60} = 1^f,60.$$

EXERCICES

SUR LES

RENTES VIAGÈRES, LES ASSURANCES SUR LA VIE, ETC.

491. *La durée probable de la vie à 60 ans est 14 ans. Une personne de cet âge place 12 000 fr. en rente viagère. Quelle somme peut-elle recevoir annuellement, le taux du placement est 5* $^0/_0$ *?*

RÉP. $1\ 154^f,55$.

1^f placé à intérêt composé vaut, après 14 ans (426)

$$1^f,979932.$$

La somme de $12\ 000^f$ vaudra

$$1^f,979932 \times 12\ 000 = 23\ 759^f,18.$$

L'emprunteur doit donc rembourser cette somme; or (482), en versant seulement 1f au commencement de chaque année pendant 14 ans, il rembourserait 20f,578564.

Ainsi, pour amortir 20f,578564, en 14 ans, il suffirait de verser 1f au commencement de chaque année; pour amortir 23 759f,18 en 14 ans, on devrait donc donner, au commencement de chaque année, une somme égale à

$$\frac{23\,759,18}{20,578564} = 1\ 154^{f},55.$$

Telle est la rente qu'il est possible de toucher annuellement.

492. *La durée probable de la vie à* 63 *ans est* 12 *ans. Une personne de cet âge veut augmenter son revenu annuel de* 500 *fr. Combien doit-elle placer à rente viagère, et à* 5 °/₀ *pour obtenir cette somme?*

Rép. 4 653f,20.

En touchant une rente viagère de 1f pendant 12 ans, on toucherait en réalité (482) 16f,712983 ; en recevant une rente de 500f, on toucherait donc

$$16,712983 \times 500 = 8\ 356^{f},4915.$$

D'autre part, 1f placé à intérêt composé, et à 5 °/₀, après 12 ans, vaut (426) 1f,795856.

La somme S qui doit être placée pendant 12 ans est donc telle qu'on a

$$1,795856 \times S = 8\ 356^{f},4915 :$$

d'où

$$S = \frac{8\ 356,4915}{1,795856} = 4\ 653^{f},20.$$

493. *Un père place* 500 *fr. sur la tête de son enfant au moment où il accomplit sa* 5e *année. Quelle somme cet enfant pourra-t-il retirer lorsqu'il aura* 30 *ans révolus? On sait d'ailleurs que la compagnie d'assurance tient compte à* 4 °/₀ *de l'intérêt composé de la somme, et que sur* 930 *enfants qui accomplissent leur* 5e *année, il n'en reste que* 734 *qui accomplissent leur* 30e *année* (1).

Rép. 1 688f,85.

Après 25 ans, la somme de 500f placée à 4 °/₀, et à intérêt composé sera devenue (426)

$$2,665836 \times 500 = 1\ 332,918.$$

(1) Table de Deparcieux.

Or, si 930 pères de familles avaient placé chacun la même somme, il y aurait eu après 25 ans

$$1\ 332{,}918 \times 930 = 1\ 239\ 613^{f}{,}74.$$

Mais puisqu'il n'y a plus après 25 ans que 734 enfants, la part qui revient à chacun est

$$1\ 239\ 613^{f}{,}74 : 734 = 1\ 688^{f}{,}85 \text{ à } 1^{c} \text{ près par excès.}$$

Quant aux bénéfices de la compagnie, ils proviendront de ce qu'elle pourra faire valoir les fonds qui lui ont été déposés à un taux plus élevé qu'à 4 %.

494. *Un père de famille a un enfant qui vient d'avoir* 3 *ans. Quelle somme doit-il placer sur la tête de cet enfant pour qu'il touche* 2 000 *fr. à* 25 *ans? On sait d'ailleurs que la compagnie tient compte à* 4 % *de l'intérêt composé de la somme, et que sur* 970 *enfants qui accomplissent leur* 3e *année, il n'en reste que* 774 *qui atteignent leur* 25e *année.*

Rép. $545^{f}{,}55$.

Puisqu'il y a 774 enfants qui atteignent leur 25ᵉ année, si chacun a reçu la même somme, ils ont reçu en tout

$$2\ 000 \times 774 = 1\ 548\ 000^{f}.$$

Or, si 970 pères de familles avaient placé chacun la même somme, un seul aurait placé

$$1\ 548\ 000 : 970 = 1\ 595^{f}{,}87.$$

Mais 1^{f} placé à 5 %, à intérêt composé, pendant 25 — 3 ou 22 ans deviendrait (426) $2^{f}{,}925267$. On peut donc dire :

Si $2^{f}{,}925261$ proviennent du capital 1^{f},

$$1\ 595^{f}{,}87 \quad — \quad — \quad \frac{1 \times 1\ 595^{f}{,}87}{2{,}925261} = 545^{f}{,}55,$$

à 1c près par excès.

495. *A la fin d'une année, la caisse d'épargne redoit* 380 *fr. à un ouvrier ;* 6 *semaines plus tard, cet ouvrier dépose* 70 *fr. à la caisse, et* 15 *semaines plus tard* 230 *fr.; mais* 5 *semaines après ce dernier dépôt, il est obligé de retirer* 500 *fr. Les intérêts seront calculés à* $3\frac{1}{2}$ %. *On demande d'établir le compte de fin d'année (Tableau analogue à celui du n°* 492).

Rép. La caisse d'épargne redoit au déposant $190^{f}{,}97$.

Les 380f porteront intérêt pendant 52 semaines ; les 70f pendant 52 — 7 ou 45 semaines ; il y a perte d'une semaine (492) ; les 230f pendant 52 semaines moins 6 moins 16 ou 30 semaines.

Les intérêts rétrogrades pour les 500f retirés devront être comptés pendant 52 semaines moins 6 moins 15 moins 4 semaines ou 27 semaines. Le résultat des calculs figure dans le tableau ci-dessous :

VERSEMENTS	Semaines à compter.	Intérêts anticipés.	REMBOURSEMENTS.	Semaines à déduire.	Intérêts rétrogrades
380f 70 230	52 45 30	13f,30 2, 12 4, 64	500f	27	9f,09
680f		20f,06	500f		9f,09

La caisse doit au déposant 680f + 20,06 = 700f,06

Le déposant doit à la caisse 500f + 9,09 = 509, 09

Différence en faveur du déposant 190f,97

RENTES SUR L'ÉTAT

EXERCICES SUR LES VENTES AU COMPTANT.

496. *Combien coûteront 240 fr. de rente 3 %, au cours de 65f,40, courtage et timbre compris ?*

RÉP. 5 239f,05.

Achat de 240f de rente (507) : $\frac{65,40 \times 240}{3} = 5\ 232^f$

Courtage : $\frac{1}{8}$ de 52,32. . . . . 6, 55

Timbre. 0, 50

Total 5 239f,05

497. *Une personne veut acheter 1 350 fr. de rente 4 $\frac{1}{2}$ %, au cours de 82f,50. Combien aura-t-elle à débourser en tout?*

RÉP. 24 782f,45.

Achat des 1 350f de rente : $\frac{82,50 \times 1\,350}{4,5} = 24\,750^f$

Courtage : $\frac{1}{8}$ de 247,50 . . . . 30, 95

Timbre. 1, 50

Total 24 782f,45

498. *Quelle est l'augmentation de capital que représente une hausse de 0f,20, dans le cours du 5 %, pour 4 500 fr. de rente*

RÉP. 180f.

Sur 5f de rente l'augmentation en capital est de 0f,20.

— 1f — — — — $\frac{0,20}{5}$.

— 4 500f — — — $\frac{0,20 \times 4\,500}{5} = 180^f$.

499. *Quelle est l'augmentation de capital que représente une hausse de 0f,20, dans le cours du 3 %, pour 4 500 fr. de rente?*

RÉP. 300f.

Sur 3f de rente l'augmentation en capital est de 0f,20.

— 1f — — — — $\frac{0,20}{3}$.

— 4 500f — — — $\frac{0,20 \times 4\,500}{3} = 300^f$.

500. *Combien, pour 15 000 fr., aura-t-on de rente 3 %, au cours de 60 fr., courtage et timbre non compris?*

RÉP. 750f.

Pour 60f de capital on a 3f de rente.

— 1f $\frac{3}{60}$ —

— 15 000f — $\frac{3 \times 15\,000}{60} = 750^f$ de rente.

801. *Combien, pour 14 000 fr., aura-t-on de rente $4\frac{1}{2}$ %, au cours de 78 fr., courtage et timbre non compris?*

RÉP. 807f.

D'après le n° 508 et l'exercice précédent, on aura avec cette somme un chiffre de rente égal à

$$\frac{4,50 \times 14\,000}{78}.$$

Le quotient entier de cette expression est 807. Or les 807f de rente coûtent (507), sans courtage ni timbre,

$$\frac{78 \times 807}{4,5} = 13\,988^f.$$

Il reste donc de disponible

$$14\,000^f - 13\,988 = 12^f.$$

802. *Combien, pour 16 000 fr., aura-t-on de rente 5 %, au cours de 92f,50, courtage et timbre compris? On fera le bordereau.*

RÉP. 863f.

Diminution de timbre (510, 2e solution) :

$$16\,000 - 1,50 = 15\,998^f,50$$

Courtage : $\frac{1}{8}$ de 159,985. 20

Différence 15 978f,50

Telle est la somme qu'on peut employer à l'achat de la rente.

Le montant de cette rente sera donc

$$\frac{5 \times 15\,978,50}{92,50}.$$

Le quotient entier est 863 ; or, 863f de rente 5 % au cours de 92f,50 coûtent

$$\frac{863 \times 92,50}{5} = 15\,965^f,50.$$

Il reste donc de disponible

$$15\,978^f,50 - 15\,965^f,50 = 13^f.$$

Le bordereau sera par conséquent :

863^f de rente 5 %	15 965^f,50
Courtage : $\frac{1}{8}$ de 159,785	20
Timbre.	1,50
A reverser à l'acheteur	13
Total égal	16 000^f

803. 750 *fr. de rente* 3 % *ont coûté, courtage et timbre compris,* 16 622^f,25 *: quel était le cours de la rente ?*

Rép. 66^f,40.

Diminution du timbre, la rente et le courtage ont coûté ensemble

$$16\,622^f,25 - 1,50 = 16\,620^f,75.$$

Or, dans 16 620^f,75 se trouve la rente augmentée du courtage, c'est-à-dire la rente augmentée de $\frac{1}{800}$ de cette même rente ; mais la rente $= \frac{800}{800}$, donc 16 620^f,75 $= \frac{800}{800} + \frac{1}{800}$ ou $\frac{801}{800}$; par suite,

$\frac{1}{800}$ vaut $\frac{16\,620,75}{801}$;

$$\text{et} \quad \frac{800}{800} \text{ valent } \frac{16\,620^f,75 \times 800}{801} = 16\,600^f.$$

750^f de rente ont donc coûté, déduction faite du courtage et du timbre, 16 600^f.

3^f ont coûté $\frac{16\,600 \times 3}{750} = 66^f,40.$

Le cours était par conséquent 66^f,40.

804. *Une personne veut acheter pour* 12 000 *fr. de rente* 3 %, *au cours de* 62^f,40 *: quel chiffre de rente aura-t-elle, tous les frais étant compris dans les* 12 000 *fr.? On fera le bordereau*

Rép. 576^f de rente.

Diminution du timbre 12 000 — 1,50 =	11 998^f,50
Courtage : $\frac{1}{8}$ de 119,985.	15
Différence	11 983^f,50

On aura, avec cette somme un chiffre de rente égal à

$$\frac{3 \times 11\,983,50}{62,4}.$$

Le quotient entier de cette expression est 576. Or, 576^f de rente 3 %, au cours de 62^f,40 coûtent

$$\frac{576 \times 62,4}{3} = 11\,980^f,80.$$

Il reste donc de disponible 11 983^f,50 — 11 980,80 = 2^f,70.

Le bordereau sera par conséquent :

576^f de rente 3 %.	11 980^f,80
Courtage : $\frac{1}{8}$ de 119,985. . .	15
Timbre	1, 50
A reverser.	2, 70
Total égal	12 000^f

808. *On veut employer* 20 000 *fr. à acheter de la rente* 4 $\frac{1}{2}$ %, *au cours de* 81^f,40 ; *on paye tous les frais à part. Combien aura-t-on de rente, et quelle sera la somme totale qu'on devra débourser ?*

Rép. On aura 1 105^f de rente ; on devra débourser en tout 20 014^f,75.

On obtient avec 20 000^f un chiffre de rente égal à

$$\frac{4,5 \times 20\,000}{81,4}.$$

Le quotient entier de cette expression est 1 105. Mais 1 105^f de rente 4 1/2 % au cours de 81^f,40 coûtent

$$\frac{1\,105 \times 81,4}{4,5} = 19\,988^f,222, \text{ ou mieux } 19\,988^f,25.$$

On aura donc à dépenser en tout :

Achat des 1 105^f de rente	19 988^f,25
Courtage : $\frac{1}{8}$ de 199,8825	25
Timbre.	1, 50
Total	20 014^f,75

806. *On doit payer* 8 980 *fr. Pour être en mesure de solder cette somme, on se décide à vendre des rentes* 5 %, *au cours de* 90f,20. *Pour combien doit-on en vendre ?*

RÉP. 499f.

La vente de 5f de rente procure 90f,20 moins le courtage,

ou $$90^f,20 - \frac{1}{8} \text{ de } 0,902 = 90^f,09.$$

Pour avoir 90f,09, il faut donc vendre 5f de rente,

— 1f — — $\frac{5}{90,09}$.

— 8 980f — — $\frac{5 \times 8\,980}{90,09}$.

Le quotient entier de cette expression est 498. Or, 498f de rente ne produiraient pas la somme voulue, il faudra donc vendre 499f de rente. Mais 499f de rente 5 % au cours effectif de 90f,09 produisent

$$\frac{90^f,09 \times 499}{5} = 8\,990^f,98.$$

La somme dont on a besoin sera, par conséquent, dépassée de 11f environ.

807. *On a payé* 40 *fr. de courtage à l'agent de change : quel chiffre de rente* 5 % *a-t-on ? Le cours était* 96.

RÉP. 1 666f.

Le courtage représente $\frac{1}{800}$ du capital employé à acheter de la rente.

On a donc employé un capital égal à

$$40 \times 800 = 32\,000^f.$$

On peut avoir pour cette somme un chiffre de rente égal à

$$\frac{5 \times 32\,000}{96}.$$

Le quotient entier de cette expression est 1 666. Or, 1 666f coûtent 31 987f,20. Le capital total employé a donc été 31 987f,20, augmenté du courtage de 40f et du timbre de 1f,50, ce qui fait en tout 32 028f,70.

808. *Le même jour, le 3 % est à 65 fr. et le 5 % à 95f,50 : quelle espèce de rente doit-on préférer ce jour-là ?*

RÉP. On doit préférer le 5 %.

$$\text{En } 3\ \%\ 1^{f} \text{ de rente coûte } \frac{65}{3} = 21^{f},66.$$

$$\text{En } 5\ \%\ 1^{f} \quad - \quad \frac{95,50}{5} = 19^{f},10.$$

Le 5 % est donc préférable ce jour-là.

809. *Le même jour le 3 % est à 64 fr. et le 4 1/2 à 84f,30. On achète 600f de rente de l'une et de l'autre espèce. Combien aurait-on déboursé en moins, si l'on avait acheté 1 200 fr. de rente de celle qui était préférable ce jour-là? On tiendra compte du courtage et du timbre.*

RÉP. 1 561f,95 en achetant seulement du 4 1/2.

Achat des 600f de rente 3 % : $\frac{64 \times 600}{3}$ =	12 800f
Courtage : $\frac{1}{8}$ de 128f.	16
Timbre.	1,50
Les 600f de rente 3 % ont donc coûté en tout	12 817f,50
Achat des 600f de rente 4 1/2 % : $\frac{84,30 \times 600}{4,5}$ =	11 240f
Courtage : $\frac{1}{8}$ de 112f,40.	14,05
Timbre.	1,50
Les 600f de rente 4 1/2 ont donc coûté en tout	11 255f,55

Les 1 200f de rente ont coûté :

$$12\ 817^{f},50 + 11\ 255,55 = 24\ 073^{f},05$$

Or, les 1 200f rente en 4 1/2 % auraient coûté :

$$11\ 255,55 \times 2 = 22\ 511,10$$

On aurait donc déboursé en moins. 1 561f,95

810. *On vend au cours moyen 680 fr. de rente 3 %. Quelle somme pourra-t-on réaliser si la cote du jour est 65f,40 et 65f,70 pour les cours maximum et minimum*

RÉP. 14 837f,90.

Le cours moyen est égal à

$$\frac{65,40 + 65,70}{2} = 65,55.$$

La vente produira : $\dfrac{65,55 \times 680}{3} = 14\ 858^f$

A déduire, courtage : $\frac{1}{8}$ de 148,58 $\left.\begin{matrix} 18^f,60 \\ 1^f,50 \end{matrix}\right\}$ 20, 10
Timbre. . . . .

On réalisera. . . . . 14 837^f,90

811. *Une personne achète* 900 *fr. de rente* 3 %, *au cours de* 64^f,50 ; *elle revend à* 65 *fr. : quel a été son bénéfice ?*

Rép. 98^f,40.

Achat. Les 900^f de rente ont coûté : $\dfrac{64,50 \times 900}{3} = 19\ 350^f$

Courtage : $\frac{1}{8}$ de 193,50 . . . . 24, 20

Timbre. 1, 50

Total 19 375^f,70

Vente. La vente a produit : $\dfrac{65 \times 900}{3} =$ 19 500^f

A déduire, courtage : $\frac{1}{8}$ de 195, ou $\left.\begin{matrix} 24^f,40 \\ 1^f,50 \end{matrix}\right\}$ 25, 90
Timbre. . . . . .

Total 19 474^f,10

Bénéfice 19 474^f,10 — 19 375,70 = 98^f,40.

812. *Un spéculateur, comptant sur la hausse, achète* 1 200 *fr. de rente* 3 %, *au cours de* 65^f,10 ; *mais il est obligé de revendre au dernier cours du jour à* 64^f,20. *Combien a-t-il perdu* % ?

Rép. 1^f,64 %.

Achat. Les 1 200^f de rente ont coûté :

$$\frac{65,10 \times 1\ 200}{3} = 26\ 040^f$$

Courtage : $\frac{1}{8}$ de 260,40 . . . . . 32, 55

Timbre 1, 50

Total 26 074^f,05

Vente. Les 1 200^f de rente ont produit :

$$\frac{64,20 \times 1\,200}{3} = 25\,680^f$$

A déduire le courtage : $\frac{1}{8}$ de 256,80, ou 32^f,10 } 33, 60
Timbre . . . . 1^f,50 }

Total 25 646^f,40

Perte : 26 074^f,05 — 25 646,40 = 427^f,65.

Sur 26 074^f,05 la perte a été de 427^f,65.

La perte pour 100 est donc égale à

$$\frac{427,65 \times 100}{26\,074,05} = 1^f,64.$$

313. *Une personne a acheté* 1 500 *fr. de rente* 3 %, *au cours de* 68^f,40 ; *la rente tombe à* 66 *fr. Dans l'espérance d'une hausse prochaine, elle achète à ce dernier prix la même quantité de rente. Le cours s'élève à* 67^f,30 ; *elle revend alors le tout à ce prix. Quel a été le résultat de cette double opération ?*

Rép. Cette personne a perdu 72^f,65.

Achat. Les 1 500^f de rente au cours de 68^f,40 ont coûté :

$$\frac{68,40 \times 1\,500}{3} = 34\,200^f$$

Courtage : $\frac{1}{8}$ de 342 . . . . 42, 75

Timbre 1, 50

Les 1 500^f de rente au cours de 66^f ont

coûté : $\frac{66 \times 1\,500}{3}$ = 33 000

Courtage : $\frac{1}{8}$ de 330 . . . . 41, 25

Timbre 1, 50

Achat des 3 000^f de rente. . 67 287^f

Vente. Les 3 000^f de rente à 67^f,30 ont produit :

$$\frac{67,30 \times 3\,000}{3} = 67\,300^f$$

A déduire, courtage : $\frac{1}{8}$ de 673, ou 84^f,15 } 85, 65
Timbre. . . . . . 1^f,50 }

Vente des 3 000^f de rente . . . . 67 214^f,35

Perte : 67 287^f — 67 214^f,35 = 72^f,65.

814. *Lorsque le 3 % est à 58f,50, à combien devrait être le 5 % pour qu'on pût se procurer le même chiffre de rente pour la même somme?*

RÉP. 97f,50.

3f de rente coûtent 58f,50.

1f — coûte $\frac{58,50}{3}$.

5f — coûtent $\frac{58,50 \times 5}{3} = 97^f,50$.

Le 5 % devrait être à 97f,50.

815. *A Quel taux place-t-on son argent en achetant du 4 1/2 % à 81 fr.? Il ne sera pas tenu compte du courtage.*

RÉP. 5f,55.

81f rapportent 4f,50.

100f — $\frac{4,50 \times 100}{81} = 5^f,55$.

On place donc son argent à 5f,55 %.

816. *En achetant du 3 %, on a placé son argent à 5f,50. Quel était le cours ce jour-là? Il ne sera pas tenu compte du courtage.*

RÉP. 54f,55.

5f,50 de rente proviennent d'un capital de 100f.

3f — — — $\frac{100 \times 3}{5,50} = 54^f,55$.

Le cours était par conséquent 54f,55.

817. *Pour avoir le même chiffre de rente, vaut-il mieux acheter du 5 % au cours de 95f,40, ou du 3 % au cours de 55f,80? Que gagnerait-on à choisir le cours le plus avantageux, s'il s'agissait de placer 30 000 fr. en rentes sur l'État?*

RÉP. 39f.

Calculons à quel taux on place son argent, dans l'un et l'autre cas.

5f de rente coûtent $95^f,40 + \frac{1}{8}$ de $0,954 = 95^f,51925$

3f — — $55^f,80 + \frac{1}{8}$ de $0,558 = 55,86975$

Dans le 1er cas, on place son argent à $\frac{5 \times 100}{95,51925} = 5,23$

— 2e — — — à $\frac{3 \times 100}{55,86975} = 5,36$

Différence sur 100^f^ de capital — 0^f^,13

— 30 000^f^, ou 300 fois 100^f^ : 0^f^,13 × 300 = 39^f^ environ.

818. *Un spéculateur a acheté* 850 *fr. de rente* 5 %, *au cours de* 88^f^,50. *Il revend,* 40 *jours après, au cours de* 90 *fr. A quel taux a-t-il placé son argent ?*

RÉP. 12^f^,78.

Achat. Les 850^f^ de rente ont coûté : $\frac{88,50 \times 850}{5} = 15\,045^f$

Courtage : $\frac{1}{8}$ de 150,45 . . . . 18, 80

Timbre 1, 50

Total 15 065^f^,30

Vente. La vente a produit : 90 × 850 = 15 300^f^

A déduire, courtage : $\frac{1}{8}$ de 153^f^ ou 19^f^,15 } 20, 65

Timbre. . . . . 1^f^,50 }

Total 15 279^f^,35

Bénéfice : 15 279^f^,35 — 15 065,30 = 214^f^,05.

On a (422)

$$R = \frac{214,05 \times 100}{15\,065,30 \times \frac{40}{360}} = \frac{214,05 \times 36\,000}{15\,065,3 \times 40} = 12^f,78.$$

819. *Une personne qui veut placer* 26 500 *fr. hésite entre les trois partis suivants :* 1° *Acheter une maison qui lui rapportera* 4 1/2 % *de sa valeur, mais pour laquelle il faudra faire tous les ans des réparations que l'on évalue à* 10 % *du revenu ;* 2° *acheter une terre qui rapportera* 4 % *net de tous frais ;* 3° *acheter de la rente* 3 %, *au cours de* 68^f^,40.

Calculer le revenu pour chacun de ces trois placements. Le courtage et le timbre ne se payant qu'une seule fois, il n'en sera pas tenu compte.

RÉP. 1° 1 073f,25 ; 2° 1 060f ; 3° 1 162f,28.

1° La maison rapportera $\frac{4,50 \times 26\,500}{100} = 1\,192^f,50$. Le revenu net sera donc

$$1\,192^f,50 - 119,25 = 1\,073^f,25.$$

2° Le revenu de la terre sera égal aux $\frac{4}{100}$ du capital 26 500f, ou à

$$26\,500 \times \frac{4}{100} = 1\,060^f.$$

3° En achetant de la rente 3 % au cours de 68f,40, les 26 500 rapporteront :

$$\frac{3 \times 26\,500}{68,40} = 1\,162^f,28.$$

Le dernier placement serait le plus avantageux.

EXERCICES

SUR LES MARCHÉS A TERMES.

820. *Le 1er mai, on achète 3 000 fr. de rente 3 %, au cours de 65f,40, livrable fin courant. Le 16 mai, le cours au comptant étant à 66 fr., on escompte le vendeur et on revend immédiatement. Quel bénéfice a-t-on réalisé ?*

RÉP. 517f.

Sur	3f de rente, le bénéfice brut est 66 — 65,40 ou 0f,60.				
—	1f	—	—	—	$\frac{0^f,60}{3}$.
—	3 000f	—	—	—	$\frac{0,60 \times 3\,000}{3} = 600^f$

A déduire le courtage d'achat :	$20 \times 2 = 40^f$	
— — de vente :	$20 \times 2 = 40^f$	83^f
Timbres, 2 à $1^f,50$	3^f	
Bénéfice net		517^f

521. *On a vendu à découvert 4 500 fr. de rente 4 1/2 % à $78^f,80$, livrable fin courant; dans l'intervalle, le cours a monté. Quelle perte subira-t-on si l'on est escompté à $79^f,20$?*

RÉP. 483^f.

On a vendu à $78^f,80$ et l'on est obligé de livrer à $79^f,20$.
On perd donc par chaque $4^f,50$ de rente :

$$79^f,20 - 78,80 \text{ ou } 0^f,40.$$

La perte brute sera donc : $\frac{0,40 \times 4\,500}{4,50} =$ 400^f

A joindre courtage d'achat :	$20 \times 2 = 40^f$	
— — de livraison :	$20 \times 2 = 40^f$	83
Timbres, 2 à $1^f,50$	3^f	
Perte totale		483^f

522. *Une personne vend à terme ferme, à découvert, 3 000 fr. de rente 3 % à $66^f,50$; cette rente monte à 68 fr. Espérant que la hausse continuera, elle achète à terme ferme pour 4 500 fr. de rente à ce cours. A la liquidation, la rente est à 67 fr. Calculer le résultat des opérations.*

RÉP. La personne a perdu 2 $124^f,50$.

A la liquidation, il est dû à cette personne :

1° 3 000^f de rente à $66^f,50$: $\frac{66,50 \times 3\,000}{3} = 66\,500^f$

A déduire, courtage et timbre. 41, 50

66 $458^f,50$

2° Il lui reste à vendre 1 500^f de rente à 67^f :

Ce qui produit :

$$\frac{67 \times 1\,500}{3} = 33\,500^f.$$

A déduire, courtage et timbre. . . . $21^f,50$

33 $478^f,50$

Elle a donc reçu en tout 66 $458^f,50$ + 33 $478^f,50$ = 99 937^f.

Elle doit pour les rentes achetées à 68f : $\frac{68 \times 4\,500}{3} = 102\,000^f$

A joindre, courtage et timbre. 61, 50

102 061f,50

Cette personne a donc perdu

102 061f,50 — 99 937 = 2 124f,50.

323. *Un spéculateur achète à prime 4 500 fr. de rente 4 1/2 % à 78f,80 d. 50, et il revend ferme à 78f,60. A la liquidation, le 4 1/2 est à 78 fr.; il abandonne la prime et achète à 78 fr. pour livrer. Quel a été le résultat de ces diverses opérations?*

RÉP. Le spéculateur a gagné 17f.

Acheté à 78f, vendu à 78f,60, bénéfice	0f,60
Perte de la prime.	0, 50
Bénéfice brut sur 4f,50 de rente . . .	0f,10

— 4 500f — $\frac{0,10 \times 4\,500}{4,50} =$ 100f

A déduire, courtage sur 2 opérations : $20 \times 2 \times 2 = 80^f$ }
Timbres : 2 à 1f,50 . . . . 3f } 83

Bénéfice net. 17f

324. *On achète 7 500 fr. de rente 5 % à 88f,50, livrable fin courant, et on revend à 89f,75 d. 50. A la liquidation, le cours est à 90 fr. Que doit faire l'acheteur à prime ? Quel est le résultat de l'opération pour l'acheteur et pour le vendeur ?*

RÉP. L'acheteur à prime a gagné 252f ; le vendeur à prime a gagné 1 752f.

Opération concernant l'acheteur à prime :

Il a acheté à 89f,75 *d.* 50, il peut revendre à 90 ; bénéfice brut sur 5f de rente — — — 0f,25

sur 7 500f de rente — $\frac{0,25 \times 7\,500}{5} =$ 375f

A déduire, courtage sur deux opérations : $20 \times 3 \times 2 = 120^f$ }
Timbre : 2 à 1f,50. . . . . 3f } 123

Bénéfice net. 252f

L'acheteur à prime doit donc lever la prime.

Opération concernant le vendeur :

Il a acheté à 88f,50, il revend à 89f,75 : bénéfice brut sur 5f de rente 1f,25.

Bénéfice brut sur 7 500f : $\frac{1,25 \times 7\,500}{5} = 1\,875^f$

A déduire, courtage et timbres. 123

Bénéfice net. 1 752f

325. *Les fonds tendant à la baisse, un spéculateur vend à découvert, livrable fin courant, 7 500 fr. de rente 5 % à 90 fr.; quelques jours plus tard, le cours tombe à 89f,70 ; il achète alors pour fin courant à 89f,70 les 7 500 fr. qu'il doit livrer à 90 fr. On demande le bénéfice de cette opération.*

Rép. 327f.

Achat de 7 500f de rente à 89f,70 : $\frac{89,70 \times 7\,500}{5} = 134\,550^f$

Courtage à joindre. 60

Timbre 1, 50

134 611f,50

Vente. . . . . $\frac{90 \times 7\,500}{5} = 135\,000^f$

A déduire, courtage et timbre. . . . 61, 50

134 938f,50

Bénéfice net : 134 938f,50 — 134 611f,50 = 327f.

326. *Les fonds sont en hausse. Un spéculateur achète le 12 juillet, livrable fin août, 6 000 fr. de rente 3 % à 67f,50. Les fonds continuant à monter, il escompte son vendeur le 15 août, et vend au comptant les 6 000 fr. de rente à 68 fr. Calculer le bénéfice de cette opération.*

Rép. Le spéculateur a gagné 837f.

Achat des 6 000f de rente à 67f,50 : $\frac{67,50 \times 6\,000}{3} = 135\,000^f$

A joindre, courtage et timbre. 81, 50

135 081f,50

Vente des 6 000f de rente à 68f : $\frac{68 \times 6\,000}{3} = 136\,000^f$

A déduire, courtage et timbre. 81, 50

135 918f,50

Bénéfice : 135 918f,50 — 135 081,50 = 837f.

327. *On achète, le 15 mars, 6 000 fr. de rente 3 % au comptant à 66f,40 ; on revend immédiatement, livrable fin courant, à 67 fr. On demande le bénéfice de cette opération et le taux auquel on a placé son argent.*

RÉP. Gain 1 037f ; taux du placement 18f,72.

Les 6 000f ont coûté : $\frac{66{,}40 \times 6\,000}{3} = 132\,800^f$

A joindre, courtage et timbre 81, 50

132 881f,50

La vente a produit : $\frac{67 \times 6\,000}{3} = 134\,000^f$

A déduire, courtage et timbre . . . 81, 50

133 918f,50

Bénéfice : 133 918f,50 — 132 881,50 = 1 037f.

132 881f,50 ont donc rapporté 1 037f en 15 jours.

Le taux R du placement est par conséquent (422)

$$R = \frac{1\,037 \times 100}{132\,881{,}50 \times \frac{15}{360}} = \frac{1\,037 \times 100 \times 360}{132\,881{,}50 \times 15} = 18^f{,}72, \text{à } 1^c \text{ près.}$$

328. *Les fonds sont à la baisse. Un spéculateur vend à découvert, livrable fin courant, 9 000 fr. de rente 3 %, à 66f,50 ; mais ses prévisions ne se réalisent pas : une hausse survient, de sorte qu'à la liquidation il est obligé de se procurer des titres à 68 fr. On demande la perte du spéculateur.*

RÉP. Le spéculateur a perdu 4 743f.

La vente des 9 000f de rente a produit :

$$\frac{66{,}50 \times 9\,000}{3} = 199\,500^f$$

A déduire, courtage et timbre. 121, 50

199 378f,50

L'achat a coûté : $\frac{68 \times 9\,000}{3} = 204\,000^f$

A joindre, courtage et timbre. . . 121, 50

204 121f,50

Perte : 204 121f,50 — 199 378f,50 = 4 743f.

329. *Les fonds sont à la hausse. On achète, pour prendre livraison fin courant, 7 500 fr. de rente 5 %, à 89f,50 ; une baisse survient et continue jusqu'à la liquidation. On est obligé de vendre les 7 500 fr. à 88 fr. Combien a-t-on perdu dans cette opération?*

Rép. 2 373f.

Achat des 7 500f à 89f,50 : $\frac{89,50 \times 7\,500}{5} = 134\,250^f$

A joindre, courtage et timbre 61, 50

134 311f,50

Vente à 88f : $\frac{88 \times 7\,500}{5} = 132\,000^f$

A déduire, courtage et timbre. . . 61, 50

131 938f,50

Perte : 134 311f,50 — 131 938f,50 = 2 373f.

330. *Un spéculateur achète 6 000 fr. de rente 3 %, fin courant, au cours de 68f,50, espérant revendre avec bénéfice. A la liquidation, le cours n'est plus qu'à 67f. Manquant de capital, il solde alors la différence et se fait* reporter, *en cédant les 6 000 fr. à un capitaliste, qui les accepte au cours du jour, à 67 fr. Le spéculateur les rachète immédiatement avec 0f,50 de* report. *A la liquidation prochaine, il vend, au comptant les 6 000 fr. de rente, à 70 fr. On demande le résultat de cette opération.*

Le spéculateur a gagné 1 674f.

Achat, à fin courant, des 6 000f de rente :

$$\frac{68,50 \times 6\,000}{3} = 137\,000^f$$

A joindre, courtage et timbre. 81, 50

137 081f,50

Vendu à 67f les 6 000f de rente : $\frac{67 \times 6\,000}{3} = 134\,000^f$

A déduire, courtage et timbre. 81, 50

133 918f,50

Si le spéculateur avait terminé là son opération, il aurait été exécuté, et il aurait perdu

137 081f,50 — 133 918,50 = 3 163f.

En rachetant, il a payé les 6 000^f de rente :

$$\frac{67,50 \times 6\,000}{3} = 135\,000^f$$

A joindre, courtage et timbre 81, 50

135 081^f,50

En revendant à 70^f, les 6 000^f ont produit :

$$\frac{70 \times 6\,000}{3} = 140\,000^f$$

A déduire, courtage et timbre. 81, 50

139 918^f,50

Bénéfice sur la 2e opération :

$$139\,918^f,50 - 135\,081,50 = 4\,837^f.$$

Bénéfice net : $4\,837^f - 3\,163 = 1\,674^f$.

331. *Une personne possède* 3 000 *fr. de rente* 3 %; *le cours du complant est* 68^f,50 *avec un* déport *de* 0^f,30. *Quel avantage aurait-elle de vendre ses titres pour les racheter fin prochain, et à quel taux placerait-elle son argent, s'il y a encore* 20 *jours avant la liquidation ?*

RÉP. Cette personne gagnerait 217^f ; taux du placement 5^f,72.

Produit de la vente : $\frac{68,50 \times 3\,000}{3} = 68\,500^f$.

A déduire, courtage et timbre. . . . . 41^f,50

68 458^f,50

Rachat des titres à 68^f,50 — 0,30 ou à 68^f,20 :

$$\frac{68,20 \times 3\,000}{3} = 68\,200^f$$

A joindre, courtage et timbre. . . . . 41^f,50

68 241^f,50

Bénéfice : 68 458^f,50 — 68 241^f,50 = 217^f.

68 241^f,50 ont donc rapporté 217^f en 20 jours :

Le taux R du placement a donc été (422)

$$R = \frac{217 \times 100}{68\,241,50 \times \frac{20}{360}} = \frac{217 \times 100 \times 360}{68\,241,5 \times 20} = 5^f,72 \text{ à } 1^c \text{ près.}$$

ACTIONS — OBLIGATIONS

532. *Les actions du chemin de fer d'Orléans se vendent* $862^f,50$, *au comptant. Le revenu de chaque action, dans la dernière répartition, a été de* 56 *fr.* 1° *Quelle somme doit donner en tout, à un agent de change, une personne qui veut acheter* 12 *actions?* 2° *A quel taux place-t-elle son argent?*

Rép. 1° $10\,364^f,45$; 2° $6^f,48$

1° Capital pour 12 actions : $862^f,50 \times 12 = 10\,350^f$

Courtage : $\frac{1}{8}$ de 103,50 ou	$12^f,95$
Timbre.	$1^f,50$
Prix des 12 actions	$10\,364^f,45$.

2° Les 12 actions rapportent : 56×12 ou 672^f.
100^f rapportent donc

$$\frac{672 \times 100}{10\,364^f,45} = 6^f,48 \text{ à } 1^c \text{ près.}$$

533. *Une action, émise à* 500 *fr., a été achetée au cours de* 865 *fr. L'année précédente, l'intérêt a été de* 3 % *sur la valeur nominale, et le dividende de* 35 *fr. On demande le taux de placement?*

Rép. $5^f,78$.

Les 865^f rapportent :

1° L'intérêt	15^f
2° Le dividende	35
Les 865^f rapportent	50^f

$$100^f \text{ rapportent } \frac{50 \times 100}{865} = 5^f,78$$

534. *Les actions du chemin de fer de l'Ouest se vendent* 520 *fr. Le dividende du dernier exercice a été de* 35 *fr. Le* 3 0/0 *est à* $68^f,50$. *Vaut-il mieux, ce jour-là, acheter des rentes que des actions de la ligne de l'Ouest. (Il ne sera pas tenu compte de la petite différence qu'apporterait le courtage.)*

Rép. Il vaut mieux acheter des actions.

En achetant des actions 100ᶠ rapportent :

$$\frac{35 \times 100}{520} = 6^{f},75.$$

En achetant du 3 %, 100ᶠ rapportent :

$$\frac{3 \times 100}{68,50} = 4^{f},37.$$

Il est par conséquent préférable d'acheter des actions

335. *On achète, au cours de 290 fr., des obligations du chemin de fer du Nord, émises à 500 fr., et rapportant 3 % d'intérêt. A quel taux place-t-on son argent, courtage et timbre non compris?*

Rép. $5^{f},17$.

Chaque obligation rapporte 15^{f}, il arrive donc que 290^{f} donnent 15^{f} d'intérêt; 100^{f} donnent par conséquent

$$\frac{15 \times 100}{290} = 5^{f},17.$$

336. *Les obligations du chemin de fer de l'Est se vendent 455 fr. et rapportent 25 fr. d'intérêt. Quel revenu peut-on se faire avec 20 000 fr. employés à acheter des actions de cette ligne? Tous les frais seront pris sur les 20 000 fr.*

Rép. $1\,075^{f}$.

Puisque chaque obligation se vend 455^{f}, on aura pour $20\,000^{f}$ un nombre d'obligations égal à $\frac{20\,000}{455}$. Le quotient entier de cette expression est 43

Les 43 obligations coûtent : $455 \times 43 = 19\,565^{f}$

Courtage : $\frac{1}{8}$ de 195,65.	24,50
Timbre.	1,50
Total	$19\,591^{f}$

Il reste disponible $20\,000 - 19\,591 = 409^{f}$.

On se fera donc un revenu égal à $25 \times 43 = 1\,075^{f}$.

337. *Les obligations Paris à Lyon se vendent 980 fr. et rapportent 50 fr. Quel devrait être le cours du 3 %, pour qu'il fût indifférent d'acheter de ces obligations ou du 3 %?*

Rép. $58^{f},80$.

50f d'intérêt répondent à un capital de 980f

1f — — — $\frac{980}{50}$

3f — — — $\frac{980 \times 3}{50} = 58^{f},80$

EXERCICES

SUR LES PROGRESSIONS ARITHMÉTIQUES.

838. *Trouver la somme des* 20 *premiers termes d'une progression dont le* 1er *est* 2 *et la raison* 3.

RÉP. 610.

On calculera d'abord le dernier terme de cette progression.

Si dans la formule (562)

$$l = a + (n - 1) \times r$$

on remplace les lettres par leurs valeurs respectives,

on a

$$l = 2 + (20 - 1) \times 3 :$$

d'où $l = 59.$

Si maintenant dans la formule (569)

$$S = \frac{(a + l) \times n}{2}$$

on substitue aux lettres leurs valeurs correspondantes,

on a

$$S = \frac{(2 + 59) \times 20}{2} = 610.$$

839. *Trouver la somme des* 180 *premiers termes d'une progression décroissante dont le* 1er *terme est* 6 754 *et la raison* 5.

RÉP. 1 135 170.

On commence par calculer le dernier terme de cette progression.

Si dans la formule (562)

$$l = a - (n - 1) \times r$$

on substitue aux lettres leurs valeurs, il vient

$$l = 6\,754 - (180 - 1) \times 5 = 5\,859.$$

Les lettres étant remplacées par leurs valeurs dans la formule

$$S = \frac{(a + l)\, n}{2},$$

on trouve

$$S = \frac{(6\,754 + 5\,859) \times 180}{2} = 1\,135\,170.$$

840. *Le 1er terme d'une progression est* 2, *le dernier* 197 *et la raison* 5. *Combien cette progression contient-elle de termes ?*

Rép. 40.

Si, dans la formule

$$l = a + (n - 1) \times r,$$

on remplace les lettres par leurs valeurs, il vient

$$197 = 2 + (n - 1) \times 5.$$

Retranchant 2 à chaque membre et divisant ensuite les 2 membres par 5, on a

$$39 = n - 1 :$$

d'où

$$n = 40.$$

841. *La somme des termes d'une progression est* 610, *le* 1er *est* 2, *et le dernier* 59. *Trouver la raison de la progression.*

Rép. 3.

Si, dans la formule

$$S = \frac{(a + l)\, n}{2},$$

on remplace les lettres par leurs valeurs, on a

$$610 = \frac{(2 + 59) \times n}{2}.$$

Si l'on multiplie les 2 membres par 2, il vient

$$1\,220 = 61\, n :$$

d'où

$$n = \frac{1\,220}{61} = 20.$$

Si maintenant dans l'égalité

$$l = a + (n - 1) \times r,$$

on substitue aux lettres leurs valeurs, on obtient

$$59 = 2 + (20 - 1) \times r.$$

Retranchant 2 à chaque membre, on a

$$57 = 19 \times r :$$

d'où
$$r = \frac{57}{19} = 3.$$

342. *Une progression a* 30 *termes, le dernier est* 124 *et la raison* 3. *On demande la somme des termes.*

RÉP. 2 415.

En remplaçant dans l'égalité

$$l = a + (n - 1) \times r,$$

les lettres par leurs valeurs, on a

$$124 = a + (30 - 1) \times 3 :$$

d'où
$$a = 124 - 87 = 37.$$

Si maintenant dans la formule

$$S = \frac{(a + l)\, n}{2},$$

on substitue aux lettres leurs valeurs, on trouve

$$S = \frac{(37 + 124) \times 30}{2} = 2\ 415.$$

343. *Trouver la somme des termes d'une progression dont le* 1er *est* 3, *le dernier* 163 *et la raison* 4.

RÉP. 3 403.

En remplaçant les lettres par leurs valeurs respectives, dans la formule

$$l = a + (n - 1) \times r,$$

on a
$$163 = 3 + (n - 1) \times 4 :$$

d'où
$$160 = (n - 1) \times 4 = 4n - 4 ;$$

par suite
$$n = \frac{164}{4} = 41.$$

Si, dans la formule

$$S = \frac{(a + l) \times n}{2},$$

on substitue, aux lettres leurs valeurs, on trouve

$$S = \frac{(3 + 163) \times 41}{2} = 3\ 403.$$

544. *Un corps tombant à Paris, dans le vide, parcourt* 4m,9044 *dans la* 1re *seconde de sa chute;* 14m,7132 *dans la* 2e *seconde;* 24m,5220 *dans la* 3e *seconde, c'est-à-dire dans chaque seconde* 9m,8088 *de plus que dans la seconde précédente. On demande l'espace parcouru en* 12 *secondes.*

RÉP. 706m,23.

D'après les données, les espaces parcourus forment la progression par différence

$$\div\ 4^{m},9044.\ 14,7132.\ 24,5220\ldots.$$

dont la raison est 9,8088 et le nombre des termes 12.

Le dernier terme est

$$4,9044 + (12-1) \times 9^{m},8088 = 112^{m},8012.$$

L'espace est donc égal à

$$(4,9044 + 112,8012) \times \frac{12}{2} = 706^{m},23.$$

545. *Quelle dette a-t-on éteinte en payant pendant* 12 *ans, la* 1re *année* 400 *fr., la seconde* 500 *fr., et ainsi de suite, en augmentant de* 100 *fr. chaque année? On ne tiendra pas compte des intérêts.*

RÉP. 11 400f.

La dette éteinte est évidemment la somme des termes de la progression suivante :

$$\div\ 400.\ 500.\ 600\ldots..$$

Cette progression étant composée de 12 termes; on a pour le dernier l

$$l = 400 + (12-1) \times 100 = 1\,500.$$

Si l'on représente par S la dette éteinte, il vient donc

$$S = (400 + 1\,500) \times \frac{12}{2} = 11\,400.$$

Par conséquent, la dette était de 11 400f.

546. *Un domestique a gagné dans une maison* 4 050 *fr. en* 15 *années. La* 1re *année, il a gagné* 200 *fr., et, chacune des années successives, il a été augmenté de la même somme : on demande l'augmentation annuelle.*

RÉP. 10f.

D'après les données, on connaît la somme des termes, d'une progression arithmétique, le nombre des termes et le 1er, il s'agit de déterminer la raison.

Si dans la formule

$$l = a + (n - 1)\ r,$$

on remplace les lettres par leurs valeurs, on a

$$l = 200 + 14 \times r.$$

Si ensuite dans la formule

$$S = \left(\frac{a + l}{2}\right) \times n,$$

on substitue aux lettres leurs valeurs respectives, il vient

$$4\ 050 = \left(\frac{200 + 200 + 14 \times r}{2}\right) \times 15.$$

$$4\ 050 = (200 + 7 \times r) \times 15.$$

$$4\ 050 = 3\ 000 + 105 \times r.$$

Si l'on retranche 3 000 à chaque membre, on a

$$1\ 050 = 105 \times r:$$

d'où

$$r = 10.$$

L'augmentation annuelle était donc de 10f.

847. *Une terre était louée en 1780 pour 24 ans à raison de 875 fr. par an ; en 1804 et pour le même temps 930 fr. par an. Si tous les 24 ans l'augmentation était constante, quel serait le prix de location en 1900 ?*

RÉP. 1 095f.

Tous les 24 ans, l'augmentation est 930f — 875 = 55f ; d'ailleurs de 1780 à 1900, il y a 120 ans, c'est-à-dire 5 fois 24 ans. Il s'agit donc de trouver le dernier terme d'une progression dont le 1er est 875, la raison 55 et le nombre des termes 5. Si donc dans la formule

$$l = a + (n - 1) \times r,$$

on remplace les lettres par leurs valeurs, on a

$$l = 875 + (5 - 1) \times 55 = 1\ 095^{f}.$$

848. *Combien une pendule qui sonne les heures et les demies sonne-t-elle de coups en 24 heures ?*

RÉP. 180 coups.

En 12 heures, elle sonne un nombre de coups égal à la somme des termes d'une progression arithmétique dont le 1er terme est 1, le dernier 12 et le nombre des termes 12; elle sonne donc un nombre de fois égal à

$$\frac{(1 + 12) \times 12}{2} = 78 \text{ coups.}$$

En 24 heures, elle sonne par conséquent

$$78 \times 2 = 156 \text{ coups.}$$

Mais elle sonne en outre 24 demies ; le nombre de coups est donc pour le tout égal à

$$156 + 24 = 180 \text{ coups.}$$

549. *Une horloge sonne les heures. En outre, elle sonne 2 coups au quart, 4 coups à la demie, 6 coups aux trois quarts et 8 coups à l'heure. Combien sonne-t-elle de coups en 24 heures?*

RÉP. 636 coups.

D'après l'exercice précédent, elle sonnerait 156 coups, si elle ne sonnait que les heures ; mais elle sonne en outre pour les quarts 20 coups par heure, ou 480 coups en 24 heures, ce qui donne pour le tout

$$156 + 480 = 636 \text{ coups.}$$

550. *On prend 8 points sur la circonférence d'un cercle, et, de chacun d'eux, on mène des droites à tous les autres points. Combien a-t-on mené de droites distinctes en tout?*

RÉP. 28.

Du 1er point, on peut mener 7 droites aux 7 autres points.
Du 2e — — 6 — 6 suivants.
Du 3e — — 5 — 5 —
et ainsi de suite jusqu'au 7e point.

Ces droites forment donc la progression décroissante

$$\div\ 7.\ 6.\ 5.\ 4.\ 3.\ 2.\ 1$$

dont la somme des termes est

$$(7 + 1) \times \frac{7}{2} = 28.$$

551. *Un voiturier doit conduire 250mc de pierre sur une route. La carrière est à 420m du lieu où doit être déposé le 1er mètre* *cube, et chacun d'eux doit être espacé de 20 mètres. Le voiturier peut conduire 1^{mc} à chaque voyage. On demande le nombre de jours qu'il mettra à conduire cette pierre, sachant qu'il travaille 8 heures par jour, et que le temps de charger et de décharger ne lui permet pas de faire plus de 4^{km} à l'heure.*

RÉP. $45^{j},3^{h}$ 3/4.

Le 1er mètre cube doit être à 420^{m} de la carrière ; le second à 440 ; le 3e à 460, etc. Il s'agit donc de calculer la somme des termes d'une progression arithmétique dont le 1er est 420, la raison 20, et le nombre des termes 250 : le dernier est égal à

$$420 + (250 - 1) \times 20 = 5\,400.$$

On a donc pour la somme S

$$S = \frac{420 + 5\,400}{2} \times 250 = 727\,500.$$

La distance totale est double, ou

$$727\,500 \times 2 = 1\,455\,000^{m}.$$

Le nombre d'heures que mettra le voiturier est égal à

$$\frac{1\,455\,000}{4\,000} = 363^{h}\ 3/4.$$

Le nombre de jours est égal à

$$\frac{363,75}{8} = 45^{j},3^{h}\ 3/4.$$

882. *On veut faire sabler une allée de 72 mètres ; le jardinier chargé d'exécuter le travail prend le sable à 20^{m} du commencement de l'allée, et dépose la 1re brouettée à $1^{m},50$ dans l'allée ; la 2e, 3^{m} plus loin, et ainsi de suite. 1° Quel chemin le jardinier aura-t-il parcouru lorsqu'il aura terminé l'ouvrage et sera revenu au point de départ ? 2° Combien de temps aura-t-il mis, sachant qu'il parcourt 50^{m} par minute et qu'il met 5 minutes pour charger une brouette ?*

RÉP. 1° 2 688^{m} ; 2° 2^{h} 54^{m}.

1° Puisque la 1re brouettée se trouve à $1^{m},50$ dans l'allée, et que d'ailleurs les autres sont espacées de 3^{m}, il est évident que la dernière brouettée se trouvera encore à $1^{m},50$ de l'autre extrémité de l'allée ; par conséquent, le dernier terme de la progression formée par les distances parcourues par le jardinier pour *l'aller* sera égal à

$$20^m + 72^m - 1^m,50 = 90^m,50\,;$$

de sorte qu'on aura

$$90,50 = a + (n - 1) \times r.$$

Mais le 1er terme est égal à $20 + 1,50 = 21,50$, et $r = 3$: on a, par suite,

$$90,50 = 21,50 + (n - 1) \times 3\,:$$

d'où

$$69 = 3n - 3.$$

Si l'on ajoute 3 à chaque membre, il vient

$$3n = 72,$$
$$n = 24.$$

Si maintenant dans la formule

$$S = \left(\frac{a + l}{2}\right)n$$

on remplace les lettres par leurs valeurs respectives, on a

$$S = \frac{21,50 + 90,50}{2} \times 24 = 56 \times 24 = 1\,344^m.$$

Mais cette distance représente seulement l'aller, comme il a parcouru la même distance pour le retour, il a parcouru en tout

$$1\,344 \times 2 = 2\,688^m.$$

2° Puisque le jardinier parcourt 50^m par minute, il mettra d'abord un nombre de minutes égal à

$$\frac{2\,688}{50} = 54 \text{ minutes environ.}$$

Comme d'ailleurs, il emploie 5^m pour charger une brouettée, et qu'il a 24 brouettées à conduire, il mettra de plus 24 fois 5 ou 120 minutes. En tout il lui faudra donc pour conduire les 24 brouettées

$$54 + 120 = 174 \text{ minutes ou } 2^h\,54^m.$$

553. *Une personne a prêté* 600 *fr. à* 5 %, *il y a* 15 *ans; depuis cette époque, elle n'a rien reçu. Quelle somme doit-elle réclamer en tout, si l'on tient compte des intérêts simples de la rente à* 5 %?

Rép. 1 207f,50.

On doit à cette personne :

1° — Le capital. 600f

2° — 15 fois la rente 30f, ou 450

3° — L'intérêt de la 1re rente pendant 14 ans, de la 2e pendant 13 ans, ainsi de suite. Il n'est pas dû d'intérêt pour la dernière année.

L'intérêt de 30f à 5 % pour 1 an est			1f,50
—	—	— pour 2 ans	$1,50 \times 2$
—	—	— pour 3 ans	$1,50 \times 3$
		. . . .	
—	—	— pour 14 ans	$1,50 \times 14$

La somme de ces intérêts est

$$1,50 + 1,50 \times 2 \ldots\ldots + 1,50 \times 14,$$

ou, en mettant 1,50 en facteur commun

$$1,50 \times (1 + 2 + 3 \ldots\ldots + 13 + 14);$$

mais la somme entre parenthèses, formant une progression arithmétique, est égal à

$$\frac{(1 + 14) \times 14}{2} = 105;$$

La somme de ces intérêts est donc :

$$1,50 \times 105 = 157^{f}\,50$$

Cette personne doit donc recevoir en tout

$$600 + 450 + 157^{f},50 = 1\,207^{f},50.$$

EXERCICES

SUR LES PROGRESSIONS GÉOMÉTRIQUES.

884. *Trouver le 9e terme d'une progression dont le 1er terme est 1 et la raison 2.*

Rép. 256.

On a (572)

$$l = aq^{n-1} = 1 \times 2^{8} = 256.$$

585. *Trouver le 8e terme d'une progression décroissante dont le 1er terme est 24 et la raison* $\frac{1}{2}$.

RÉP. $\frac{3}{16}$.

On a : $l = 24 \times \left(\frac{1}{2}\right)^{8-1} = 24 \times \frac{1}{128} = \frac{3}{16}$.

586. *Trouver la somme des termes d'une progression ayant 10 termes, et dont le 1er est 2 et la raison de la progression 2.*

RÉP. 2 046.

On a (581. Rem.)

$$S = \frac{a(q^n - 1)}{q - 1} = \frac{2(2^{10} - 1)}{2 - 1} = 2 \times 1\,023 = 2\,046.$$

587. *Trouver la somme des termes d'une progression décroissante dont le 1er terme est 1 024, le dernier 16 et la raison* $\frac{1}{2}$.

RÉP. 2 032.

On a (582. Rem. I)

$$S = \frac{a - lq}{1 - q} = \frac{1\,024 - 16 \times \frac{1}{2}}{1 - \frac{1}{2}} = \frac{1\,016}{\frac{1}{2}} = 2\,032.$$

588. *Trouver la somme des termes d'une progression décroissante et indéfinie, sachant que le 1er terme est 3 et la raison* $\frac{1}{3}$.

RÉP. 4,5.

On a (582. Rem. II.)

$$S = \frac{a}{1 - q} = \frac{3}{1 - \frac{1}{3}} = \frac{3}{\frac{2}{3}} = 4,5$$

589. *Des ouvriers se présentent pour creuser un puits. Comme ils savent qu'ils seront obligés de creuser au moins à 15^m de profondeur pour rencontrer l'eau, ils demandent 1 centime pour le*

1er mètre de profondeur, 2 pour le 2e, 4 pour le 3e, 8 pour le 4e et ainsi de suite. On accepte leur proposition. Combien coûtera le forage du puits, l'eau ayant été trouvée à 16m de profondeur?

RÉP. 655f,35.

Le forage coûtera évidemment la somme des termes de la progression géométrique

$$\div\!\div\ 1 : 2 : 2^2 : 2^3 \ldots . \ 2^{15}.$$

Si dans la formule

$$S = \frac{a\,(q^n - 1)}{q - 1}$$

on remplace les lettres par leurs valeurs respectives, on a

$$S = \frac{1 \times (2^{16} - 1)}{2 - 1} = 65\,535$$

Le forage du puits coûtera donc 65 535 centimes ou 655f,35.

EXERCICES

SUR LES LOGARITHMES.

Trouver les logarithmes des nombres (de 560 à 569) :

560. 45 ; 651 ; 3 026.

RÉP. Log. 45 = 1,6532125 ; log. 651 = 2,8135810 ; log. 3 026 = 3,4808689.

561. 5 829 ; 5 089 ; 7 850.

RÉP. Log. 5 829 = 3,7655941 ; log. 5 089 = 3,7066325 ; log. 7 850 = 3,8948697.

562. 9 681 ; 17 628 ; 82 145.

RÉP. Log. 9 681 = 3,9859202 ; log. 17 628 = 4,2462030 ; log. 82 145 = 4,9145811.

563. 254 630 ; 392 841.

RÉP. Log. 254 630 = 5,4059096 ; log. 392 841 = 5,5942168.

564. 51 642 345 ; 82 651 962.

Rép. Log. 51 642 345 = 7,7130060 ;
log. 82 651 962 = 7,9172532.

565. 41,5 ; 62,35 ; 544,32.

Rép. Log. 41,5 = 1,6180481 ; log. 62,35 = 1,7948365 ;
log. 544,32 = 2,7358543.

566. 8 936,45 ; 75 892,64.

Rép. Log. 8 936,45 = 3,9511651 ;
log. 75 892,64 = 4,8801997.

567. 5,06418 ; 2,134567.

Rép. Log. 5,06418 = 0,7045092 ;
log. 2,134567 = 0,3293099.

568. 0,6829 ; 0,12345.

Rép. Log. 0,6829 = $\bar{1}$,8343571 ; log. 0,12345 = $\bar{1}$,0914911.

569. 0,00534 ; 0,0008364.

Rép. Log. 0,00534 = $\bar{3}$,7275413 ; log. 0,0008364 = $\bar{4}$,9224140.

Evaluer au moyen des logarithmes les expressions suivantes (de 570 *à* 585) :

570. 654 × 821 ; 6 742 × 8 936.

Rép. 536 934 ; 60 246 510.

571. 364,21 × 6,35 ; 4 564,8 × 5,642.

Rép. 2 312,734 ; 25 754,6.

572. 0,6456 × 0,5456732 × 0,004523.

Rép. 0,00159339.

573. $\frac{654,12 \times 6,563}{9,051}$; $\frac{57,456 \times 0,65134}{0,0068}$.

Rép. 474,304 ; 5 503,44.

574. $\frac{654}{1\,228}$; $\frac{6\,541 \times 2}{8\,936 \times 0,45}$.

Rép. 0,532573 ; 3,253.

575. $68^8 \times 2^3$; $6\ 745^3$.

RÉP. 3 657 305 000 000 000 ; 306 864 000 000.

576. $\left(\frac{1}{8}\right)^5$; $\left(\frac{2}{9}\right)^7$.

RÉP. 0,00003051725 ; 0,00002676162.

577. $\overline{1,05}^{30}$; $\overline{0,6401}^7$.

RÉP. 4,321943 ; 0,04402856.

578. $\sqrt{654\ 875}$; $\sqrt{48,9656}$.

RÉP. 809,2435 ; 6,997541.

579. $\sqrt[7]{5}$; $\sqrt[15]{6\ 732 \times 0,42}$.

RÉP. 1,2585 ; 1,699607.

580. $\sqrt[8]{\frac{1}{3}}$; $\sqrt[30]{0,0004589}$

RÉP. 0,8716854 ; 0,77398.

581. $\frac{\overline{0,6458}^6}{6,942}$; $\frac{\overline{0,05589}^4}{0,415}$.

RÉP. 0,0104596 ; 0,000023512.

582. $\frac{\sqrt[5]{673 \times 0,45}}{\overline{0,00852}^3}$; $\frac{\sqrt[3]{0,05467 \times 12}}{\overline{0,06458}^6}$.

RÉP. 4 025 100 ; 11 978 400.

583. $\frac{\sqrt[3]{8\ 496}}{\sqrt[5]{6\ 708}}$; $\frac{\sqrt[6]{0,5678}}{\sqrt{0,0561}}$.

RÉP. 3,50283 ; 3,93362.

584. $\frac{5\sqrt{6,748}}{8\sqrt[3]{56,7923}}$; $\frac{5,3632 \times \sqrt{8,9234}}{0,738}$

RÉP. 0,422381 ; 21,70864.

Pour trouver le logarithme d'une expression telle que $5\sqrt{6,748}$, il est évident qu'il suffit d'ajouter le log. de 5 à la moitié du log. de 6,748.

585. $\dfrac{\sqrt[3]{8,6734}+\sqrt{567,485}}{\sqrt{9,5448}}$; $\dfrac{4\sqrt[3]{573,892}-3\sqrt[5]{678,92}}{45\sqrt{63\,456}-3\sqrt[3]{6,789}}$.

RÉP. 8,37673 ; 0,0019583.

Pour trouver le log. d'une expression telle que

$$\sqrt[3]{8,6734}+\sqrt{567,485},$$

on calcule la racine cubique de 8,6734 et la racine carrée de 576,485, puis on cherche le log. de la somme de ces deux racines.

Trouver les nombres correspondants aux logarithmes (*de* 586 *à* 593) :

586. 1,2552725 ; 2,2988531.

RÉP. 18 ; 199.

587. 3,6415733 ; 0,6500160.

RÉP. 4 381 ; 4,467.

588. 1,4583912 ; 2,6728341.

RÉP. 28,73367 ; 470,7974.

589. 4,6480671 ; 5,6510841.

RÉP. 44 470 ; 447 800.

590. 6,3210645 ; 7,8310942.

RÉP. 2 095 423 ; 67 778 800.

591. $\bar{1},6610551$; $\bar{2},0051234$.

RÉP. 0,4582 ; 0,010119669.

592. $\bar{3},3286942$; $\bar{4},9543521$.

RÉP. 0,002131543 ; 0,000900227.

593. 0,0095674 ; 0,0008756.

RÉP. 1,022274 ; 1,0020181.

594. *De log.* 1,5345672 *retrancher log.* $\bar{2}$,3574132.

1,5345672
$\bar{2}$,3574132

On a : 3,1771540 pour la différence demandée. Ce résultat est exact, car en l'ajoutant à $\bar{2}$,3574132 on retrouve bien 1,5345672.

595. *Trouver le quotient de log.* $\bar{1}$,8361130 *par log.* $\bar{1}$,9945371.

RÉP. 30.

Il est évident qu'on a :

$$\frac{\bar{1},8361130}{\bar{1},9945371} = \frac{-1+0,8361130}{-1+0,9945371} = \frac{-0,163887}{-0,0054629} = \frac{0,163887}{0,0054629} = 30.$$

596. *Trouver les* c^{ts} *arithmétiques des log.* 4,5253456 *et* 0,6421651.

RÉP. 5,4746544 ; 9,3578349.

597. *Trouver les* c^{ts} *arithmétiques des log.* 0,0967300 *et* $\bar{2}$,0456785.

RÉP. 9,9032700 ; 11,9543215.

598. *Calculer à l'aide des logarithmes et sous forme de fraction décimale la racine quatrième de* $\frac{128}{9657}$.

RÉP. 0,3393062.

Soit x la racine demandée

$$\text{On a : } x = \sqrt[4]{\frac{128}{9\,657}} = \sqrt[4]{\frac{1\,280\,000}{9\,657 \times 10^4}} = \frac{1}{10} \times \sqrt[4]{\frac{1\,280\,000}{9\,657}}:$$

$$\log.\ x = \frac{1}{4}\,(\log.\ 1\,280\,000 - \log.\ 9\,657) - \log.\ 10.$$

$$\log.\ 1\,280\,000 = 6,1072100$$
$$\log.\ 9\,657 = 3,9848422$$
$$2,1223678$$

$$\frac{1}{4}\,(\log.\ 1\,280\,000 - \log.\ 9\,657) = 0,5305919$$
$$\log.\ x = \bar{1},5305919$$
$$x = 0,3393062.$$

599. *Calculer à l'aide des logarithmes et sous forme de fraction décimale la racine cubique de* $\frac{23}{75\,586}$.

RÉP. 0,0672608.

On a, comme dans l'exercice précédent,

$$x = \sqrt[3]{\frac{23}{75\,586}} = \sqrt[3]{\frac{23\,000\,000}{75\,586 \times 10^6}} = \frac{1}{100} \times \sqrt[3]{\frac{23\,000\,000}{75\,586}}$$

$$\begin{aligned} log.\ 23\,000\,000 &= 7{,}3617278 \\ log.\ 75\,586 &= \underline{4{,}8784414} \\ &\ 2{,}4832864 \\ \frac{1}{3}\ \ldots &= 0{,}8277621 \\ log.\ x &= \bar{2}{,}8277621 \\ x &= 0{,}0672608 \end{aligned}$$

600. *On propose de calculer par logarithmes l'inconnue* x *donnée par la formule suivante :*

$$x = \frac{31{,}071 \times 21{,}372 \times 7{,}259}{0{,}515 \times 0{,}719 \times 0{,}021}.$$

RÉP. $x = 619\,900{,}3$.

On a :

$$\begin{aligned} log.\ 31{,}071 &= 1{,}4923552 \\ log.\ 21{,}372 &= 1{,}3298452 \\ log.\ 7{,}259 &= 0{,}8608768 \\ c^t\ log.\ 0{,}515 &= 10{,}2881928 \\ c^t\ log.\ 0{,}719 &= 10{,}1432711 \\ c^t\ log.\ 0{,}021 &= \underline{11{,}6777807} \\ log.\ x &= 5{,}7923218 \\ x &= 536193{,}8 \end{aligned}$$

601. *Quelle est la raison d'une progression géométrique composée de* 11 *termes dont le* 1

RÉP. 1,492 012.

D'après le n° 576, il est facile de trouver la raison ; car la progression étant composée de 11 termes, il y en a 9 entre 3 et 164 : il suffit donc d'extraire la racine 10e de $\frac{164}{3}$. Si l'on représente la raison cherchée par q, on a

$$q = \sqrt[10]{\frac{164}{3}}.$$

$$\begin{aligned} log.\ 164 &= 2{,}2148438 \\ log.\ 3 &= 0{,}4771213 \\ & 1{,}7377225 \end{aligned}$$

$$\text{Le } 10^e \text{ ou } log.\ q = 0{,}1737722$$

$$q = 1{,}492012$$

602. *Une terre qui produisait en moyenne un bénéfice net de 840^f, a donné pendant les 10 années suivantes, par suite d'améliorations régulièrement répétées, une augmentation de revenu égal à $\frac{1}{40}$ de celui de l'année précédente. Combien a-t-on gagné d'avoir fait ces améliorations?*

RÉP. 1246^f,10,

Par suite d'améliorations, la terre a produit la première année

$$840^f + 840 \times \frac{1}{40} = 840 \times \left(1 + \frac{1}{40}\right) = 840 \times \frac{41}{40}$$

La 2^e

$$840 \times \frac{41}{40} + 840 \times \frac{41}{40} \times \frac{1}{40} = 840 \times \frac{41}{40} \times \left(1 + \frac{1}{40}\right) = 840 \times \frac{41}{40} \times \frac{41}{40}$$

. . . .

La 10^e $\qquad 840 \left(\frac{41}{40}\right)^{10}$

La terre a donc produit dans ces 10 années la somme des termes d'une progression géométrique dont le 1er terme est $840 \times \frac{41}{40}$, le dernier $840 \times \left(\frac{41}{40}\right)^{10}$, la raison $\frac{41}{40}$ et le nombre des termes 10 : si donc on désigne par x le produit des 10 années, on a

$$x = \frac{840 \times \left(\frac{41}{40}\right)^{10} \times \frac{41}{40} - \frac{840 \times 41}{40}}{\frac{41}{40} - 1}$$

$$x = \frac{840 \times \frac{41}{40} \times \left[\left(\frac{41}{40}\right)^{10} - 1\right]}{\frac{1}{40}}$$

$$x = 840 \times 41 \times \left[\left(\frac{41}{40}\right)^{10} - 1\right]$$

Or,

$$10 \times (log.\ 41 - log.\ 40) = 0{,}1072390$$

Ce log. correspond au nombre 1,280 085; de sorte qu'on a $\left(\frac{41}{40}\right)^{10} - 1 = 0{,}280085$; d'ailleurs

$$\begin{aligned} log.\ 840 &= 2{,}9242793 \\ log.\ 41 &= 1{,}6127839 \\ log.\ 0{,}280085 &= \bar{1}{,}4472899 \\ \hline log.\ x &= 3{,}9843531 \\ x &= 9646^{f}{,}10 \end{aligned}$$

Sans les améliorations la terre aurait rapporté $840 \times 10 = 8\,400^{f}$. On a donc gagné $9\,646^{f},10 - 8\,400 = 1\,246^{f},10$.

603. *Une terre nouvellement défrichée a produit la 1re année un bénéfice net de 1 200f. Comme la position du terrain ne permettait pas d'y conduire de l'engrais, la production des années suivantes a été décroissante, chaque année n'a produit que les $\frac{5}{6}$ de l'année précédente. On demande ce que la terre rapportait encore après 8 ans.*

Rép. 334f,90.

La 1re année, la terre a rapporté.	$1\,200^{f}$
La 2e — — —	$\frac{1\,200 \times 5}{6}$
La 3e — — —	$\frac{1\,200 \times 5 \times 5}{6 \times 6}$
. . . .	
La 8e — — —	$\frac{1\,200 \times 5^7}{6^7}$

Si l'on désigne par x ce que la terre a rapporté la 8e année, on a

$$x = \frac{1200 \times 5^7}{6^7}$$

$$\begin{aligned} log.\ 1200 &= 3{,}0791812 \\ 7\ log.\ 5 &= 4{,}8927900 \\ \text{C}^{\text{pt}}\ 7\ log.\ 6 &= \underline{4{,}5529409} \\ log.\ x &= 2{,}5249121 \\ x &= 334^{f},90 \text{ à } 1^{c} \text{ près en moins.} \end{aligned}$$

604. *Un terrain ensemencé en luzerne donne une récolte qui augmente de $\frac{1}{5}$ jusqu'à la 4e année. La 5e, la 6e et la 7e sont semblables à la 4e; la 8e la récolte n'est que les $\frac{4}{5}$ de l'année précédente; la 9e, la 10e, la 11e et la 12e ont suivi cette progression décroissante. On demande la quantité de fourrage sec qui a été récoltée pendant ces 12 années, sachant que la 1re année a donné 70 000kg.*

RÉP. 1 276 723kg.

D'après l'exercice 602, la récolte des 4 premières années est égale à

$$\frac{70\,000 \times \left(\frac{6}{5}\right)^4 \times \frac{6}{5} - 70\,000 \times \frac{6}{5}}{\frac{6}{5} - 1} = \frac{70\,000 \times \frac{6}{5} \times \left[\left(\frac{6}{5}\right)^4 - 1\right]}{\frac{1}{5}}$$

$$= 70\,000 \times 6\left[\left(\frac{6}{5}\right)^4 - 1\right]$$

La récolte de la 4e année étant $70\,000 \times \left(\frac{6}{5}\right)^4$, la récolte des 3 années suivantes est donc : $3 \times 70\,000 \times \left(\frac{6}{5}\right)^4$.

Si pour abréger on fait $R = 70\,000 \times \left(\frac{6}{5}\right)^4$, R sera la récolte de la 7e année; celle de la 8e sera donc

$$R \times \frac{4}{5}$$

celle de la 9e $R \times \frac{4}{5} \times \frac{4}{5} = R \times \left(\frac{4}{5}\right)^2$

10e — — $R \times \left(\frac{4}{5}\right)^3$

11e — — $R \times \left(\frac{4}{5}\right)^4$

12e — — $R \times \left(\frac{4}{5}\right)^5$

La récolte des 5 dernières années est donc (582)

$$\frac{R \times \frac{4}{5} - R \times \left(\frac{4}{5}\right)^5 \times \frac{4}{5}}{1 - \frac{4}{5}} = \frac{R \times \frac{4}{5} \times \left[1 - \left(\frac{4}{5}\right)^5\right]}{\frac{1}{5}}$$

$$= R \times 4 \times \left[1 - \left(\frac{4}{5}\right)^5\right]$$

Si l'on désigne par x la récolte totale des 12 années, et si l'on remplace R par sa valeur, on a

$$x = 70\,000 \times 6 \times \left[\left(\frac{6}{5}\right)^4 - 1\right] + 3 \times 70\,000 \times \left(\frac{6}{5}\right)^4$$

$$+ 70\,000 \times \left(\frac{6}{5}\right)^4 \times 4 \times \left[1 - \left(\frac{4}{5}\right)^5\right]:$$

or, $4 \times (\textit{log.}\ 6 - \textit{log.}\ 5) = 0{,}3167252.$

Ce logarithme correspond au nombre 2,0736. On a donc

$$\left(\frac{6}{5}\right)^4 - 1 = 1{,}0736.$$

$$\begin{aligned} \textit{log.}\ 70\,000 &= 4{,}8450980 \\ \textit{log.}\ 6 &= 0{,}7781513 \\ \textit{log.}\ 1{,}0736 &= \underline{0{,}0308425} \\ & \ 5{,}6540918 \end{aligned}$$

Ce logarithme correspond au nombre 450 912.

$$\begin{aligned} \textit{log.}\ 3 &= 0{,}4771213 \\ \textit{log.}\ 70\,000 &= 4{,}8450980 \\ 4 \times (\textit{log.}\ 6 - \textit{log.}\ 5) &= \underline{0{,}3167252} \\ & \ 5{,}6389445 \end{aligned}$$

Ce log. correspond à 435 456.

$$\left(\frac{4}{5}\right)^5 = \left(\frac{40}{50}\right)^5 = \left(\frac{40}{5}\right)^5 \times \frac{1}{10^5}$$

$$5 \times (\textit{log.}\ 4 - \textit{log.}\ 5) = 5 \times (\textit{log.}\ 40 - \textit{log.}\ 5) - \textit{log.}\ 10^5$$

$$5 \times (\textit{log.}\ 40 - \textit{log.}\ 5) - 5 = \bar{1}{,}5154500$$

Ce log. correspond au nombre 0,32768. On a donc

$$1 - \left(\frac{4}{5}\right)^5 = 1 - 0,32768 = 0,67232.$$

$$\begin{aligned} log. 70\ 000 &= 4,8450980 \\ 4 \times (log. 6 - log. 5) &= 0,3167252 \\ log. 4 &= 0,6020600 \\ log. 0,67232 &= \bar{1},8275760 \\ \hline & 5,5914592 . \end{aligned}$$

Le nombre correspondant à ce dernier log. est 390 355, on a par suite

$$x = 450\ 912^{kg} + 435\ 456^{kg} + 390\ 355^{kg} = 1\ 276\ 723^{kg}.$$

605. *Une ville dont l'état sanitaire laisse trop à désirer est abandonnée petit à petit par ses habitants; tous les ans la population diminue de* $\frac{1}{80}$. *Si actuellement cette ville renferme* 60 000 *habitants, à combien sera réduite sa population au bout de* 30 *ans?*

RÉP. 41 140 habitants.

Pour abrégé posons 60 000 = P.

A la fin de la 1re année la population sera

$$P - \frac{P}{80} = P \times \left(1 - \frac{1}{80}\right) = P \times \frac{79}{80}.$$

Posons $$P \times \frac{79}{80} = P'.$$

A la fin de la 2e année la population sera par conséquent,

$$P' - \frac{P'}{80} = P' \times \frac{79}{80}.$$

En remplaçant P' par sa valeur $P \times \frac{79}{80}$, il vient

$$P \times \frac{79}{80} \times \frac{79}{80} = P \times \left(\frac{79}{80}\right)^2.$$

Ainsi la population sera à la fin de la 2e année

$$P \times \left(\frac{79}{80}\right)^2.$$

On trouverait de même qu'à la fin de la 3e année, elle sera

$$P \times \left(\frac{79}{80}\right)^3,$$

et à la fin de la 30e année

$$P \times \left(\frac{79}{80}\right)^{30}.$$

Si l'on substitue à P sa valeur et qu'on désigne par x la population demandée, on a

$$x = 60\,000 \times \left(\frac{79}{80}\right)^{30}:$$

d'où $$log.\ x = log.\ 60\,000 + 30 \times (log.\ 79 - log.\ 80).$$

$$log.\ 60\,000 = 4{,}7781513$$

$$30 \times (log.\ 79 - log.\ 80) = \bar{1}{,}8361130$$

$$log.\ x = 4{,}6142643$$

$$x = 41\,140.$$

606. *Une ville trop sujette aux inondations est petit à petit abandonnée par ses habitants ; tous les ans la population diminue d'environ $\frac{1}{80}$. Aujourd'hui cette ville n'a plus que 41 140 habitants. Quelle devait être sa population il y a 30 ans ?*

RÉP. 60 000 habitants.

Soit x la population que cette ville possédait il y a 30 ans.

Il y a 29 ans, la population était évidemment

$$x - \frac{x}{80} = x \times \left(1 - \frac{1}{80}\right) = x \times \frac{79}{80}.$$

Si l'on pose $x \times \frac{79}{80} = x'$, on trouve que la population était il y a 28 ans

$$x' - \frac{x'}{80} = x' \times \frac{79}{80};$$

et si l'on remplace x' par sa valeur, on voit que la population était, il y a 28 ans

$$x \times \frac{79}{80} \times \frac{79}{80} = x \times \left(\frac{79}{80}\right)^2.$$

On verrait de même que la population était il y a 27 ans

$$x\left(\frac{79}{80}\right)^3,$$

et qu'elle est aujourd'hui

$$x=\left(\frac{79}{80}\right)^{30};$$

de sorte qu'on a

$$x\times\left(\frac{79}{80}\right)^{30}=41\ 140:$$

d'où

$$x=\frac{41\ 140\times 80^{30}}{79^{30}}.$$

$$Log.\ x=log.\ 41\ 140+30\ log.\ 80-30\ log.\ 79.$$

$$\begin{aligned} log.\ 41\ 140 &= \ \ 4{,}6142643\\ 30\ log.\ 80 &= 57{,}0927000\\ c^t\ 30\ log.\ 79 &= \overline{47}{,}0711870\\ \hline log.\ x &= \ \ 4{,}7781513\\ x &= 60\ 000. \end{aligned}$$

607. *Les habitants d'une ville manufacturière l'abandonnent petit à petit pour aller se fixer ailleurs, de sorte que sa population diminue tous les ans de* $\frac{1}{80}$; *en supposant que cet abandon continue dans la même progression, au bout de combien de temps la ville n'aura-t-elle plus que* 41 140 *habitants, sa population étant aujourd'hui de* 60 000 *habitants?*

RÉP. 30 ans.

Soient n le nombre d'années, et P la population actuelle.

A la fin de la 1re année la population sera

$$P-\frac{P}{80}=P\times\frac{79}{80}.$$

D'après l'exercice 605, à la fin de n années, la population sera

$$P\times\left(\frac{79}{80}\right)^n;$$

de sorte qu'on aura

$$41\ 140=P\times\left(\frac{79}{80}\right)^n=60\ 000\times\left(\frac{79}{80}\right)^n:$$

d'où $\quad log.\ 41\ 140 = log.\ 60\ 000 + n \times (log.\ 79 - log.\ 80).$

$$n \times (log.\ 79 - log.\ 80) = log.\ 41\ 140 - log.\ 60\ 000.$$

$$n = \frac{log.\ 41\ 140 - log.\ 60\ 000}{log.\ 79 - log.\ 80} = \frac{-\bar{1},8361130}{-\bar{1},9945371}.$$

Il est évident qu'on a :

$$\frac{-\bar{1},8361130}{-\bar{1},9945371} = \frac{\bar{1},8361130}{\bar{1},9945371} = \frac{-0,163887}{-0,0054629} = \frac{0,163887}{0,0054629} = 30.$$

608. *La population d'un État était de 30 millions d'habitants, il y a 30 ans, chaque année cette population s'est accrue d'une même fraction et aujourd'hui elle se trouve être de* 33 149 520 *habitants. De quelle fraction la population s'est-elle accrue annuellement ?*

Rép. $\frac{1}{300}$.

Soient $\frac{1}{x}$ cette fraction et P la population de l'Etat, il y a 30 ans.

Il y a 29 ans la population était

$$P + \frac{P}{x} = P \times 1 + \left(\frac{1}{x}\right) = P \times \left(\frac{x+1}{x}\right).$$

Si l'on fait

$$P \times \left(\frac{x+1}{x}\right) = P',$$

on trouve que la population était il y a 28 ans

$$P' + \frac{P'}{x} = P' \times \left(\frac{x+1}{x}\right).$$

Si l'on remplace P' par sa valeur, il vient

$$P \times \left(\frac{x+1}{x}\right) \times \left(\frac{x+1}{x}\right) = P \times \left(\frac{x+1}{x}\right)^2.$$

En continuant ce raisonnement, on voit que la population actuelle est

$$P \times \left(\frac{x+1}{x}\right)^{30};$$

de sorte qu'on a

$$33\ 149\ 520 = 30\ 000\ 000 \times \left(\frac{x+1}{x}\right)^{30}.$$

$$30\ log.\ \left(\frac{x+1}{x}\right) = log.\ 33\ 149\ 520 - log.\ 30\ 000\ 000$$

$$Log. \left(\frac{x+1}{x}\right) = \frac{log.\ 33\ 147\ 520 - log.\ 30\ 000\ 000}{30}$$
$$= \frac{0{,}0433559}{30} = 0{,}0014452.$$

Ce log. correspond au nombre 1,003333. On a donc

$$\frac{x+1}{x} = 1 + \frac{1}{x} = 1{,}003333\ ;$$

par suite

$$\frac{1}{x} = 0{,}003333\ :$$

d'où
$$x = \frac{1}{0{,}003\ 333} = 300 \text{ environ.}$$

La fraction demandée $\frac{1}{x}$ est donc égale à $\frac{1}{300}$.

609. *Un domestique infidèle avoue avoir tiré à 60 fois différentes environ, 1 litre de vin dans un tonneau de 230 litres, et avoir, à chaque fois, remplacé le litre de liquide qu'il tirait par 1 litre d'eau. On demande dans quel rapport le vin et l'eau se trouvent mélangés dans le tonneau.*

RÉP. $\frac{177{,}09}{52{,}91}$.

La 1re fois, le domestique prend 1 litre de vin,

La 2e fois, il prend $\frac{1}{230}$ de 229 ou $\frac{229}{230}$ de litre de vin,

La 3e, — $\frac{1}{230}$ du vin qui reste ou

$$\left(230 - 1 - \frac{229}{230}\right) \times \frac{1}{230} = \left(229 - \frac{229}{230}\right) \times \frac{1}{230}$$

$$= \left(\frac{229 \times 230 - 229}{230}\right) \times \frac{1}{230} = 229 \times \left(\frac{230-1}{230}\right) \times \frac{1}{230} = \frac{229^2}{230^2}.$$

La 4e fois, on trouverait de même qu'il prend $\frac{229^3}{230^3}$

La 60e fois le domestique prend donc $\frac{229^{59}}{230^{59}}$ de litre.

Il prend, par conséquent, en tout la somme des termes d'une progression géométrique décroissante dont le 1er terme est 1, la raison $\frac{229}{230}$ et le dernier $\frac{229^{59}}{230^{59}}$.

Si l'on représente par x la quantité de vin qui a été prise, on a

$$x = \frac{1 - \left(\frac{229}{230}\right)^{60}}{1 - \frac{229}{230}} = \frac{1 - \left(\frac{229}{230}\right)^{60}}{\frac{1}{230}}$$

Or, $60 \times (\log. 229 - \log. 230) = \bar{1}.8864620.$

Ce log. correspond au nombre 0,769949. On a donc

$$1 - \left(\frac{229}{230}\right)^{60} = 1 - 0{,}769949 = 0{,}230051.$$

Il vient, par suite

$$x = \frac{0{,}230051}{\frac{1}{230}} = 0{,}230051 \times 230 = 52^{l}{,}91.$$

Puisque le tonneau contenait 230 litres de vin, il contient donc encore $230^{l} - 52{,}91 = 177^{l}{,}09$ de vin, et, par suite, $52^{l}{,}91$ d'eau.

Le rapport demandé est par conséquent

$$\frac{177{,}09}{52{,}91}.$$

INTÉRÊTS COMPOSÉS — ANNUITÉS — PLACEMENTS ANNUELS

610. *Trouver ce que devient, après 6 ans, une somme de* $11\,058^{f}{,}20$ *placée à intérêt composé, à* 5 %.

RÉP. $14\,819^{f}{,}05$.

Si, dans la formule (615)

$$A = a\,(1 + r)^{n},$$

on remplace les quantités connues par leurs valeurs respectives on a

$$A = 11\,058{,}20 \times (1{,}05)^{6}:$$

$$\begin{aligned} log.\ 11\,058{,}20 &= 4{,}0436845 \\ 6\ log.\ 1{,}05 &= 0{,}1271358 \\ \hline log.\ A &= 4{,}1708203 \\ A &= 14\,819^{f}{,}05 \end{aligned}$$

611. *Calculer ce que produirait en* 8 *ans une somme de* 3 625 *fr., placée à intérêt composé, à* 4 %.

RÉP. 1 336f,05.

On a, comme dans l'exercice précédent,

$$A = 3\,625^f \times (1{,}04)^8 :$$
$$log.\ 3\,625 = 3{,}5593080$$
$$8\ log.\ 1{,}04 = 0{,}1362664$$
$$log.\ A = 3{,}6955744$$
$$A = 4\,961^f{,}05.$$

Les 3 625f ont donc rapporté

$$4\,961^f{,}05 - 3\,625 = 1\,336^f{,}05.$$

612. *Que deviendront* 8 250 *fr. placés pendant* 12 *ans à intérêt composé à* 6 % ?

RÉP. 16 600f,60.

On a

$$A = 8\,250^f \times (1{,}06)^{12} :$$
$$log.\ 8\,250 = 3{,}9164539$$
$$12\ log.\ 1{,}06 = 0{,}3036708$$
$$log.\ A = 4{,}2201247$$
$$A = 16\,600^f{,}60.$$

613. *Quel serait le plus avantageux de placer à* 4 %, *et à intérêt composé, une somme de* 5 000 *fr. pendant* 20 *ans ou à* 5 % *à intérêt simple pendant le même temps? Combien gagnerait-on en choisissant le placement le plus avantageux? On supposera dans les deux cas que le remboursement du capital et des intérêts n'aura lieu qu'au bout de la* 20e *année.*

RÉP. Le placement à intérêt composé est le plus avantageux, on gagnerait 955f,60.

Pour les 5 000f à 4 % et à intérêt composé pendant 20 ans, on a

$$A = 5\,000 \times (1{,}04)^{20} :$$
$$log.\ 5\,000 = 3{,}6989700$$
$$20\ log.\ 1{,}04 = 0{,}3406660$$
$$log.\ A = 4{,}0396360$$
$$A = 10\,955^f{,}60.$$

5 000f à 5 %, et à intérêt simple, rapportent 250f par an; en 20 ans, ils rapportent :

$$250 \times 20 = 5\,000^{f}.$$

En plaçant à intérêt simple, on aurait donc en tout après 20 ans,

$$5\,000^{f} + 5\,000 = 10\,000^{f}.$$

Le placement à intérêt composé est donc préférable, et on gagnerait

$$10\,955^{f},60 - 10\,000 = 955^{f},60.$$

614. *Quelle somme rapporteront* 12 000 *fr. placés à* 5 %, *et à intérêt composé, pendant* 16 *ans* 2 *mois et* 12 *jours?*

Rép. 14 451f,45.

On a (620)

$$A = 12\,000 \times (1,05)^{\frac{5\,832}{360}}:$$

$$log.\ 12\,000 = 4,0791812$$

$$\frac{5\,832}{360}\ log.\ 1,05 = 0,3432667$$

$$log.\ A = 4,4224479$$

$$A = 26\,451^{f},45$$

Les 12 000f ont donc rapporté

$$26\,451^{f},45 - 12\,000 = 14\,451^{f},45.$$

615. *On doit payer* 10 000 *fr. dans* 12 *ans : quelle somme devrait-on actuellement, si l'on tient compte de l'intérêt composé à* 5 %?

Rép. 5 568f,35.

Il s'agit de déterminer a. Si, dans la formule (617)

$$a = \frac{A}{(1+r)^{n}},$$

on remplace les quantités connues par leurs valeurs respectives, il vient

$$a = \frac{10\,000}{(1,05)^{12}}.$$

$$log.\ 10\,000 = 4\ \ldots\ldots$$

$$12\ log.\ 1,05 = 0,2542716$$

$$log.\ a = 3,7457284$$

$$a = 5\,568^{f},35.$$

616. *On a souscrit deux billets à la même personne ; l'un de* 500 *fr., payable dans* 2 *ans, et l'autre de* 800 *fr., payable dans* 5 *ans : quel devrait être le montant d'un seul billet équivalent et payable dans* 3 *ans, le taux étant* 5 %? *On tiendra compte des intérêts composés.*

RÉP. 1 250f,60.

Le 1er billet vaudra dans 3 ans, ou 1 an après son échéance,

$$500 \times 1{,}05 = 525^{f}.$$

Le 2e billet vaudra dans 3 ans, ou 2 ans avant son échéance,

$$\frac{800}{(1{,}05)^2} = 725^{f}{,}60 \text{ à } 2^{c} \text{ près, en moins.}$$

Si l'on représente par x le montant du billet unique, on aura donc

$$x = 525 + 725{,}60 = 1\,250^{f}{,}60.$$

617. *Trouver le capital qui, placé à intérêt composé à* 4f,50, *vaut, après* 15 *ans, capital et intérêt,* 7 741f,15.

RÉP. 4 000f.

Si, dans la formule (617)

$$a = \frac{A}{(1+r)^{n}},$$

on remplace les quantités connues par leurs valeurs, on a

$$a = \frac{7\,741{,}15}{(1{,}045)^{15}}:$$

$$\begin{aligned} log.\ 7\,741^{f}{,}15 &= 3{,}8888056 \\ 15\ log.\ 1{,}045 &= 0{,}2867445 \\ \hline log.\ a &= 3{,}6020611 \end{aligned}$$

Ce log. correspond à très-peu près au nombre 4 000.

618. *Un certain capital placé à intérêt composé et à* 4 % *a rapporté en* 10 *ans* 7 683f,90 *d'intérêt. On demande ce capital.*

RÉP. 16 000f.

Soit a le capital demandé, il est évident qu'on a

$$a + 7\,683^{f}{,}90 = A$$

On peut donc écrire successivement :

$$a + 7\,683^f,90 = a \times (1,04)^{10}$$
$$7\,683,90 = a \times (1,04)^{10} - a$$
$$7\,683,90 = a \times [(1,04)^{10} - 1]$$

Or, $log.\ 1,04 = 0,0170333$

$$10\ log.\ 1,04 = 0,1703330$$

Ce log. correspond au nombre 1, 480243

donc $\overline{1,04}^{10} - 1 = 0,480243.$

Par suite, on a

$$7\,683,90 = a \times 0,480243 :$$

d'où $log.\ a = log.\ 7\,683,90 - log.\ 0,480243,$

$$log.\ 7\,683,90 = 3,8855817$$
$$log.\ 0,480243 = \bar{1},6814610$$
$$log.\ a = 4,2041207$$
$$a = 16\,000^f.$$

619. *Une somme de 20 000 fr., placée à intérêt composé pendant 14 ans, a rapporté 17 038^f, 90. A quel taux était-elle placée?*

Rép. 4,50.

Il est évident qu'on a

$$A = 20\,000 + 17\,038,90 = 37\,038^f,90$$

Si dans la formule

$$A = a\,(1 + r)^n$$

on remplace les quantités connues par leurs valeurs, on a

$$37\,038,90 = 20\,000 \times (1 + r)^{14} :$$

d'où $14\ log.\ (1 + r) = log.\ 37\,038,90 - log.\ 20\,000$

$$log.\ (1 + r) = \frac{log.\ 37\,038,90 - log.\ 20\,000}{14}$$

$$log.\ (1 + r) = \frac{4,5686580 - 4,3010300}{14} = 0,0191163$$

$$1 + r = 1,045$$
$$r = 0,045$$

Le taux était donc 4,50.

620. *Au bout de combien d'années une somme de 20 000 fr., placée à intérêt composé à 4^f,50, est-elle devenue 37 038^f,90?*

Rép. 14 ans.

Si, dans la formule (619)

$$n = \frac{log. A - log. a}{log. (1 + r)},$$

on remplace les quantités connues par leurs valeurs respectives, on a

$$n = \frac{log. 37\,038,90 - log. 20000}{log. 1,045} = \frac{4,5686580 - 4,3010300}{0,0191163} = 14.$$

621. *Après combien de temps une somme de* 15 000 *fr., placée à intérêt composé et à* 5 %, *a-t-elle rapporté* 8 750 *fr.?*

Rép. 9 ans 5 mois.

Il est évident qu'on a

$$A = 15\,000 + 8\,750 = 23\,750$$

Si, dans la formule connue

$$n = \frac{log. A - log. a}{log. (1 + r)},$$

on substitue aux quantités connues leurs valeurs, il vient

$$n = \frac{log. 23\,750 - log. 15\,000}{log. 1,05} = \frac{4,3756636 - 4,1760913}{0,0211893} = 9 \text{ ans } 5^{m}.$$

622. *Après combien d'années un capital, placé à intérêt composé et à* 4 %, *sera-t-il triplé?*

Rép. 28 ans 4 jours.

Il est évident qu'on peut prendre un capital quelconque, 100^f, par exemple. Il s'agit alors de chercher après combien de temps il sera devenu 300^f. On a donc, d'après les exercices précédents.

$$n = \frac{log. 300 - log. 100}{log. 1,04} = \frac{2,4771213 - 2}{0,0170333} = 28^a \text{ 4 jours}.$$

623. *Un commerçant emprunte* 25 000 *fr. à* 5 %, *à intérêt composé: quelle annuité devra-t-il donner pour éteindre cette dette en* 20 *ans?*

Rép. $2\,006^f,05$.

Si, dans la formule (622)

$$a = \frac{A\,r\,(1 + r)^n}{(1 + r)^n - 1},$$

on substitue aux lettres les valeurs qu'elles représentent, on a

$$a = \frac{25\,000 \times 0{,}05 \times (1{,}05)^{20}}{(1{,}05)^{20} - 1}.$$

Or, 20 *log*. 1,05 = 0,4237860.

Ce *log*. correspond au nombre 2,6533. On a donc $(1{,}05)^{20} - 1 = 1{,}6533$; il vient, par suite,

$$a = \frac{25\,000 \times 0{,}05 \times (1{,}05)^{20}}{1{,}6533}.$$

$$\begin{aligned} log.\ 25\,000 &= 4{,}3979400 \\ log.\ 0{,}05 &= \bar{2}{,}6989700 \\ 20\ log.\ 1{,}05 &= 0{,}4237860 \\ c^t\ log.\ 1{,}6533 &= \underline{9{,}7816483} \\ log.\ a &= 3{,}3023443 \end{aligned}$$

$a = 2\,006^f{,}05$ à 1^c près en moins.

624. *Quelle dette pourrait-on éteindre en payant à la fin de chaque année, pendant 8 ans, une somme de 20 000 fr., l'intérêt étant 5 %?*

Rép. 129 264f,10.

Si, dans la formule (625)

$$A = \frac{a\,[(1+r)^n - 1]}{r\,(1+r)^n}$$

on remplace les quantités connues par leurs valeurs, il vient

$$A = \frac{20\,000 \times [(1{,}05)^8 - 1]}{0{,}05\,(1{,}05)^8},$$

or, 8 *log*. 1,05 = 0,1695144.

Ce log. correspond au nombre 1,477455. Donc

$$1{,}05^8 - 1 = 0{,}477455;$$

on a, par conséquent,

$$A = \frac{20\,000 \times 0{,}477455}{0{,}05 \times 1{,}47745}:$$

$$\begin{aligned} log.\ 20\,000 &= 4{,}3010300 \\ log.\ 0{,}477455 &= \bar{1}{,}6789325 \\ c^t\ log.\ 0{,}05 &= 11{,}3010300 \\ c^t\ log.\ 1{,}477455 &= \underline{9{,}8304856} \\ log.\ A &= 5{,}1114781 \\ A &= 129\,264^f{,}10. \end{aligned}$$

625. *Pendant combien de temps devra-t-on payer 4 000 fr., à la fin de chaque année, pour éteindre une dette de 20 302f,75, l'intérêt étant 5 %?*

RÉP. 6 ans.

Si, dans la formule (626)

$$n = \frac{log.\ a - log.\ (a - A\ r)}{log.\ (1 + r)},$$

on remplace les lettres par leurs valeurs, on a

$$n = \frac{log.\ 4\ 000 - log.\ (4\ 000 - 1\ 015,1375)}{log.\ 1,05}$$

$$log.\ 4\ 000 = 3,6020600$$

$$log.\ 2\ 984,8625 = 3,4749243$$

différence 0,1271357

$$log.\ 1,05 = 0,0211893$$

$$n = \frac{0,1271357}{0,0211893} = 6.$$

626. *Si l'on tient compte à 4 % et à 4,50 % des intérêts composés de 18 000f et de 12 000f, au bout de combien de temps, ces sommes, augmentées de leurs intérêts, seront-elles égales ?*

RÉP. 84 ans 6 mois 13 jours.

Soit n le temps cherché. Après n années le 1er capital sera devenu

$$18\ 000 \times (1,04)^n;$$

de même, après n années, le second vaudra

$$12\ 000 \times (1,045)^n.$$

On aura donc

$$12\ 000 \times (1,045)^n = 18\ 000 \times (1,04)^n :$$

d'où

$$\frac{(1,045)^n}{(1,04)^n} = \frac{18\ 000}{12\ 000},$$

par suite

$$n\ log.\ \frac{1,045}{1,04} = log.\ \frac{18\ 000}{12\ 000}.$$

Or,

$$log.\ \frac{1,045}{1,04} = log.\ 1,045 - log.\ 1,04 = 0,0020830$$

et

$$log.\ \frac{18\ 000}{1\ 200} = log.\ 18\ 000 - log.\ 12\ 000 = 0,1760913.$$

On a donc

$$n \times 0{,}0020830 = 0{,}1760913 :$$

d'où

$$n = \frac{0{,}1760913}{0{,}0020820} = 84 \text{ ans } 6 \text{ mois } 13 \text{ jours environ.}$$

627. *On place* 800 *fr., à intérêt composé à* $4^f{,}50$ %, *au commencement de chaque année, pendant* 20 *ans. Quelle somme aura-t-on?*

RÉP. $26\,226^f{,}50$

Si, dans la formule (628)

$$A = \frac{a\,(1+r)\,[(1+r)^n - 1]}{r},$$

on substitue aux lettres leurs valeurs, on a

$$A = \frac{800 \times 1{,}045 \times (\overline{1{,}045^{20}} - 1)}{0{,}045}.$$

Or,

$$log.\ 1{,}045 = 0{,}0191163.$$

$$20\ log.\ 1{,}045 = 0{,}3823260.$$

Ce log. correspond au nombre 2,411715. On a donc :

$$A = \frac{800 \times 1{,}045 \times 1{,}411715}{0{,}045} :$$

$$\begin{aligned} log.\ 800 &= \quad 2{,}9030900 \\ log.\ 1{,}045 &= \quad 0{,}0191163 \\ log.\ 1{,}411715 &= \quad 0{,}1497470 \\ c^t\ log.\ 0{,}045 &= \underline{11{,}3467875} \\ log.\ A &= \quad 4{,}4187408 \end{aligned}$$

$A = 26\,126^f{,}50$ à 2^c près en moins.

628. *On emprunte* 15 000 *fr. qu'on doit rembourser avec les intérêts à l'aide de* 12 *payements égaux effectués à la fin de chaque année. Quel est le montant de chaque payement, le taux d'intérêt étant* 5 %?

RÉP. $1\,692^f{,}40$.

Si, dans la formule (622)

$$a = \frac{A\,r\,(1+r)^n}{(1+r)^n - 1},$$

on remplace les lettres par leurs valeurs correspondantes, on a

$$a = \frac{15\,000 \times 0{,}05 \times (1{,}05)^{12}}{(1{,}05)^{12} - 1},$$

$$12\ log.\ 1{,}05 = 0{,}2542716.$$

Ce log. correspond au nombre 1,795856 ; de sorte qu'on a

$$a = \frac{15\,000 \times 0,05 \times (1,05)^{12}}{0,795856}.$$

$$\begin{aligned} log.\ 15\,000 &= 4,1760913 \\ log.\ 0,05 &= \bar{2},6989700 \\ 12\ log.\ 1,05 &= 0,2542716 \\ c^t\ log.\ 0,795856 &= 10,0991655 \\ \hline log.\ a &= 3,2284984. \end{aligned}$$

$a = 1\,692^f,40$ à 2^c près par excès.

629. *On achète une propriété 25 000 fr. On paye 8 700 fr. au comptant. Le reste doit être payé, avec les intérêts à 4 %, en 15 payements égaux effectués à la fin de chaque année. On demande le montant de chaque annuité.*

RÉP. 1 466f,05.

On redoit sur la propriété 25 000f — 8 700 = 16 300f. Il s'agit de payer cette somme en 15 payements égaux. Si l'on fait usage de la formule

$$a = \frac{Ar\,(1+r)^n}{(1+r)^n - 1},$$

et qu'on remplace dans cette formule les lettres par leurs valeurs respectives, on a

$$a = \frac{16\,300 \times 0,04 \times (1,04)^{15}}{(1,04)^{15} - 1},$$

$$15\ log.\ 1,04 = 0,2554995.$$

Ce log. correspond au nombre 1,80094 ; de sorte qu'on a

$$a = \frac{16\,300 \times 0,04 \times (1,04)^{15}}{0,80094}$$

$$\begin{aligned} log.\ 16\,300 &= 4,2121876 \\ log.\ 0,04 &= \bar{2},6020600 \\ 15\ log.\ 1,04 &= 0,2554995 \\ c^t\ log.\ 0,80094 &= 10,0964000 \\ \hline log.\ a &= 3,1661471 \end{aligned}$$

$a = 1\,466^f,05$, à 1^c près.

630. *Quelle somme faudrait-il placer, au commencement de chaque année, à intérêt composé, et à 4 %, pour avoir 46 880f,35 après 12 ans?*

RÉP. 3 000f.

Si, dans la formule (630)

$$a = \frac{A r}{(1+r)^{n+1} - (1+r)},$$

on substitue aux lettres leurs valeurs, on a

$$a = \frac{46\ 880{,}35 \times 0{,}04}{1{,}04^{13} - 1{,}04},$$

$$log.\ 1{,}04 = 0{,}0170333.$$

$$13\ log.\ 1{,}04 = 0{,}2214329.$$

Ce log. correspond au nombre 1,665071.

On a donc

$$a = \frac{46\ 880{,}35 \times 0{,}04}{1{,}665071 - 1{,}04} = \frac{1\ 875{,}214}{0{,}625071}:$$

$$log.\ 1\ 875{,}214 = 3{,}2730508$$

$$log.\ 0{,}625071 = \bar{1}{,}7959294$$

$$log.\ a = 3{,}4771214$$

$$a = 3\ 000^{f}.$$

631. *On doit à une personne 14 720f,20 ; à la fin de chaque année, on lui donne 2 000 fr. Dans combien de temps sera-t-elle entièrement payée, le taux d'intérêt étant 6 %?*

RÉP. 10 ans.

Si, dans la formule (626)

$$n = \frac{log.\ a - log.\ (a - A r)}{log.\ (1+r)},$$

on remplace les quantités connues par leurs valeurs, on a

$$n = \frac{log.\ 2\ 000 - log.\ (2\ 000 - 14\ 720{,}20 \times 0{,}06)}{log.\ 1{,}06}:$$

$$log.\ 2\ 000 = 3{,}3010300$$

$$log.\ (2\ 000 - 14\ 720{,}20 \times 0{,}06) = 3{,}0479709$$

$$\text{différence} = 0{,}2530591$$

$$log.\ 1{,}06 = 0{,}0253059:$$

on a donc

$$n = \frac{0{,}2530591}{0{,}0253059} = 10.$$

632. *Déterminer le nombre d'années pendant lequel un ca-*

pital de 7 872 fr. doit être placé, à intérêt composé, à 5 %, pour former une somme de 12 328 fr., capital et intérêts réunis.

RÉP. 9 ans 2 mois.

La formule (619)

$$n = \frac{log.\ A - log.\ a}{log.\ (1 + r)}$$

donne, en remplaçant les lettres par leurs valeurs correspondantes

$$n = \frac{log.\ 12\,328 - log.\ 7\,872}{log.\ 1{,}05} = \frac{4{,}0908926 - 3{,}8960851}{0{,}0211893} = 9^{a}\ 2^{m}.$$

633. *Une personne emprunte une certaine somme dont elle s'acquittera par trois payements égaux de chacun 9 261 fr. : le 1er après un an, le 2e après 2 ans, et le 3e après 3 ans. On demande la somme empruntée. Le taux est de 5 %.*

RÉP. 25 220^{f}.

L'annuité étant de 9 261^{f}, si, dans la formule (625)

$$A = \frac{a\,[(1 + r)^{n} - 1]}{r\,(1 + r)^{n}},$$

on substitue aux lettres leurs valeurs, il vient

$$A = \frac{9\,261 \times [(1{,}05)^{3} - 1]}{0{,}05 \times (1{,}05)^{3}},$$

$$3\ log.\ 1{,}05 = 0{,}0635679.$$

Ce log. correspond au nombre 1,157625; on a donc

$$A = \frac{9\,261 \times 0{,}157625}{0{,}05 \times 1{,}157625}:$$

$$\begin{aligned} log.\ 9\,261 &= 3{,}9666579 \\ log.\ 0{,}157625 &= \bar{1}{,}1976251 \\ c^{t}\ log.\ 0{,}05 &= 11{,}3010300 \\ c^{t}\ log.\ 1{,}157625 &= 9{,}9364321 \\ \hline log.\ A &= 4{,}4017451 \\ A &= 25\,220^{f}. \end{aligned}$$

634. *On a placé tous les ans 3 000 fr. à intérêt composé et à 4 % : au bout de combien d'années a-t-on eu 46 880^{f},35?*

RÉP. 12 ans.

Si, dans la formule (631)

$$n = \frac{log.\ [A\,r + a\,(1 + r)] - log.\ a}{log.\ (1 + r)} - 1,$$

on substitue aux lettres leurs valeurs, il vient

$$n = \frac{\log.4\,995,214 - \log.3\,000}{\log.\,1,04} = \frac{3,6985541 - 3,4771213}{0,0170333} - 1$$
$$= 13 - 1 = 12.$$

635. *On place 25 000 fr. à intérêt composé à 5 %. A la fin de chaque année on retire 1 000 fr. Quelle somme restera placée au bout de 12 ans?*

RÉP. 28 979f,30.

Les 25 000f valent après 12 ans

$$25\,000 \times (1,05)^{12} = 44\,896^f,40.$$

D'autre part les 1 000f retirés à la fin de la 1re année auraient valu, entre les mains de l'emprunteur, une somme de $1\,000 \times (1,05)^{11}$;

les 1 000f retirés à la fin de la 2e. . . . . $1\,000 \times (1,05)^{10}$

— — — — — — —

— — — 11e. . . . . $1\,000 \times (1,05)$

— — — 12e. 1 000

Le prêteur a donc retiré en tout la somme des termes d'une progression géométrique, ou (581)

$$\frac{1\,000 \times [(1,05)^{12} - 1]}{0,05} = 15\,917^f,10$$

La somme qui reste placée est donc

$$44\,896^f,40 - 15\,917,10 = 28\,979^f,30.$$

636. *On doit payer à la fin de chaque année, et pendant 12 ans, une somme de 2 000 fr. : on demande de remplacer cette annuité par un seul payement effectué dans 4 ans. Quelle sera la somme à payer, le taux d'intérêt étant 5 %?*

RÉP. 21 546f,65.

En payant à la fin de chaque année 2 000f pendant 12 ans, on paye en réalité une somme égale à (Ex. 635)

$$\frac{2\,000 \times [(1,05)^{12} - 1]}{0,05};$$

ce qui revient à une somme de

$$\frac{2\,000 \times [(1,05^{12}) - 1]}{0,05} \times \frac{1}{(1,05^{12})}$$

payée actuellement.

La somme qui, payée dans 4 ans, pourra remplacer cette dernière, sera donc

$$\frac{2\,000\times[(1{,}05)^{12}-1]}{0{,}05}\times\frac{(1{,}05)^{4}}{(1{,}05)^{12}}=\frac{2000[(1{,}05)^{12}-1]}{0{,}05\times(1{,}05)^{8}}=21\ 546^{f},65 \text{ à}$$

1^c près en moins.

637. *En plaçant tous les ans* 3 000 *fr., à intérêt composé, on a eu* 46 880^f,35 *après* 12 *ans. Quel a été le taux du placement?*

Rép. 4^f.

Si dans la formule (632)

$$A=\frac{a\,(1+r)^{n+1}-a\,(1+r)}{r} \quad (1)$$

on substitue aux lettres leurs valeurs correspondantes, on a

$$46\ 880{,}35=\frac{3\ 000\times(1+r)^{13}-3\ 000\times(1+r)}{r} \quad (2)$$

Or il est évident que si l'on donne à r une valeur trop grande, le second membre sera plus grand que le 1er. Si l'on fait, par exemple, $r=0{,}05$ et qu'on substitue cette valeur dans l'égalité (2), on a pour le 1er membre

$$46\ 880{,}35$$

et pour le second

$$\frac{3\ 000\times(1{,}05)^{13}-3\ 000\times1{,}05}{0{,}05}=50\ 139.$$

Le taux r a donc été supposé trop élevé. On verrait de même que dans l'hypothèse de $r=0{,}045$, le second membre est encore plus grand que le 1er; mais si l'on fait $r=0{,}04$, on trouve qu'il y a égalité dans les 2 membres : le taux demandé est donc 4.

638. *On place* 12 000 *fr. à intérêt composé à* 4^f,50. *A la fin de chaque année, on retire* 1 500 *fr. Quelle somme restera placée après* 7 *ans?*

Rép. 5 503^f,55.

La somme placée est égale à (Ex. 635)

$$12\ 000\times(1{,}045)^{7}=16\ 330^{f},30.$$

La somme retirée est égale à

$$\frac{1\ 500\times[(1{,}045)^{7}-1]}{0{,}05}=\frac{1\ 500\times0{,}360893}{0{,}05}=10\ 826^{f},75.$$

La somme qui restera placée est donc

$$16\ 330^{f},30-10\ 826^{f},75=5\ 503^{f},55.$$

639. *Une personne a dépensé inutilement, pendant 25 années successives de sa vie, au moins 150 fr. par an. Combien après ce temps devrait-elle avoir en plus à sa disposition, si l'on tient compte de l'intérêt composé à 5 %?*

RÉP. 7 159f,05.

Il est évident que cette personne a dépensé inutilement la somme des termes de la progression géométrique suivante :

$$150 \times (1,05)^{24} + 150 \times (1,05)^{23} + \ldots\ldots . 150$$

ou (581)
$$\frac{150 \times [(1,05)^{25} - 1]}{0,05};$$

or,
$$25 \ log.\ 1,05 = 0,5297325.$$

Ce log. correspond au nombre 3,386355 ; de sorte que la somme dépensée inutilement est

$$\frac{150 \times 2,386355}{0,05} = 7\ 159^{f},05.$$

640. *Une personne emprunte 6 000 fr. pour commencer un petit commerce. Elle rembourse cette somme comme il suit : 3 ans après l'emprunt, le succès de ses affaires lui permet de donner 2 500 fr.; 3 ans encore après, elle rembourse 3 200 fr.; enfin 18 mois après, elle solde ce qu'elle devait encore. On demande le montant du dernier payement. On tiendra compte des intérêts composés à 5 %.*

RÉP. 3 340f,80.

Après 3 ans la personne devait

$$6\ 000 \times \overline{1,05}^{3} = 7\ 945^{f},75.$$

A cette époque, elle doit donc

$$7\ 945^{f},75 - 2\ 500 = 5\ 445^{f},75.$$

3 ans après, elle doit

$$5\ 445^{f},75 \times \overline{1,05}^{3} = 6\ 304^{f},10.$$

A cette même époque, elle doit donc

$$6\ 304^{f},10 - 3\ 200 = 3\ 104^{f},10.$$

18 mois après, elle doit encore

$$3\ 104^{f},10 \times 1,05 \times 1,025 = 3\ 340^{f},80 \text{ environ.}$$

Le dernier payement est donc 3 340f,80.

641. *Un oncle donne 15 000 fr. à ses trois neveux âgés de 5 ans 6 mois, 9 ans et 11 ans. Il leur partage cette somme de manière que, si l'on plaçait immédiatement à intérêt composé la part de chaque enfant, tous les trois recevraient la même somme à leur majorité. Comment le partage a-t-il été effectué?*

RÉP. Le 1er a eu 4 292f,45 ; le 2e 5 093f ; le 3e 5 614f,30.

La part du plus jeune restera placée pendant 21 — 5,5 ou 15ans,5 ; celle du cadet pendant 12 ans, et celle de l'aîné pendant 10 ans.

Soient 5, par exemple, le taux d'intérêt et 100f la somme donnée au plus jeune. Après 15a,5 les 100f deviendront à intérêt composé et à 5 %

$$100 \times (1,05)^{15} \times 1,025 = 213^f,10.$$

En faisant usage de la formule (617)

$$a = \frac{A}{(1+r)^n},$$

on trouvera aisément la somme a qu'il faut donner au cadet, pour que cette somme devienne après 12 ans 213f,10.

Si dans la formule citée, on remplace les lettres par leurs valeurs respectives, il vient

$$a = \frac{213,10}{(1,05)^{12}} = 118^f,65.$$

De même, l'aîné devra recevoir

$$\frac{213,10}{(1,05)^{10}} = 130^f,80.$$

Or, $$100^f + 118^f,65 + 130^f,80 = 349^f,45.$$

Si donc la somme donnée aux neveux était 349f,50 le 1er aurait 100f, le 2e 118f,65 et le 3e 130f,80.

Par conséquent,

$$349^f,45 \text{ correspondant à } 15\,000^f$$

$$1^f \quad \text{correspond à } \frac{5\,000}{349,45}:$$

d'où

$$1^{re} \text{ part} = \frac{15\,000 \times 100}{349,45} = 4\,292^f,45$$

$$2^e \text{ part} = \frac{15\,000 \times 118,65}{349,45} = 5\,093$$

$$3^e \text{ part} = \frac{15\,000 \times 130,80}{349,45} = 5\,614,30$$

Total 14 999f,75.

La faible différence qu'on trouve entre ce résultat et le véritable tient à ce qu'on a négligé quelques centimes dans les premiers calculs.

Comme vérification, ces trois sommes placées à 5 %, et à intérêts composés, la 1re pendant 15,5 ans, la 2e pendant 12 ans et la 3e pendant 10 ans doivent devenir égales. C'est ce qui a lieu à quelques centimes près.

642. *On a payé 280 fr. une action émise par une Compagnie. Cette action a rapporté 20 fr. par an pendant 25 ans. Au bout de ce temps la compagnie se ruine dans de mauvaises spéculations, et le souscripteur perd son capital. On demande s'il a gagné ou perdu dans cette affaire et combien. On suppose qu'il a pu placer à raison de 5 %, et à intérêt composé, le revenu de son action.*

RÉP. Il a gagné $7^{f},30$.

280^{f} placés à 5 %, rapportent par an :

$$5 \times 2,80 = 14^{f}.$$

Si le souscripteur avait placé son argent à 5 %, il aurait donc reçu 14^{f} chaque année ; comme il touche 20^{f}, son placement lui rapporte 6^{f} de plus par an. On peut donc supposer qu'il place ces 6^{f} tous les ans. Or les premiers 6^{f} sont restés pendant 24 ans, et deviennent au bout de ce temps

$$6 \times (1,05)^{24}$$

Les 6^{f} suivants deviennent $6 \times (1,05)^{23}$

— 6^{f} — — $6 \times (1,05)^{22}$

. . . .

— — — $6 \times 1,05$

— — — 6

La somme de ces capitaux est

$$\frac{6 \times (1,05)^{24} \times 1,05 - 6}{0,05} = \frac{6\,[(1,05)^{25} - 1]}{0,05} = 120\,[(1,05)^{25} - 1] :$$

$$25 \; log.\; 1,05 = 0,5297325.$$

Ce log. correspondant au nombre 3,39416, on a

$$120\,[(1,05)^{25} - 1] = 120 \times 2,39416 = 287^{f},30.$$

Ainsi l'excès d'intérêt a produit $287^{f},30$, et comme le souscripteur a perdu 280^{f}, il a gagné par conséquent dans cette affaire $7^{f},30$.

643. *Un homme prodigue, âgé de 30 ans, possède une maison valant 200 000f et qui lui rapporte, tous frais déduits, 5 % de sa valeur. Or, chaque année, il dépense non-seulement son revenu, mais il emprunte encore 2 000f à 5 %. Cet homme est mort à l'âge de 72 ans : on demande combien de temps il a encore vécu après sa ruine complète, s'il doit payer les intérêts composés de ses emprunts.*

Rép. 5 ans $\frac{2}{7}$.

A la fin de la 1re année, il devra 2 000f
— 2e — $2000 + 2000 \times 1,05$
— 3e — $2000 + 2000 \times 1,05 + 2000 \times (1,05)^2$
. . . .

A la fin de n années, c'est-à-dire à l'époque où il sera ruiné, il devra
$2000 + 2000 \times 1,05 \ldots\ldots + 2000 \times (1,05)^{n-2} + 2000 \times (1,05)^{n-1}$

La somme de ses emprunts sera

$$\frac{2000 \times (1,05)^{n-1} \times 1,05 - 2000}{0,05} = \frac{2000\,[(1,05)^n - 1]}{0,05}.$$

Mais, comme à ce moment cet homme est ruiné, on aura

$$\frac{2000\,[(1,05)^n - 1]}{0,05} = 200\,000$$

ou, après simplification,

$$(1,05)^n - 1 = 100 \times 0,05$$
$$(1,05)^n = 5 + 1 = 6$$
$$n \; log.\ 1,05 = log.\ 6;$$

et, par suite,

$$n = \frac{log.\ 6}{log.\ 1,05} = \frac{0,7781513}{0,0211893} = 36 \text{ ans } \frac{15}{21} \text{ environ.}$$

C'est donc après 36 ans $\frac{15}{21}$ que cet homme est complétement ruiné; il a, par conséquent, vécu après sa ruine

$$72 - \left(30 + 36 + \frac{15}{21}\right) = 5 \text{ ans } \frac{2}{7}.$$

644. *Une personne a prêté pour 5 années une somme de 8 000f; on lui paye tous les trimestres l'intérêt à 5 %. Cette personne meurt après avoir reçu le 3e trimestre. Les héritiers veulent avoir de l'argent de suite : combien peuvent-ils vendre leur titre?*

Rép. 6 477f.

5 années comprennent 20 trimestres, et comme la personne en a déjà touché 3, il en reste 17 à recevoir.

Or, l'intérêt de 100^f par trimestre est de

$$\frac{5^f}{4} = 1^f{,}25,$$

et l'intérêt de 1^f est 0,0125; de sorte que

1^f vaudra au bout du 1er trimestre restant à payer					1,0125
1^f	—	—	2e —	—	$(1{,}0125)^2$
. . . .					
1^f vaudra		—	17e —	—	$(1{,}0125)^{17}$

Réciproquement une somme de

$(1{,}0125)^{17}$ payable à la fin de la 5e année, vaut aujourd'hui 1^f

1^f	—	—	—	—	$\frac{1}{(1{,}0125)^{17}}$
$8\,000^f$	—	—	—	—	$\frac{8\,000}{(1{,}0125)^{17}}$

En représentant la somme cherchée par x, on a donc

$$x = \frac{8\,000}{(1{,}0125)^{17}}:$$

$$\begin{aligned} \log.\ 8\,000 &= 3{,}9030900 \\ 17 \log.\ 1{,}0125 &= \underline{0{,}0917155} \\ \log.\ x &= 3{,}8113745 \\ x &= 6\,477^f. \end{aligned}$$

Les héritiers peuvent recevoir $6\,477^f$, on leur retiendra donc

$$8\,000^f - 6\,477 = 1\,523^f.$$

EXERCICES

SUR LES DIFFÉRENTS SYSTÈMES DE NUMÉRATION.

645. *Le nombre* 375 072 *est écrit dans le système* ***dont la*** *base est* 8 : *on demande de l'écrire dans le système décimal.*

Rép. 129 594.

On pourrait résoudre cette question en opérant comme il est indiqué, page 317, Cours d'arithmétique, car il s'agit de passer d'un système à un autre ; mais comme les divisions devraient être faites dans le système, dont la base est 8, et qu'on n'a pas l'habitude de ce système, on pourrait se tromper.

On remplace ces divisions par des multiplications faites dans le système décimal.

On sait déjà que
les nombres $10, 10^2, 10^3, 10^4 \ldots\ldots$ dans le système décimal
correspondent à $8, 8^2, 8^3, 8^4 \ldots\ldots$ dans le système dont la base est 8.

Donc pour le nombre 375 072, écrit dans le système dont la base est 8, on peut dire que :

le chiffre	2	exprime		2
—	7	—	7×8 ou	56
—	0	—	0×8^2 ou	0
—	5	—	5×8^3 ou	2 560
—	7	—	7×8^4 ou	28 672
—	3	—	3×8^5 ou	98 304
			Total	129 594

Le nombre cherché sera exprimé par la somme de ces unités, c'est-à-dire par 129 594.

646. *Écrire* 49 *dans le système binaire.*

RÉP. 110 001.

En procédant par divisions successives, on obtient le tableau suivant :

```
49 | 2
 9 |24  | 2
 1   4  |12 | 2
     0   0  | 6 | 2
             0 | 3 | 2
                 1 | 1
```

Les restes successifs étant 1, 0, 0, 0, 1, et le dernier quotient 1, le nombre demandé s'écrira

110 001.

647. *Écrire le nombre* 56 493 *dans le système dont la base est* 6.

RÉP. 1 113 313.

Si l'on opère comme dans l'exercice précédent, les restes successifs sont

3, 1, 3, 3, 1, 1,

et le dernier quotient 1, le nombre demandé s'écrira donc

1 113 313.

EXERCICES DE RÉCAPITULATION

AGRICULTURE ET ÉCONOMIE DOMESTIQUE.

648. *La valeur nutritive de 100 kg. de foin est la même que celle de 250 kg. de tubercules de topinambours. On demande la quantité de foin qu'une vache pesant 390 kg. mangera par repas et par jour, si elle en fait 3 égaux, et si à chacun d'eux on lui donne 4 kg. de topinambours. On sait d'ailleurs qu'une vache, au régime ordinaire, mange en foin, par jour, 3 % de son poids.*

Rép. $2^{kg},3$ par repas, et $6^{kg},9$ par jour.

250^{kg} de topinambours équivalent à 100^{kg} de foin.

4^{kg} — — $\frac{100 \times 4}{250} = 1^{kg},6$ de foin.

Les 3 % de 390 sont : $3,90 \times 3 = 11,7$.

La vache mangerait donc par jour en foin $11^{kg},7$, et par repas $\frac{11,7}{3} = 3^{kg},9$; mais comme on lui donne en topinambours la valeur de $1^{kg},6$, elle mangera en foin par repas $3^{kg},9 - 1,6 = 2^{kg},3$, et par jour $2,3 \times 3 = 6^{kg},9$.

649. *Le colza d'hiver rend en moyenne 32 % de son poids d'huile et la navette d'été 30 %. Dans une fabrique, on a obtenu avec 4 700 kg. de graine des deux espèces 1 468 kg. d'huile. 1° Combien a-t-on employé de kg. de graine de chaque espèce ? 2° Combien a-t-on obtenu d'huile de chaque espèce ?*

Rép. 1° 2 900^{kg} de colza et 1 800^{kg} de navette ; 2° 928^{kg} d'huile de colza et 540^{kg} d'huile de navette.

1° Si l'on n'avait employé que de la graine de colza, on aurait obtenu en huile

$$32 \times 47,00 = 1\ 504^{kg}.$$

La différence 1 504^{kg} — 1 468 ou 36^{kg} provient de ce qu'on a employé de la graine de navette, qui rend moins en huile. Or, chaque fois qu'on remplace 100^{kg} de graine de colza par 100^{kg} de graine de navette, on obtient 2^{kg} d'huile en moins. Il faut donc faire cette substitution autant de fois que 2 sont contenus dans 36, c'est-à-dire 18 fois.

On a donc employé 1 800^{kg} de graine de navette et 4 700^{kg} — 1 800 ou 2 900^{kg} de graine de colza.

2° On a en huile de colza	$32 \times 29,00 =$	928^{kg}
— — de navette	$30 \times 18,00 =$	540^{kg}
	Total égal	1 468^{kg}

680. *Un fermier a ensemencé* 3^{ha} 20^{a} *en navette d'hiver. L'ensemencement, le loyer de la terre et l'intérêt des sommes avancées pour frais de culture et autres se sont élevés à* 445 *fr. par hectare. Il a fallu payer en outre* 35 *fr. par hectare pour frais occasionnés par la récolte, le battage et le nettoyage de la graine. Chaque hectare a produit* 25 *hl. vendus* 20^{f} *l'un. On demande ce que le fermier a gagné* %.

RÉP. 4^{f},29.

Dépenses. Les frais qui précèdent la récolte s'élèvent à

$445 \times 3,20 = 1\,424^{f}$

Les frais de récolte, battage, etc. $35 \times 3,20 = 112$

Total 1 536^{f}

Recettes. Les 3^{ha},20 ont produit $25 \times 3,20 = 80^{hl}$ de grains.

A 20^{f} l'hectolitre, 80^{hl} valent : $20 \times 80 = 1\,600^{f}$.

Bénéfice. $1\,600^{f} - 1\,536 = 64^{f}$.

1 536^{f} ont produit un bénéfice de 64^{f}.

100^{f} — — $\frac{64 \times 100}{1\,536} = 4^{f},29$ environ.

681. *Pour la nourriture du bétail,* 100 *kg. de bon foin équivalent à* 250 *kg. de pommes de terre crues ;* 300 *kg. de pommes de terre, à* 110 *kg. de luzerne ;* 90 *kg. de luzerne, à* 400 *kg. de betteraves;* 300 *kg. de betteraves, à* 105 *kg. de seigle-fourrage* (1). *A quelle quantité de foin équivalent* 1 200 *kg. de seigle-fourrage ?*

RÉP. 841^{kg} de foin.

Si l'on désigne par a, b, c, d, e, les diverses valeurs respectives

(1) Seigle ordinaire coupé et séché au moment où les épis apparaissent : le rendement moyen par hectare est de 12 600 kg. de fourrage vert qui se réduisent par la dessiccation à 4 200 kg. La valeur nutritive du trèfle, dont nous ne parlons pas, est à peu près la même que celle du foin.

des produits qui peuvent se remplacer pour la nourriture du bétail, et par x la quantité de foin demandée, on a, d'après l'énoncé,

$$100\,a = 250\,b.$$
$$300\,b = 110\,c.$$
$$90\,c = 400\,d.$$
$$300\,d = 105\,e.$$
$$1\,200\,e = x\,a.$$

Multipliant membre à membre, il vient

$$100\,a \times 300\,b \times 90\,c \times 300\,d \times 1\,200\,e = 250\,b \times 110\,c \times 400\,d \times 105\,e \times x\,a.$$

On trouve, après simplification,

$$100 \times 300 \times 90 \times 300 \times 1\,200 = 250 \times 110 \times 400 \times 105 \times x,$$

ou encore

$$3 \times 90 \times 300 \times 1\,200 = 25 \times 11 \times 4 \times 105 \times x.$$

Divisant les deux membres par $25 \times 11 \times 4 \times 105$, on obtient

$$x = \frac{3 \times 90 \times 300 \times 1\,200}{25 \times 11 \times 4 \times 105} = 841^{kg}.$$

682. *Pour la nourriture du bétail, 215 kg. de sainfoin équivalent à 500 kg. de paille de froment et d'avoine ; 200 kg. de cette paille, à 115 kg. d'ivraie d'Italie* (1) ; *255 kg. d'ivraie d'Italie, à 125 kg. d'avoine; 57 kg. d'avoine à 44 kg. de tourteau de lin; 110 kg. de tourteau de lin, à 350 kg. de maïs-fourrage* (2) ; *140 kg. de maïs-fourrage, à 300 kg. de racines de carottes. Combien doit-on payer, d'après leur valeur nutritive, 1 000 kg. de carottes, quand le sainfoin vaut 60ᶠ les 1 000 kg?*

Rép. 17ᶠ,40.

Cherchons d'abord à quelle quantité de sainfoin équivalent 1 000ᵏᵍ de carottes.

---

(1) « L'ivraie d'Italie, ou ray grass d'Italie, également propre à tous les climats de l'Europe, ne donne de bons produits que dans les sols argileux, ou de consistance moyenne, substantiels, fertiles, frais en été, ou pouvant être arrosés. Le rendement moyen par hectare en fourrage est d'environ 8 000 kg. — MM. Girardin et Du Breuil. »

(2) Toutes les variétés de maïs ne sont pas également propres à être cultivées, comme fourrage ; on choisit de préférence le *maïs d'automne* et le *maïs blanc tardif*. La récolte commence dès que les épis montrent leurs pointes au sommet des plantes. Le rendement par hectare est en moyenne de 7 000 kg. de fourrage sec.

Nous avons, comme dans l'exercice précédent,

$$\begin{aligned} 215\,a &= 500\,b \\ 200\,b &= 115\,c \\ 255\,c &= 125\,d \\ 57\,d &= 44\,e \\ 110\,e &= 350\,f \\ 140\,f &= 300\,g \\ 1\,000\,g &= x\,a \end{aligned}$$

Multipliant membre à membre, et simplifiant, il vient

$$215 \times 200 \times 255 \times 57 \times 110 \times 140 \times 1\,000 = 500 \times 115 \times 125 \times 44 \times 350 \times 300 \times x :$$

$$\text{d'où } x = \frac{215 \times 200 \times 255 \times 57 \times 110 \times 140 \times 1\,000}{500 \times 115 \times 125 \times 44 \times 350 \times 300} = 290^{kg} \text{ environ.}$$

Puisque, pour la nourriture du bétail, 1 000^{kg} de carottes équivalent à 290^{kg} de sainfoin, il est évident que les 1 000^{kg} de carottes ne devront pas coûter davantage que les 290^{kg} de sainfoin. Or, à 60^{f} les 1 000^{kg}, le prix de 290^{kg} est égal à

$$\frac{60 \times 290}{1\,000} = 17^{f},40.$$

653. *Un homme dans la force de l'âge et occupé aux travaux des champs, n'a pas besoin, d'après les hommes de l'art, de plus de* 1^{l},80 *par jour d'un vin contenant* 8^{cl} *d'alcool par litre. D'après cela, quelle dépense inutile fait par jour un homme qui boit* 2^{l} *d'un vin contenant* 12 $^{0}/_{0}$ *d'alcool et lui revenant à* 28^{f} *l'hectolitre?*

RÉP, 0^{f},224.

A 28^{f} l'hectolitre, le litre coûte 0^{f},28.

Cet homme dépense donc par jour 0^{f},56 en vin.

Ce vin contient 12 $^{0}/_{0}$ d'alcool, ce qui donne 24^{cl} d'alcool pour 2 litres. Mais il devrait dépenser seulement en alcool $8^{cl} \times 1,80 = 14^{cl},4$.

Or, 24^{cl} d'alcool coûtent 0^{f},56

$$14^{cl},4 \quad - \quad \frac{0,56 \times 14,4}{24} = 0^{f},336.$$

Cet homme dépense donc inutilement en vin par jour

$$0^{f},56 - 0,336 = 0^{f},224.$$

654. *On a assuré pour* 60 000^{f} *un bâtiment et un mobilier. Quels sont les taux d'assurance pour* $^{0}/_{00}$, *si l'on paye chaque année*

71f,15? *On sait d'ailleurs que la prime et l'impôt relatifs au bâtiment dépassent de 41f,25 la prime et l'impôt dus pour le mobilier, et que le capital affecté au même mobilier n'est que $\frac{1}{6}$ du capital total assuré* (1).

RÉP. Bâtiment 1f; mobilier 1f,25.

Le bâtiment étant assuré pour 60 000f, il en résulte que la somme versée pour le timbre est $0,04 \times 60 = 2^f,40$.

La somme totale versée pour la prime et l'impôt est donc $71,15 - 2,40 = 68^f,75$.

Par conséquent, 68f,75 représentent ce qui est dû pour la prime et l'impôt relatifs au bâtiment et au mobilier, et comme ce qui est dû pour le bâtiment dépasse de 41f,25 ce qui est dû pour le mobilier, si l'on retranche 41f,25 de 68f,75, la différence 27f,50 représentera évidemment 2 fois ce qui est dû pour le mobilier. On donne donc pour le mobilier $\frac{27,50}{2} = 13^f,75$. Comme on le sait (Ex. 489), cette somme représente les $\frac{11}{10}$ de la prime, par suite $\frac{1}{10}$ est égal à $\frac{13,75}{11}$ ou à 1f,25, et la prime entière égale 12f,50. Or, on donne cette somme pour un capital égal à $\frac{60\,000}{6} = 10\,000^f$: le taux par ‰ pour le mobilier est donc 1f,25.

D'ailleurs, on donne pour le bâtiment $68^f,75 - 13,75 = 55^f$.

Ce somme représente les $\frac{11}{10}$ de la prime : la prime est donc $\frac{55 \times 10}{11} = 50^f$. Or, cette somme est donnée pour un capital de 50 000f, le taux par ‰ est donc 1f.

655. *Une rivière a 9m,50 de large. On a étendu, d'une rive à l'autre, une corde divisée en 10 parties égales par des nœuds; puis on s'est transporté le long de cette corde, et les sondages, à chaque point de division, ont donné, en allant d'une rive à l'autre, les profondeurs suivantes :* 0m,40, 0m,82, 1m,30, 1m,90, 2m,10, 1m,83, 1m,32, 0m,92, 0m,45; *enfin, on a placé sur l'eau un flotteur qui a été entraîné par le courant à* 12m,40 *en* 65 *secondes.*

---

(1) Outre les assurances dont nous avons parlé (Voir, Ex. 487, 488...), on assure encore le *risque locatif* et le *recours du voisin*, ce qui signifie qu'en cas d'incendie la Compagnie d'assurances couvre la responsabilité du locataire, chez lequel le feu s'est déclaré, à l'égard de son propriétaire, ainsi qu'à l'égard des autres locataires de la même maison, ou des maisons voisines.

On demande le débit de la rivière par seconde, sachant que la vitesse moyenne est les 0,80 de la vitesse maximum (1), *c'est-à-dire de la vitesse à la surface.*

RÉP. $1^{mc},6$.

Si l'on imagine un plan vertical suivant la corde et coupant perpendiculairement l'axe de la rivière, puis un autre plan vertical parallèle, et à $12^m,40$ en aval, la section du liquide comprise entre les 2 plans aura un volume égal à celui d'un prisme ayant pour base un polygone irrégulier et pour hauteur $12^m,40$. Si l'on imagine aussi une série de verticales passant par chaque division de la corde, et se terminant au fond de la rivière, ces droites partageront la surface de la base en 8 trapèzes intérieurs et en 2 triangles rectangles extrêmes. Les triangles et les trapèzes ont d'ailleurs même hauteur $9^m,50 : 10 = 0^m,95$. Si on représente l'aire du polygone par A, en suivant la marche qui est indiquée à la page 435 de notre Cours de géométrie, on a

$$A = 0^m,95\,(0^m,40 + 0^m,82 + 1^m,30 + 1^m,90 + 2^m,10 + 1^m,83 + 1^m,32 + 0^m,92 + 0^m,45)$$

$$A = 10^{mq},488.$$

La vitesse maximum étant $12^m,40$, la vitesse moyenne sera égale à

$$12,40 \times 0,80 = 9^m,92.$$

En 65 secondes, il passe donc un volume d'eau égal à

$$10,488 \times 9,92 = 104^{mc},041.$$

Le volume, ou la dépense, par seconde est donc

$$\frac{104,041}{65} = 1^{mc},6.$$

656. *Une personne donne à ses neveux une propriété d'une certaine étendue, à la condition que le* 1er *prendra 2 ares et* $\frac{1}{12}$ *de la surface restante ; le second 4 ares et* $\frac{1}{12}$ *de la nouvelle sur-*

(1) Pour déterminer la vitesse maximum, on plante 2 jalons verticaux à une certaine distance l'un de l'autre, le long du cours d'eau ; on place ensuite un peu au-dessus du jalon en amont, et au milieu du courant, un flotteur fait d'une substance dont la densité soit telle qu'il se trouve à peu près complètement immergé, afin d'éviter la résistance de l'air Il suffit alors de noter le temps mis par le flotteur pour parcourir la distance des 2 jalons.

face restante, et ainsi de suite pour tous les neveux. Ceux-ci vendent la propriété en commun, pour éviter le partage, à raison de 20 fr. l'are. Il est stipulé dans la donation que chaque neveu recevra la même somme. Quel est le nombre des neveux, et combien chacun a-t-il reçu ?

RÉP. 11 neveux ; chacun a reçu 440f.

La 1re part se compose de 2 ares $+ \frac{1}{12}$ de la surface restante.

La 2e — — 4 ares $+ \frac{1}{12}$ — —

La 3e — — 6 ares $+ \frac{1}{12}$ — —

. . . .

La dernière part se compose donc évidemment d'un nombre exact de fois 2 ares ; car s'il y avait un reste la propriété ne serait pas entièrement partagée. L'avant-dernière aura 2 ares en moins plus $\frac{1}{12}$ du reste, et comme ces parts doivent être égales, si l'on suppose que la dernière part se compose, par exemple, de 20 fois 2 ares, l'avant-dernière se composera de 19 fois 2 ares $+ \frac{1}{12}$ du reste, de sorte qu'on aura

$$20 \text{ fois } 2 \text{ ares} = 19 \text{ fois } 2 \text{ ares} + \frac{1}{12} :$$

d'où 1 fois 2 ares, ou 2 ares $= \frac{1}{12}$ du dernier reste.

Par suite, le dernier reste est de 24 ares, et comme la dernière part se compose de ce dernier reste diminué de $\frac{1}{12}$, il arrive que la dernière part se compose de 22 ares.

Il en est de même de toutes les autres parts, puisqu'elles sont égales.

Il est d'ailleurs évident qu'il y a autant de portions qu'il y a de fois 2 ares dans 22, c'est-à-dire 11.

Il y a donc 11 neveux et chacun d'eux reçoit $20 \times 22 = 440^f$.

657. *Une personne a souscrit à un emprunt ; elle doit payer 40 fr. le 1er mars, 60 fr. le 15 avril, 70 fr. le 15 mai, 75 fr. le 15 juin et 100 fr. le 15 juillet ; elle se trouve alors en possession d'un titre rapportant 20 fr. chaque année ; les intérêts se payant par semestre, elle recevra 10 fr. le 1er septembre. On demande à* *quel taux cette personne place son argent, en tenant compte, d'une part, de l'intérêt à 5 % des sommes versées avant le 1er septembre, et de l'autre, de l'avantage que présente le payement de la rente par semestre.*

RÉP. 5f,95.

Au 1er septembre, le prêteur a versé :

40f + l'intérêt de 40f du 1er mars au 1er septembre

$$\text{ou } 40^f + \frac{40 \times 184}{7\,200} = 41^f,22$$

60f + — 60f du 15 avril au 1er septembre

$$\text{ou } 60 + \frac{60 \times 138}{7\,200} = 61,15$$

70f + — 70f du 15 mai au 1er septembre

$$\text{ou } 70 + \frac{70 \times 108}{7\,200} = 71,05$$

75f + — 75f du 15 juin au 1er septembre

$$\text{ou } 75 + \frac{75 \times 77}{7\,200} = 75,80$$

100f + — 100f du 15 juillet au 1er septembre

$$\text{ou } 100 + \frac{100 \times 47}{7\,200} = 100,65$$

Au 1er septembre, le prêteur a donc versé en tout 349f,87

Soit 349f,85.

Mais comme le prêteur reçoit 10f à cette époque, son titre ne lui coûte en réalité que 339f,85 ; de sorte que 339f,85 lui rapportent 20f plus l'intérêt de 10f pendant 6 mois, puisque la rente est payée par semestre ; or, l'intérêt à 5 % de 10f pour 6 mois est de 0f,25 ; par conséquent 339f,85 rapportent 20f,25 par an,

$$100^f \text{ rapportent } \frac{20,25 \times 100}{339,85} = 5^f,95.$$

688. *Un propriétaire est imposé pour 6 900 fr.; au lieu de payer par douzième, conformément à la loi sur les contributions, il paye en une seule fois le 1er mai. 1° Combien perd-il par année, son argent étant placé à 5 %? 2° A quelle époque devrait-il payer pour qu'il y eût compensation d'intérêts?*

RÉP. 1° 71f,85 ; 2° le 15 juillet.

1° Si le propriétaire payait par douzième, il donnerait 575^f à la fin de chaque mois, et alors il jouirait de l'intérêt du 1er douzième pendant 1 mois, de celui du second pendant 2 mois, de celui du 3e pendant 3 mois....... de celui du douzième pendant 12 mois : en tout, il profiterait de l'intérêt de 575^f pendant un nombre de mois égal à

$$1 + 2 + 3 + 4 \ldots\ldots + 12 = \frac{(1 + 12) \times 12}{2} = 78 \text{ mois.}$$

Or, l'intérêt de 575^f à 5 % pendant 78 mois est

$$\frac{5 \times 575 \times 78}{100 \times 12} = 186^f,875.$$

Soit 186^f,85.

Mais en payant le 1er mai, il jouit de l'intérêt de 6 900^f seulement pendant 4 mois. L'intérêt de 6 900^f pendant 4 mois est

$$\frac{5 \times 6\,900 \times 4}{100 \times 12} = 115^f.$$

En payant comme il le fait, le propriétaire perd donc

$$186^f,85 - 115 = 71^f,85.$$

2° Pour qu'il y eût compensation d'intérêts, il est évident que le propriétaire devrait payer, après le 1er mai, un temps suffisant, pour que l'intérêt de 6 900^f pendant ce temps fût égal à 71^f,85. Or, pour trouver le temps t, on écrira (423)

$$t = \frac{100 \times 71,85}{6\,900 \times 5} = 0,2083 \text{ d'année ou 76 jours environ.}$$

Pour qu'il y eût compensation d'intérêt, il faudrait donc que le propriétaire payât 76 jours après le 1er mai, c'est-à-dire le 15 juillet.

689. *3 bœufs ont mangé en 2 semaines l'herbe d'un pré de 2 ares et celle qui y a crû pendant ce temps ; 2 bœufs ont mangé en 4 semaines l'herbe d'un pré de 2 ares et celle qui y a crû pendant ce temps. En supposant que les bœufs mangent également, que les prés sont également bons et que l'herbe y croît uniformément, on demande combien il faudra de bœufs pour manger, en 6 semaines, l'herbe d'un pré de 6 ares et celle qui y croîtra pendant ce temps* (1).

Rép. 5 bœufs.

Si l'on représente par 1 l'herbe qui croît en 1 semaine dans 1 are, l'herbe qui croîtra en 2 semaines dans 2 ares sera 2×2 ou

(1) Ce problème est connu sous le nom de problème des bœufs de Newton.

4. Dans le 1er cas, les 3 bœufs ont donc mangé en 2 semaines l'herbe d'un pré de 2 ares plus 4 fois l'herbe qui a crû en une semaine dans 1 are.

1 bœuf a par conséquent mangé dans une semaine un pré de $\frac{2}{3 \times 2}$ d'are, plus $\frac{4}{3 \times 2}$ de celle qui croît en une semaine dans ur are.

De même, dans le 2e cas 1 bœuf a mangé en une semaine $\frac{2}{2 \times 4}$ d'are, plus $\frac{4 \times 2}{2 \times 4}$ ou 1, c'est-à-dire l'herbe qui croît en une semaine, d'après l'hypothèse qui a été faite.

Mais on a supposé que la quantité d'herbe mangée est la même dans les 2 cas ; il doit donc y avoir égalité entre les deux résultats trouvés. Or, la 1re partie de l'un $\frac{2}{3 \times 2}$, surpasse la 1re partie de l'autre $\frac{2}{2 \times 4}$ de

$$\frac{2}{3 \times 2} \text{ d'are} - \frac{2}{2 \times 4} = \frac{1}{12} \text{ d'are.}$$

Par compensation, la seconde partie $\frac{4}{3 \times 2}$ est plus petite que 1 de $1 - \frac{4}{3 \times 2} = \frac{1}{3}$ de l'herbe qui croît en une semaine dans 1 are.

Par suite, il arrive donc que

$\frac{1}{3}$ de l'herbe qui croît en une semaine $= \frac{1}{12}$ d'are,

donc l'herbe qui croît en une semaine $= \frac{3}{12} = \frac{1}{4}$ d'are.

Il est facile maintenant d'exprimer par une seule fraction l'herbe mangée en une semaine par 1 bœuf, car il mange d'abord $\frac{2}{3 \times 2}$ ou $\frac{1}{3}$ d'are, et en outre $\frac{4}{3 \times 2}$ ou $\frac{2}{3}$ de l'herbe qui croît en une semaine dans 1 are ; or, il croît dans une semaine la valeur de $\frac{1}{4}$ d'are : les $\frac{2}{3}$ de $\frac{1}{4}$ d'are sont $\frac{1}{6}$ d'are.

1 bœuf mange donc dans une semaine

$$\frac{1}{3} \text{ d'are} + \frac{1}{6} = \frac{1}{2} \text{ are.}$$

On peut, sans difficulté, trouver à présent, combien il faudra de bœufs pour manger en 6 semaines l'herbe contenue dans 6 ares et l'herbe qui y croîtra pendant ce temps; car l'herbe qui y croît en 1 semaine valant $\frac{1}{4}$ de celle qui s'y trouve déjà, elle équivaut à l'herbe de $\frac{6}{4}$ d'are, et, pour 6 semaines, elle équivaudra à $\frac{6 \times 6}{4} = 9$ ares. C'est donc comme s'il s'agissait maintenant de l'herbe contenue dans 6 ares $+ 9 = 15$ ans. Or un bœuf mangeant $\frac{1}{2}$ are par semaine mangera en 6 semaines $\frac{1}{2} \times 6 = 3$ ares : donc pour manger en 6 semaines les 15 ares, il faudra un nombre de bœufs égal à

$$15 : 3 = 5.$$

660. *Une personne fait partie d'une société composée de 500 individus âgés de 30 ans. La société s'engage à payer 20 000 fr. à chacun des survivants à l'âge de 45 ans. La personne dont il s'agit a besoin d'argent et désire vendre son contrat : combien peut-elle exiger de l'acheteur, sachant que, d'après les tables de mortalité, il ne restera plus à 45 ans que 424 sociétaires? Il sera tenu compte des intérêts composés à 4 1/2 °/₀ par an.*

RÉP. 8 763f,55.

Soit x la valeur actuelle du contrat, les 500 contrats vaudraient à ce prix

$$x \times 500.$$

L'acheteur des 500 contrats toucherait d'ailleurs, 15 ans après,

$$20\,000 \times 424\,;$$

Or, cette somme vaut aujourd'hui

$$\frac{20\,000 \times 424}{(1,045)^{15}}\,;$$

donc on a

$$x \times 500 = \frac{20\,000 \times 424}{(1,045)^{15}},$$

d'où

$$x = \frac{20\,000 \times 424}{500 \times (1,045)^{15}} = \frac{40 \times 424}{(1,045)^{15}}\,:$$

$$\begin{aligned} log.\ 40 &= 1,6020600 \\ log.\ 424 &= 2,6273659 \\ c^t\ 15\ log.\ 1,045 &= 9,7132555 \\ \hline log.\ x &= 3,9426814 \\ x &= 8\,763^f,55. \end{aligned}$$

661. *D'après MM. Girardin et Du Breuil, il y a grand avantage dans les fermes, où il n'y a pas plus de 30 hectares à exploiter, de remplacer les chevaux par des bœufs et même par des vaches. On demande, d'après les données ci-dessous, la perte faite en 18 ans par un fermier qui, au lieu d'employer 4 bœufs, a employé 4 chevaux. On devra tenir compte à raison de 5 % des intérêts composés des dépenses en excès occasionnées par l'emploi des chevaux, et l'on supposera que ces dépenses ne portent intérêt qu'à partir de la fin de l'année.*

Nature des dépenses	Pour 4 bœufs	Pour 4 chevaux (1).
Acquisition	1 600f	2 000f
Dépréciation annuelle (2).	»	140
Nourriture.	1 170f	1 825

Rép. 22 927f,90.

Différence d'intérêt pour l'acquisition des 4 chevaux (400f à 5 %) 20f
— pour dépréciation annuelle 140
— pour la nourriture (1 825 — 1 170). . . . 655

L'emploi des chevaux coûte donc annuellement en plus . . 815f

Cette 1re somme aurait pu porter intérêt pendant 17 ans et serait devenue à 5 %. . . . . $815 \times (1,05)^{17}$

La 2e somme serait devenue. . $815 \times (1,05)^{16}$

La 3e — — $815 \times (1,05)^{15}$

. . . .

la 18e n'aurait pas porté intérêt. . 815.

Si l'on désigne par A la somme des termes de cette progression, on aura

$$A = \frac{815 \times (1,05)^{17} \times 1,05 - 815}{0,05} = \frac{815\,[(1,05)^{18} - 1]}{0,05}$$

$$A = 16\,300\,[(1,05)^{18} - 1]:$$

$$18 \log. 1,05 = 0,3814074.$$

Ce log. correspondant au nombre 2,40662, on a

$$A = 16\,300 \times 1,40662 = 22\,927^{f},90.$$

---

(1) Nous ne parlons point des dépenses nécessitées par l'acquisition des harnais et de leur entretien, dépenses bien plus considérables pour le cheval que pour le bœuf. La détérioration des instruments et des voitures est aussi plus grande par l'emploi des chevaux. D'autre part, ceux-ci sont sujets à mille accidents auxquels les bœufs ne sont point exposés.

(2) Nous n'avons pas tenu compte de la dépréciation annuelle des bœufs; elle est en effet presque nulle, attendu qu'ils peuvent être vendus après les avoir engraissés.

662. *Un marchand de biens offre d'une pièce de terre 3 000 fr. comptant, ou 390 fr. à la fin de chaque année pendant 10 ans. Quelle est la proposition la plus avantageuse pour le vendeur ? On tiendra compte de l'intérêt composé à raison de 5 %.*

RÉP. Le payement par annuités procurerait un bénéfice de 11f,45.

La 1re annuité ne vaut aujourd'hui que $\frac{390}{1,05}$

La 2e — — — $\frac{390}{(1,05)^2}$

. . . .

La 10e — — — $\frac{390}{(1,05)^{10}}$

La somme de ces diverses valeurs étant désignée par A, on a (582)

$$A = \frac{\frac{390}{1,05} - \frac{390}{(1,05)^{10}} \times \frac{1}{1,05}}{1 - \frac{1}{1,05}}.$$

Multipliant numérateur et dénominateur par 1,05, il vient

$$A = \frac{390 - \frac{390}{(1,05)^{10}}}{1,05 - 1} = \frac{390 - \frac{390}{(1,05)^{10}}}{0,05}.$$

Mettant 390 en facteur commun, on trouve

$$A = \frac{390\left[1 - \left(\frac{1}{1,05}\right)^{10}\right]}{0,05}.$$

$$A = 7\,800\left[1 - \left(\frac{1}{1,05}\right)^{10}\right];$$

or, $10\ log.\ 1,05 = 0,211893.$

Ce log. correspondant au nombre 1,6289, on a

$$A = 7\,800\left(1 - \frac{1}{1,6289}\right)$$

$$A = 7\,800 \times 0,386087 = 3\,011^f,45.$$

Le payement par annuités produirait donc un bénéfice de

$$3\,011^f,45 - 3\,000 = 11^f,45.$$

Mais comme la différence est très-petite, et qu'on a des risques à courir dans l'espace de 10 ans, il est préférable de recevoir immédiatement son argent.

663. *Une personne a fait l'acquisition d'un bois dont le prix, tous frais compris, s'est élevé à la somme de 3 200 fr. Six ans après cette acquisition, elle a vendu la coupe moyennant la somme de 1 800 fr., déduction faite des frais. Enfin, 16 ans plus tard, une seconde coupe lui a produit 1 600 fr. En tenant compte de l'intérêt composé à 5 %, trouver : 1° à combien revient ce bois immédiatement après la seconde coupe ; 2° à quel taux cette personne a placé son argent.*

RÉP. Ce bois revient à 3 831f,65 ; le taux est 4f,48.

1° Si le propriétaire n'avait fait aucune coupe, son bois lui aurait coûté après 6 ans + 16 ou 22 ans

$$3\,200 \times (1,05)^{22}.$$

Représentant cette valeur par A, il vient

$$A = 3\,200 \times (1,05)^{22} :$$

$$\begin{aligned} log.\ 3\,200 &= 3,5051500 \\ 22\ log.\ 1,05 &= \underline{0,4661646} \\ log.\ A &= 3,9713146 \\ A &= 9\,360^f,80. \end{aligned}$$

Mais, 6 ans après l'acquisition, la propriété a rapporté 1 800f.

Désignant par A' ce que cette somme a pu devenir entre les mains du propriétaire pendant 16 ans, on a

$$A' = 1\,800 \times (1,05)^{16} :$$

$$\begin{aligned} log.\ 1\,800 &= 3,2552725 \\ 16\ log.\ 1,05 &= \underline{0,3390288} \\ log.\ A' &= 3,5943013 \\ A' &= 3\,929^f,15. \end{aligned}$$

Dans les 22 ans, le bois a donc rapporté

$$3\,929^f,15 + 1\,600 = 5\,529^f,15.$$

Après la seconde coupe, le bois revient donc au propriétaire à

$$9\,360^f,80 - 5\,529,15 = 3\,831^f,65.$$

2° A 5 %, et à intérêt composé, les 3 200f auraient rapporté dans 22 ans

$$9\,360^f,80 - 3\,200 = 6\,160^f,80.$$

Mais le bois n'a rapporté que 5 529f,15 ; si donc on désigne le taux demandé par x, on aura la proportion

$$\frac{x}{5} = \frac{5\,529,15}{6\,160,80} :$$

d'où $$x = \frac{552\,915 \times 5}{616\,080} = 4^f,48. \ (1)$$

664. *On a loué un terrain pour 18 ans, à raison de 75 fr. par an. Le locataire, vu la durée du bail, y a fait de notables améliorations qui lui occasionnent une dépense de 3 000 fr. Le travail dure 2 ans. Le terrain peut alors être loué à raison de 600 fr. par an, pendant le temps qui reste à courir. Le locataire a-t-il gagné en faisant ces améliorations? On tiendra compte des intérêts composés à 5 °/₀ des sommes avancées. On sait d'ailleurs que le terrain n'a rien rapporté les 2 premières années, et que si l'on suppose les 3 000 fr. versés seulement à la fin de la 2e année, on doit à cette époque augmenter cette somme de 75 fr., afin de tenir compte de l'intérêt des versements effectués aux ouvriers pendant le temps du travail.*

Rép. En faisant les améliorations, on a gagné $227^f,10$ par an.

D'une part, le locataire doit payer 75^f à la fin de chaque année et pendant 18 ans.

Le 1er versement de 75^f porte donc intérêt pendant 17 ans, et vaut, après 18 ans, capital et intérêt, . . . $75^f \times (1,05)^{17}$

le 2e versement vaut . . . . $75^f \times (1,05)^{16}$

. . . .

le dernier vaut. . . . . 75^f

Ces diverses valeurs forment une progression géométrique :

Si l'on représente leur somme par A, on a (581)

$$A = \frac{75 \times (1,05)^{17} \times 1,05 - 75}{0,05} = \frac{75\,[(1,05)^{18} - 1]}{0,05}$$

$$A = 1\,500\,[(1,05)^{18} - 1] :$$

$$18 \log.\ 1,05 = 0,3814074.$$

Ce log. correspondant au nombre 2,40662, il vient

$$A = 1\,500 \times 1,40662 :$$

$$\log.\ 1\,500 = 3,1760913$$

$$\log.\ 1,40662 = 0,1481768$$

$$\log.\ A = 3,3242681$$

$$A = 2\,109^f,93.$$

(1) Il est bien évident que le taux eût été un peu moins élevé, si l'on avait tenu compte des impôts. En général, les propriétés plantées en bois rapportent très-peu, quelquefois seulement $0^f,50$ ou 1 °/₀.

D'autre part, d'après les données, le locataire verse au commencement de la 3e année 3 000 + 75 ou 3 075f. Cette somme vaudra à la fin du bail, c'est-à-dire dans 16 ans

$$3\,075 \times (1{,}05)^{16}.$$

Si l'on désigne cette valeur par A', on a

$$A' = 3\,075 \times (1{,}05)^{16}:$$

$$\begin{aligned} \log.\ 3\,075 &= 3{,}4878451 \\ 16 \log.\ 1{,}05 &= 0{,}3390288 \\ \hline \log.\ A' &= 3{,}8268739 \\ A' &= 6\,712^{f}{,}34. \end{aligned}$$

$$A + A' = 2\,109^{f}{,}93 + 6\,712^{f}{,}34 = 8\,822^{f}{,}27.$$

Le locataire aura donc versé en réalité à la fin de son bail 8 822f,27 : telle est la somme qu'il doit *amortir* (1) en 16 ans, puisqu'il est à fin de bail. Il s'agit donc de chercher (622), dans l'égalité

$$8\,822{,}27 = \frac{a(1+r)^n - a}{r}$$

la valeur de l'annuité a.

On a successivement

$$8\,822{,}27 \times r = a(1+r)^n - a$$

$$8\,822{,}27 \times r = a[(1+r)^n - 1]:$$

d'où

$$a = \frac{8\,822{,}27 \times r}{(1+r)^n - 1}.$$

Si dans cette dernière égalité, on remplace les lettres par leurs valeurs respectives, il vient

$$a = \frac{8\,822{,}27 \times 0{,}05}{(1{,}05)^{16} - 1}:$$

$$16 \log.\ 1{,}05 = 0{,}3390288.$$

Ce log. correspondant au nombre 2,182875, on a

$$a = \frac{8\,822{,}27 \times 0{,}05}{1{,}182875}:$$

(1) Dans une foule de circonstances, il est indispensable de faire entrer dans les frais généraux l'amortissement de certaines sommes : ainsi le fermier ou le cultivateur qui n'amortirait pas en peu d'années les sommes consacrées à l'acquisition de tout son matériel agricole, commettrait une grave erreur. De même, le commerçant doit faire entrer dans ses frais généraux l'amortissement des sommes, qui ont été affectées à son installation, à l'embellissement de sa maison, à toute construction dont la durée est limitée, etc., etc.

$$\begin{aligned} log.\ 8\ 822{,}27 &= 3{,}9455804 \\ log.\ 0{,}05 &= \bar{2}{,}6989700 \\ c^t\ log.\ 1{,}182875 &= 9{,}9270611 \\ \hline log.\ a &= 2{,}5716115 \\ a &= 372^f{,}90 \text{ environ.} \end{aligned}$$

En faisant les améliorations, le locataire a donc gagné annuellement, et pendant 16 ans,

$$600^f - 372^f{,}90 \text{ ou } 227^f{,}10.$$

Remarque. L'emploi des logarithmes n'est pas nécessaire : on peut se servir des tables qui se trouvent sur nos ouvrages d'Arithmétique. Voir, *Nouveau cours*, *N°* 624, AUTRE SOLUTION.

665. *On doit payer* 30 000^f *à une compagnie en deux payements égaux, l'un doit être effectué dans* 12 *ans et le second dans* 27 *ans. Dans combien d'années pourrait-on s'acquitter par un versement unique, si l'on tient compte des intérêts composés à raison de* 5 %*?*

RÉP. 18 ans 57 jours.

Si l'on désigne le premier payement par A, on aura évidemment pour sa valeur actuelle

$$A = \frac{15\ 000}{(1{,}05)^{12}} :$$

$$\begin{aligned} log.\ 15\ 000 &= 4{,}1760913 \\ 12\ log.\ 1{,}05 &= 0{,}2542716 \\ \hline log.\ A &= 3{,}9218197 \\ A &= 8\ 352^f{,}55 \end{aligned}$$

De même, si l'on désigne le second versement par A', on aura pour sa valeur actuelle

$$A' = \frac{15\ 000}{(1{,}05)^{27}}$$

$$\begin{aligned} log.\ 15\ 000 &= 4{,}1760913 \\ 27\ log.\ 1{,}05 &= 0{,}5721111 \\ \hline log.\ A' &= 3{,}6039802 \\ A' &= 4\ 017^f{,}75. \end{aligned}$$

La valeur actuelle de la dette est par conséquent de

$$8\ 352^f{,}55 + 4\ 017^f{,}75 = 12\ 370^f{,}\ 30.$$

Il s'agit donc de trouver à quelle époque on doit payer une somme de 30 000^f pour que sa valeur actuelle soit seulement 12 370^f,30.

Si l'on représente par n le temps cherché, on a

$$12\,370{,}30 \times (1{,}05)^n = 30\,000 :$$

d'où

$$log.\ 12\,370{,}30 + n\ log.\ 1{,}05 = log.\ 30\,000$$

$$n\ log.\ 1{,}05 = log.\ 30\,000 - log.\ 12\,370{,}30$$

et

$$n = \frac{log.\ 30\,000 - log.\ 12\,370{,}30}{log.\ 1{,}05}$$

$$n = \frac{4{,}4771213 - 4{,}0923801}{0{,}0211893}$$

$$n = \frac{3\,847\,412}{211\,893} = 18^a{,}157 = 18 \text{ ans } 57 \text{ jours.}$$

666. *Quelle est la valeur actuelle d'une annuité de* 3 000^f *payable à la fin de chaque année pendant* 20 *ans? On tiendra compte des intérêts composés à* 5 %.

Rép. 37 386^f,60.

La 1re annuité vaut aujourd'hui $\frac{3\,000}{1{,}05}$

La 2e — — $\frac{3\,000}{(1{,}05)^2}$

La 3e — — $\frac{30\,00}{(1{,}05)^3}$

. . . .

La 20e — — $\frac{3\,000}{(1{,}05)^{20}}$

Mais ces diverses valeurs forment une progression géométrique décroissante dont la raison est $\frac{1}{1{,}05}$. Si donc on représente leur somme par A, on aura (582)

$$A = \frac{\frac{3\,000}{1{,}05} - \frac{3\,000}{(1{,}05)^{20}} \times \frac{1}{1{,}05}}{1 - \frac{1}{1{,}05}}$$

Multipliant numérateur et dénominateur par 1,05, il vient

$$A = \frac{3\,000 - \frac{3\,000}{(1{,}05)^{20}}}{1{,}05 - 1} = \frac{3\,000 - \frac{3\,000}{(1{,}05)^{20}}}{0{,}05}$$

Mettant 3 000 en facteur commun, on trouve

$$A = \frac{3\,000\left[1 - \left(\frac{1}{1,05}\right)^{20}\right]}{0,05}$$

$$A = 60\,000\left[1 - \left(\frac{1}{1,05}\right)^{20}\right] :$$

or,

$$20 \, log. \, 1,05 = 0,4237860.$$

Ce log. correspondant au nombre 2,6533, on a

$$A = 60\,000\left(1 - \frac{1}{2,6533}\right)$$

$$A = 60\,000 \times 0,62311 = 37\,386^{f},60.$$

667. *Quelle est la valeur actuelle d'une rente de* 1 500ᶠ *payable par trimestre pendant* 15 *ans? On tiendra compte des intérêts composés à raison de* 5 % *par an.*

RÉP. 15 762ᶠ,95.

15 ans valent 4 × 15 ou 60 trimestres.

L'intérêt de 1ᶠ pour un trimestre est

$$\frac{0^{f},05}{4} = 0^{f},0125,$$

1ᶠ devient donc au bout de 3 mois. . . . 1ᶠ,0125;

La valeur actuelle du 1ᵉʳ payement est par suite $\frac{1\,500}{4} \times \frac{1}{1,0125}$

La valeur actuelle du 2ᵉ — — $\frac{1\,500}{4} \times \left(\frac{1}{1,0125}\right)^{2}$

— 3ᵉ — — $\frac{1\,500}{4} \times \left(\frac{1}{1,0125}\right)^{3}$

. . . .

— du dernier — — $\frac{1\,500}{4} \times \left(\frac{1}{1,0125}\right)^{60}$

La somme de ces valeurs étant représentée par A, on a (582)

$$A = \frac{\frac{1\,500}{4} \times \frac{1}{1,0125} - \frac{1\,500}{4} \times \left(\frac{1}{1,0125}\right)^{60} \times \frac{1}{1,0125}}{1 - \frac{1}{1,0125}}$$

$$A = \frac{375 \times \frac{1}{1,0125} - 375 \times \left(\frac{1}{1,0125}\right)^{60} \times \frac{1}{1,0125}}{1 - \frac{1}{1,0125}}.$$

Multipliant numérateur et dénominateur par 1,0125, il vient

$$A = \frac{375 - 375 \times \left(\frac{1}{1,0125}\right)^{60}}{1,0125 - 1} = \frac{375 - 375 \times \left(\frac{1}{1,0125}\right)^{60}}{0,0125}.$$

Mettant 375 en facteur commun, on trouve

$$A = \frac{375\left[1 - \left(\frac{1}{1,0125}\right)^{60}\right]}{0,0125}$$

$$A = 30\,000\left[1 - \left(\frac{1}{1,0125}\right)^{60}\right]:$$

or,

$$log.\ 1,0125 = 0,00539503$$

$$60\ log.\ 1,0125 = 0,3237018$$

Ce log. correspondant au nombre 2,10718, on a

$$A = 30\,000\left[1 - \frac{1}{2,10718}\right]$$

$$A = 30\,000 \times 0,525432 = 15\,762^{f},95.$$

668. *Quelle est la valeur actuelle d'une annuité de* 1 500 *fr. payable pendant* 20 *ans, et dont la* 1re *annuité ne doit être payée qu'au bout de* 9 *ans à partir de la fin de la présente année? Il sera tenu compte des intérêts composés à* 5 %.

Rép. 12 049^f^,90.

La 1re annuité *différée* vaut aujourd'hui $\frac{1\,500}{(1,05)^{9+1}} = \frac{1\,500}{(1,05)^{10}}$.

La 2e — — — $\frac{1\,500}{(1,05)^{11}}$

La 3e — — — $\frac{1\,500}{(1,05)^{12}}$

. . . .

La dernière — — $\frac{1\,500}{(1,05)^{29}}$.

La somme de ces valeurs étant désignée par A, on a

$$A = \frac{\frac{1\,500}{(1,05)^{10}} - \frac{1\,500}{(1,05)^{29}} \times \frac{1}{1,05}}{1 - \frac{1}{1,05}}.$$

Multipliant numérateur et dénominateur par 1,05, il vient

$$A = \frac{\frac{1\,500}{(1,05)^{9}} - \frac{1\,500}{(1,05)^{29}}}{1,05 - 1} = \frac{\frac{1\,500}{(1,05)^{9}} - \frac{1\,500}{(1,05)^{29}}}{0,05}.$$

Mettant 1 500 en facteur commun, on trouve

$$A = \frac{1\,500\left[\left(\frac{1}{1,05}\right)^{9} - \left(\frac{1}{1,05}\right)^{29}\right]}{0,05},$$

$$A = 30\,000\left[\left(\frac{1}{1,05}\right)^{9} - \left(\frac{1}{1,05}\right)^{29}\right]:$$

$$9 \; log. \; 1,05 = 0,1907037.$$

Ce log. correspond au nombre 1,551324.

$$29 \; log. \; 1,05 = 0,6144897$$

Ce log. correspond au nombre 4,116135 :

on a donc

$$A = 30\,000\left[\frac{1}{1,551324} - \frac{1}{4,116135}\right]$$

$$A = 30\,000\,[0,644609 - 0,2429463]$$

$$A = 30\,000 \times 0,4016627$$

$$A = 12\,049^{f},90.$$

669. *Tout fonctionnaire de l'Etat doit verser le 1er douzième de son traitement à la Caisse des retraites; ensuite le 5 % du traitement mensuel; enfin lors d'une augmentation, il verse en outre le 1er douzième de l'augmentation, et sa pension est, dans bien des cas, les* $\frac{2}{3}$ *de la moyenne des 6 dernières années de son traitement. On suppose qu'un employé est resté pendant les 25 années (1) de son service au même traitement (2) de 1 800f : combien a-t-il versé*

(1) Le droit à la pension de retraite est acquis seulement à 60 ans d'âge et après 30 ans de service; mais pour les fonctionnaires qui ont passé 15 ans dans la partie active du service, il suffit de 55 ans d'âge et de 25 ans de service.

(2) L'exercice serait trop long avec augmentation de traitement, mais la difficulté ne serait pas plus grande.

à la Caisse des retraites, si l'on tient compte des intérêts composés des sommes versées à 5 %?

RÉP. 4 945f,05.

Après 1 mois de service, l'Etat retient à ce fonctionnaire le $\frac{1}{12}$ de 1 800f ou 150f. Or, cette somme reste à la Caisse des retraites pendant 25 ans moins 1 mois. D'ailleurs à 5 % une somme de 150f valant après 11 mois, capital et intérêt, 156f,875, il arrive que 156f,875 peuvent profiter à l'Etat pendant 24 ans. En désignant par A ce que deviendra ce capital à 5 %, après 24 ans, on a

$$A = 156,875 \times (1,05)^{24}:$$

$$\begin{aligned} log.\ 156,875 &= 2,1955538 \\ 24\ log.\ 1,05 &= 0,5085432 \\ log.\ A &= 2,7040970 \\ A &= 505^f,94. \end{aligned}$$

D'autre part, 25 ans valent 300 mois, et comme le 5 % de 150f est de 7f,50, et que cette retenue est faite à la fin du 2e mois, il en résulte que 7f,50 peuvent rapporter à l'Etat pendant 298 mois; la retenue suivante peut rapporter pendant 297 mois, et ainsi de suite. En réalité, le fonctionnaire verse donc à la Caisse des retraites :

Une somme de 7f,50 augmentée de ses intérêts composés pendant 298 mois ou (1) $7^f,50 \times \left(\frac{12,05}{12}\right)^{298}$

— — 7f,50 augmentée de ses intérêts composés pendant 297 mois, ou $7,50 \times \left(\frac{12,05}{12}\right)^{297}$

. . . .

Une somme de 7f,50 augmentée de ses intérêts composés pendant 2 mois, ou $7,50 \times \left(\frac{12,05}{12}\right)^{2}$

— — 7f,50 augmentée de ses intérêts pendant 1 mois, ou $7,50 \times \left(\frac{12,05}{12}\right)$

(1) 1f rapporte 0,05 par an et par mois $\frac{0,05}{12}$; de sorte que 1f vaut au bout de 1 mois, capital et intérêts $1 + \frac{0,05}{12} = \frac{12,05}{12}$; après 298 mois, 7f,50 valent donc bien $7,50 \times \left(\frac{12,05}{12}\right)^{298}$.

La dernière somme ne porte pas intérêt : $7^f,50$.

Ces retenues:

$$7{,}50\ ;\ 7{,}50 \times \frac{12{,}05}{12}\ ;\ 7{,}50 \times \left(\frac{12{,}05}{12}\right)^2 ;\ \ldots\ldots$$

$$7{,}50 \times \left(\frac{12{,}05}{12}\right)^{298}$$

forment une progression géométrique dont le 1er terme est 7,50, le dernier $7{,}50 \times \left(\frac{12{,}05}{12}\right)^{298}$ et la raison $\frac{12{,}05}{12}$. Si l'on désigne la somme des termes par A′, on a (581)

$$A' = \frac{7{,}50 \times \left(\frac{12{,}05}{12}\right)^{298} \times \frac{12{,}05}{12} - 7{,}50}{\frac{12{,}05}{12} - 1}$$

$$= \frac{12 \times 7{,}50 \left[\left(\frac{12{,}05}{12}\right)^{299} - 1\right]}{0{,}05},$$

$$A' = \frac{12 \times 7{,}50\ [(1{,}004166)^{299} - 1]}{0{,}05}:$$

$$\log.\ 1{,}004166 = 0{,}00180552$$

$$299\ \log.\ 1{,}004166 = 0{,}5398505$$

Ce log. correspond au nombre 3,466174 ; on a, par suite,

$$(1{,}004166)^{299} - 1 = 2{,}466174,$$

et

$$A' = \frac{12 \times 7{,}50 \times 2{,}466174}{0{,}05} = \frac{12 \times 750 \times 2{,}466174}{5}$$

$$A' = 12 \times 150 \times 2{,}466174:$$

$$\log.\ 12 = 1{,}0791812$$

$$\log.\ 150 = 2{,}1760913$$

$$\log.\ 2{,}466174 = 0{,}3920237$$

$$\log.\ A' = 3{,}6472962$$

$$A' = 4\ 439^f{,}11.$$

$$A + A' = 505^f{,}94 + 4\ 439{,}11 = 4\ 945^f{,}05.$$

Telle est la somme versée par le fonctionnaire à la Caisse des retraites.

670. *Un fonctionnaire public qui a versé à la Caisse des retraites, par suite des retenues faites par l'Etat et leurs intérêts composés, la somme de* 4 945f,05, *touche une pension de* 1 200 *fr. Combien, si l'on tient compte des intérêts composés à* 5 %, *devrait-il recevoir au commencement de chaque année, si l'Etat lui donnait seulement la rente viagère qui lui est due? On sait, d'ailleurs, que ce fonctionnaire a été mis à la retraite à l'âge de* 57 *ans, et que, d'après les Tables de* DEPARCIEUX, *la durée probable de la vie à cet âge est de* 16 *ans* (1).

RÉP. 996f.

Si l'on désigne par A ce que valent, après 16 ans, 4 945f,05 placés à 5 % et à intérêts composés, on a

$$A = 4\,945^f{,}05 \times \overline{1{,}05}^{16}:$$

$$\log.\ 4\,945{,}05 = 3{,}6941707$$
$$16 \log.\ 1{,}05 = 0{,}3390288$$
$$\log.\ A = 4{,}0331995$$
$$A = 10\,794^f{,}40.$$

Telle est la somme que devrait amortir l'Etat en 16 ans. Si, dans la formule (n° 622)

$$a = \frac{Ar\,(1+r)^n}{(1+r)^n - 1},$$

on remplace les lettres par leurs valeurs respectives, on a

$$a = \frac{10\,794{,}40 \times 0{,}05 \times \overline{1{,}05}^{16}}{\overline{1{,}05}^{16} - 1}:$$

$$16 \log.\ 1{,}05 = 0{,}3390288.$$

Ce log. correspondant au nombre 2,182875, il vient

$$a = \frac{10\,794{,}40 \times 0{,}05 \times \overline{1{,}05}^{16}}{1{,}182875}:$$

$$\log.\ 10\,794{,}40 = 4{,}0331995$$
$$\log.\ 0{,}05 = \bar{2}{,}6989700$$
$$16 \log.\ 1{,}05 = 0{,}3390288$$
$$c^t \log.\ 1{,}182875 = 9{,}9270611$$
$$\log.\ a = 2{,}9982594$$
$$a = 996^f.$$

(1) On peut traiter cette question sans recourir aux logarithmes (Voir, n° 484, *Nouveau cours)*.

L'Etat n'aurait que 996f à donner au commencement de chaque année. Il procure en général un avantage notable à ses fonctionnaires, mais lui-même trouve d'immenses ressources dans les retenues faites aux employés ; car, combien n'atteignent pas l'âge de la retraite ; combien meurent peu après cet âge !

INDUSTRIE ET COMMERCE

671. *La betterave blanche de Silésie donne 7 % de son poids en sucre. 1° Quelle superficie faudrait-il ensemencer dans un terrain qui produira approximativement 3kg,125 de cette espèce de betterave par mètre carré, pour fournir la quantité de betteraves nécessaire à la fabrication de 87 500kg de sucre? 2° Quelle serait la valeur des betteraves, à raison de 16f,50 les 1 000kg ?*

Rép. 1° 40 hectares; 2° 20 625f.

1° 87 500kg représentent les $\frac{7}{100}$ du poids total des betteraves. Le poids total des betteraves à employer sera donc égal à

$$\frac{87\,500 \times 100}{7} = 1\,250\,000^{kg}.$$

Le nombre de mètres carrés nécessaires pour produire ce poids de betterave sera par conséquent

$$\frac{1\,250\,000}{3{,}125} = 400\,000^{mq} \text{ ou 40 hectares.}$$

2° A 16f,50 les 1 000kg, le prix de 1 250 000kg est

$$0{,}0165 \times 1\,250\,000 = 20\,625^{f}.$$

672. *Dans un hôtel des monnaies, on a frappé de la monnaie d'argent pour une valeur de 1 000 000f; les $\frac{19}{20}$ de cette fabrication sont en pièces de 5f, au titre de 900 millièmes; le reste est fabriqué en pièces divisionnaires au titre de 835 millièmes. On demande : 1° le poids de l'argent pur, qui a été employé; 2° le montant des frais de fabrication des pièces de 5f au tarif de 1f,50 par kg. d'argent monnayé?*

Rép. 4 483kg,75; 7 125f.

1° Il est évident que la somme en pièces de 5^f est

$$\frac{1\,000\,000 \times 19}{20} = 950\,000^f.$$

La somme en pièces divisionnaires est donc

$$50\,000^f.$$

Le poids de l'argent pur contenu dans les pièces de 5^f est

$$5^{gr} \times 0{,}9 \times 950\,000 = 4\,275\,000^{gr}, = 4\,275^{kg}.$$

Le poids d'argent pur contenu dans les petites pièces est

$$5^{gr} \times 0{,}835 \times 50\,000 = 208\,750^{gr} = 208^{kg},75.$$

Le poids de l'argent pur employé est par conséquent égal à

$$4\,275^{kg}, + 208^{kg},75 = 4\,483^{kg},75.$$

2° Le poids des pièces de 5^f est évidemment

$$5^{gr} \times 950\,000 = 4\,750\,000^{gr}, = 4\,750^{kg}.$$

Les frais de fabrication s'élèvent donc pour ces pièces à

$$1^f,50 \times 4\,750 = 7\,125^f.$$

673. *On sait que la rétribution accordée aux entrepreneurs, pour la fabrication des monnaies, est réglée à* $6^f,70$ *par kg. de monnaie d'or, et à* $1^f,50$ *par kg. de monnaie d'argent. L'Etat ayant fait monnayer des lingots (or et argent) au titre légal et dont le poids total est de* 120 *kg., a payé* $367^f,20$. *On demande la valeur de la somme des pièces d'or fabriquées et celle de la somme des pièces d'argent.*

RÉP. Valeur des pièces d'or, 111 600^f; valeur des pièces d'argent, 16 800^f.

Pour 120^{kg} entièrement en or propre à fabriquer de la monnaie, on aurait payé

$$6^f,70 \times 120 = 804^f.$$

Mais on n'a payé que $367^f,20$, la différence est

$$804^f - 367,20 = 436^f,80.$$

Or, chaque fois qu'on substituera pour la fabrication 1^{kg} d'argent à 1^{kg} d'or, la différence diminuera de

$$6^f,70 - 1,50 = 5^f,20.$$

Pour annuler la différence, il faudra donc faire un nombre de substitutions égal à

$$436,80 : 5,20 = 84.$$

Sur les 120^{kg}, il y a donc 84^{kg} d'argent monnayé, et

$$120 - 84 \text{ ou } 36^{kg} \text{ d'or monnayé.}$$

1^{kg} d'argent monnayé vaut 200^f, les 84^{kg} de monnaie d'argent valent donc

$$200 \times 84 = 16\ 800^f.$$

1^{kg} d'or monnayé vaut $3\ 100^f$,
les 36^{kg} de monnaie d'or valent par conséquent

$$3\ 100 \times 36 = 111\ 600^f.$$

La vérification est facile :

84^{kg} d'argent monnayé coûtent, pour frais de fabrication,

$$1^f,50 \times 84 = 126^f$$

36^{kg} d'or — — — de fabrication,

$$6^f,70 \times 36 = 241,20$$

Total égal aux frais de fabrication mentionnés dans l'énoncé $367^f,20$

674. *Une personne doit trois billets égaux payables, le 1er au bout de 5 mois, le 2e au bout de 9 mois et le 3e au bout de 15 mois ; elle se libère en versant immédiatement* 1 427f,50. *On demande le montant de chaque billet, en tenant compte de l'escompte à 6 %.*

Rép. 500f.

A 6 % l'escompte de 100^f pour 5 mois est $2^f,50$.

—	—	100	—	9	—	4, 50.
—	—	100	—	15	—	7, 50.

On peut donc dire que

100^f payables dans	5	mois	valent aujourd'hui		$97^f,50$.
100	—	9	—	—	95, 50.
100	—	15	—	—	92, 50.

3 billets de 100^f chacun, payables, le 1er dans 5 mois, le 2e dans 9, et le 3e dans 15, vaudraient donc aujourd'hui

$$97^f,50 + 95^f,50 + 92^f,50 = 285^f,50.$$

Comme la personne se libère immédiatement, en versant 1 $427^f,50$, il est clair que chacun des billets se composera d'autant de fois 100^f que 285,50 sont contenus de fois dans 1 427,50 ; or,

$$\frac{1\ 427,50}{285,50} = 5.$$

Chaque billet était donc de 5 fois 100 ou de 500^f

675. *Le capital d'une société industrielle, partagé en* 25 785 *actions de* 500 *fr., a produit un bénéfice de* 1 727 595 *fr. Le divi-*

dende des actionnaires se compose : 1° d'un intérêt fixe de 6 % par action ; 2° des $\frac{3}{5}$ de ce qui reste, après avoir prélevé sur le bénéfice ledit intérêt. On demande quel a été le dividende de l'année pour chaque action, et à quel taux l'argent a été placé. On demande aussi de quelle somme s'est accru le fonds de réserve.

Rép. Dividende : 22f,20; taux : 10f,44; accroissement du fonds de réserve : 381 618f.

Les actions produisant un intérêt de 6 %, l'intérêt dû pour une action est de 30f, et l'intérêt dû pour toutes les actions est de

$$30^f \times 25\ 785 = 773\ 550^f.$$

Après avoir prélevé l'intérêt, il reste donc un bénéfice de

$$1\ 727\ 595^f - 773\ 550 = 954\ 045.$$

Les $\frac{3}{5}$ de cette somme sont

$$\frac{954\ 045 \times 3}{5} = 572\ 427^f$$

Le dividende par action est par suite égal à

$$572\ 427 : 25\ 785 = 22^f,20.$$

Une action rapporte donc en tout

$$30^f + 22 = 52^f,20.$$

Dans cette société, l'argent est par conséquent placé à un taux égal à

$$\frac{52,20 \times 100}{500} = 10^f,44.$$

Enfin, si du bénéfice total, on retranche l'intérêt de toutes les actions et le dividende partagé, il est évident que le reste exprimera l'augmentation du fonds de réserve : cette augmentation est donc

$$1\ 727\ 595 - 773\ 550 - 572\ 427 = 381\ 618^f.$$

676. *L'affinage de la fonte ou conversion de la fonte en fer marchand, se fait aujourd'hui dans la plupart des forges, au moyen de deux opérations* (1). *La 1re consiste à transformer, dans*

(1) Il y a des forges où l'affinage comprend 3 opérations. Dans la 1re, la fonte, mise en fusion dans les *fineries*, donne le *fine-métal*. Dans la 2e, on transforme, dans les fours à *puddler*, le fine-métal en *fer brut ;* enfin, dans la 3e, le fer brut est transformé en *fer marchand* dans les *fours à réchauffer*.

les fours à puddler, la fonte en fer brut ou massiaux ; la 2e, à transformer, dans les fours à réchauffer, le fer brut en fer marchand. Or, il faut environ 1 130 kg. de fonte et 750 kg. de houille pour obtenir 1 000 kg. de fer brut, et 1 175 kg. de fer brut et 500 kg. de houille pour avoir 1 000 kg. de fer marchand. On demande la quantité de fonte et de houille nécessaire à la production de 1 000 kg. de fer marchand.

RÉP. 1 328kg de fonte et 1 381kg de houille.

1 000kg de fer brut proviennent de 1 130kg de fonte.

1 175kg — — $1{,}130 \times 1\,175 = 1\,328$kg de fonte environ.

De même, 1 000kg de fer brut demandent 750kg de houille.

1 175kg — — $0{,}75 \times 1\,175 = 881$kg de houille environ.

Pour produire 1 000kg de fer marchand, il faut donc

1 328kg de fonte et 881kg + 500 = 1 381kg de houille.

677. *Pour obtenir une tonne de fer brut, une usine emploie 1 130kg de fonte à 130f la tonne et 750kg de houille à 32f la tonne; elle paye en outre 12f pour la main-d'œuvre; elle a produit 2 777 630kg de fer brut : on demande ce qu'elle a dû dépenser en tout tant pour la fonte que pour le combustible et la main-d'œuvre.*

RÉP. 508 028f,52.

1 130kg de fonte à 130f la tonne coûtent	$0{,}13 \times 1\,130 =$	146f,90
750kg de houille à 32f la tonne —	$0{,}032 \times 750 =$	24f
Main-d'œuvre		12f
1 000kg de fer brut reviennent donc à.		182f,90

2 777 630kg de fer brut reviennent par conséquent à

$0{,}1829 \times 2\,777\,630 = 508\,028$f,52.

678. *Dans les fours à puddler et à réchauffer, on retire, en moyenne, 125kg d'escarbille par 1 000kg de houille consommée. Or, il faut dans les fours à puddler 1 130kg de fonte et 750kg de houille pour obtenir 1 000kg de fer brut; dans les fours à réchauffer, il faut, par 1 000kg de fer marchand, 1 175kg de fer brut et 500kg de houille. On demande, d'après ces données, quelle somme* *représente, à 18f les 1 000kg, l'escarbille produite par une usine qui a converti de la fonte en fer brut, et celui-ci en 2 000 tonnes de fer marchand.*

RÉP. 6 214f,50.

Pour produire une tonne de fer marchand, il faut (Ex. 676) en nombre rond, 1 381kg de houille; par conséquent, pour produire 2 000t, il faut une quantité de houille égale à

$$1\ 381 \times 2\ 000 = 2\ 762\ 000^{kg}.$$

La quantité d'escarbille obtenue est donc

$$2\ 762 \times 125 = 345\ 250^{kg},$$

ce qui représente une valeur de

$$0{,}018 \times 345\ 250 = 6\ 214^{f},50.$$

679. *Une usine a produit dans une année 6 361 080kg de fer brut; elle a employé 7 146 480kg de fonte à 110f la tonne et 3 889 400kg de houille à 30f la tonne. Or, on sait qu'en moyenne il faut pour produire une tonne de fer brut 1 130kg de fonte et 750kg de houille. On demande si cette usine a marché dans de bonnes conditions, et combien elle a gagné ou perdu sur la fonte et sur la houille par suite de la direction.*

RÉP. On a gagné 31 011f,70 par suite de la bonne direction.

Cette usine a dépensé pour la fonte :

$$110 \times 7\ 146{,}48 = 786\ 112^{f},80$$

— — la houille :

$$30 \times 3\ 889{,}4 = 116\ 682$$

Dépense totale pour la fonte et pour la houille . . 902 794f,80

Dans les conditions ordinaires, cette usine aurait dépensé :

1° En fonte $1\ 130^{kg} \times 6\ 361{,}08 = 7\ 188\ 020^{kg}$, à moins de 1kg près.

Ce qui représente une somme de $110 \times 7\ 188{,}02 = 790\ 682^{f},20$

2° En houille $750 \times 6\ 361{,}08 = 4\ 770\ 810^{kg}$.

Ce qui représente une somme de $30 \times 4\ 770{,}81 = 143\ 124,30$

Dans les conditions ordinaires la dépense serait élevée à 933 806f,50

L'usine a donc marché dans des conditions favorables, et par suite de la bonne direction, on a gagné sur la fonte et sur la houille

$$933\ 806^{f},50 - 902\ 794^{f},80 = 31\ 011^{f},70.$$

680. *Une usine a employé* 9 000^{t} *de fonte : quelle quantité de fer marchand a-t-elle dû produire, et combien a-t-on dépensé pour le combustible? On sait d'ailleurs que pour obtenir une tonne de fer brut, il faut en moyenne* 1 130^{kg} *de fonte et* 750^{kg} *de houille, et que pour produire une tonne de fer marchand, il faut* 1 175^{kg} *de fer brut et* 500^{kg} *de houille à* 32^{f} *la tonne.*

Rép. L'usine a produit 6 778 383^{kg} de fer marchand ; on a dépensé 201 995^{f},85 pour le comestible.

1 130^{kg} de fonte produisent 1 000^{kg} de fer brut.

$$9\,000\,000^{kg} \quad — \quad — \quad \frac{1\,000 \times 9\,000\,000}{1\,130} = 7\,964\,601^{kg}$$

de fer brut, à 1^{kg} près.

D'autre part, 1 175^{kg} de fer brut produisent 1 000^{kg} de fer marchand,

$$7\,964\,601^{kg} \quad — \quad — \quad \frac{1\,000 \times 7\,964\,601}{1\,175}$$

$$= 6\,778\,383^{kg} \text{ de fer marchand.}$$

La quantité de houille employée, pour produire le fer brut, a été

$$7\,964{,}601 \times 750 = 5\,973\,450^{kg}{,}75.$$

La quantité de houille employée pour produire le fer marchand, a été

$$6\,778{,}383 \times 500 = 338\,919^{kg}{,}50.$$

La quantité de houille employée en tout a donc été de

$$5\,973\,450^{kg}{,}75 + 338\,919^{kg}{,}50 = 6\,312\,370^{kg}{,}25.$$

Cette quantité de houille représente une somme égale à

$$0{,}032 \times 6\,312\,370{,}25 = 201\,995^{f}{,}85 \text{ environ.}$$

681. *On paye* 12^{f} *pour la main-d'œuvre par tonne de fer brut, et* 14^{f},50 *par tonne de fer marchand. A combien revient, en réalité, la main-d'œuvre par tonne de fer marchand? On sait d'ailleurs qu'il faut* 1 175^{kg} *de fer brut pour produire une tonne de fer marchand.*

Rép. 28^{f},60.

Pour 1 000^{kg} de fer brut, on paye 12^{f} pour la main-d'œuvre.

— 1 175^{kg} — — $0{,}012 \times 1\,175 = 14^{f}{,}10.$

Par tonne de fer marchand, la main-d'œuvre coûte donc

$$14^{f}{,}10 + 14{,}50 = 28^{f}{,}60.$$

682. *Une usine dépense pour produire une tonne de fonte brute :*

190^{kg} *de charbon de bois à* 15^{f} *le mètre cube du poids de* 210^{kg};
$1\,064^{kg}$ *de coke à* 34^{f} *la tonne;*
$1^{m3},237$ *de minerai lavé à* 14^{f} *le mètre cube;*
$0^{m3},423$ *de minerai en cailloux à* $7^{f},90$;
$0^{m3},250$ *de castine à* $1^{f},50$;
$3^{f},70$ *pour la main-d'œuvre;*
$12^{f},60$ *pour les frais généraux;*

Combien cette usine gagne-t-elle °/₀ en vendant ses fontes 120^{f} *la tonne?*

RÉP. $37^{f},77$.

210^{kg} de charbon coûtent 15^{f}, par suite 190^{kg} coûtent

$$\frac{15 \times 190}{210} = 13^{f},57$$

$1\,064^{kg}$ de coke à 34^{f} la tonne coûtent	$0,034 \times 1\,064 =$	36, 18
$1^{m3},237$ de minerai lavé à 14^{f} le mètre —	$14 \times 1,237 =$	17, 32
$0^{m3},423$ — en cailloux à $7^{f},90$ —	$7,90 \times 0,423 =$	3, 34
$0^{m3},250$ de castine à $1^{f},50$ —	$1,50 \times 0,250 =$	0, 38
Main-d'œuvre		3, 70
Frais généraux		12, 60
Prix de revient de la tonne de fonte brute. . .		$87^{f},09$

Soit $87^{f},10$.

Sur $87^{f},10$ l'usine gagne $120^{f} - 87,10$ ou $32^{f},90$.

$$— 100^{f} \quad — \quad — \quad \frac{32,90 \times 100}{87,10} = 37^{f},77.$$

683. *Une usine dépense par tonne de fonte à moulage :*

420^{kg} *de charbon de bois, à* $7^{f},25$ *les* $°/_{0}{}^{kg}$;
832^{kg} *de coke à* 32^{f} *les* $°/_{00}{}^{kg}$;
$1^{m3},552$ *de minerai à* 14^{f} *le mètre cube;*
$0^{m3},200$ *de castine à* 2^{f};
$56^{f},80$ *pour la main-d'œuvre de toute nature;*
61^{f} *pour les frais généraux de toute nature.*

Cette usine a gagné 25 °/₀ sur la vente de ses produits. 1° Combien a-t-elle vendu la tonne? 2° Quel bénéfice brut a-t-elle réalisé sur 3 000 tonnes?

RÉP. 1° $246^{f},25$; 2° $147\,750^{f}$.

1° 100^{kg} de charbon coûtent 7^{f},25, par suite 420 coûtent
0,0725 × 420 = 30^{f},45
1 000^{kg} de coke — 32^{f} — 832 coûtent
0,032 × 832 = 26, 62
1^{m3} de minerai coûte 14^{f} — 1^{m3},552 coûtent
14 × 1,552 = 21, 73
1^{m3} de castine — 2^{f} — 0^{m3},200 coûtent
2 × 0,02 = 0, 40
Main-d'œuvre. 56, 80
Frais généraux 61

Prix de revient de la tonne de fonte moulée. . . 197^{f}

Pour gagner 25 %, il faut revendre 125^{f} ce qui coûte 100^{f}; ce qui coûte 197^{f} devra donc être revendu 1,25 × 197 ou 246^{f},25.

2° Le bénéfice brut sur une tonne est égal à

$$246^{f},25 - 197 = 49^{f},25 \;;$$

Le bénéfice brut sur 3 000 tonnes est donc

$$49,25 \times 3\,000 = 147\,750^{f}.$$

684. *Un industriel a loué une usine comprenant 2 hauts-fourneaux, à raison de 8 000^{f} par an, payables à la fin de chaque année. Pour faire marcher l'usine, qui produit annuellement 2 800 tonnes de fonte, il faut 120 000^{f} de fonds de roulement. On demande de combien la location et l'intérêt à 6 % du fonds de roulement grèvent chaque tonne de fonte.*

Rép. 5^{f},428.

L'industriel consacre par an, à la production de 2 800 tonnes de fonte :

1° 8 000^{f} de location ;

2° L'intérêt de 120 000^{f} à 6 %, ou 1 200 × 6 = 7 200^{f}.

Les 2 800 tonnes se trouvent grevées d'une part des 8 000^{f} de location, et de l'autre des 7 200^{f} d'intérêt, en tout de 15 200^{f} : ce qui fait par tonne

$$\frac{15\,200}{2\,800} = 5^{f},428.$$

685. *On a deux points A et B distants de 225^{km}. Les 100^{kg} de charbon de terre coûtent en A 2^{f},40, en B 2^{f},80. On demande le point de la ligne A B où le charbon coûte le même prix, soit qu'il vienne* *de A ou de B. On sait d'ailleurs qu'on paye pour le transport* 0,0073 *par km. et par* 100^{kg} *pour le charbon venant de A, et* 0,0064 *pour le charbon venant de B.*

Rép. à $134^{km},306$ de A.

Si l'on faisait venir du charbon de B en A, les 100^{kg} reviendraient à

$$2^f,80 + 0,0064 \times 225 \text{ ou } 2^f,80 + 1^f,44\,;$$

mais on a

$$2^f,80 + 1^f,44 = 2^f,40 + 1^f,84.$$

Or, en A, le charbon coûte $2^f,40$; la différence du prix de revient est donc

$$1^f,84.$$

Si l'on s'éloigne de 1^{km} de A en allant sur B, la différence précédente diminue; car le charbon provenant de A coûtera en plus 0,0073 et le charbon provenant de B coûtera en moins 0,0064. A 1^{km} de A, la différence des prix n'est donc plus que

$$1,84 - (0,0073 + 0,0064)$$

ou

$$1,84 - 0,0137.$$

En se plaçant à 2, 3, 4 .... km. de A, la différence des prix de revient serait évidemment

$$1,84 - 0,0137 \times 2$$
$$1,84 - 0,0137 \times 3$$
$$1,84 - 0,0137 \times 4$$
. . . .

Pour que la différence des prix de revient soit nulle, il faut donc se placer à une distance de A égale à

$$\frac{1,84}{0,0137} = 134^{km},306.$$

Ainsi, le charbon coûtera le même prix, soit qu'il vienne de A, soit qu'il vienne de B à $134^{km},306$ de A, ce qui est facile à vérifier.

A $134^{km},306$ de A, les 100^{kg} de charbon coûteront :

$$2^f,40 + 0,0073 \times 134,306 = 3^f,38.$$

A 225 — 134,306 ou à $90^{km},694$ de B, les 100^{kg} coûteront :

$$2^f,80 + 0,0064 \times 90,694 = 3^f,38.$$

686. *Un marchand a acheté pour la somme de* $2\,945^f$ *vingt-sept barriques de vin dont le poids est* $24\,453^{kg}$. *Le poids des barriques vides est la douzième partie du poids du vin. La densité de* *ce vin est 0,99. Le marchand vend 31 hectolitres de ce vin avec un bénéfice brut de 14 %. L'acheteur le paye avec trois billets égaux qu'il fait le 25 janvier, jour de l'achat. Le 1er de ces billets est payable le 7 avril, le 2e le 15 juin et le 3e le 17 septembre. On demande le montant de chacun de ces billets, l'acheteur paye un escompte de* $5\frac{1}{4}$ *% par an* (1).

Rép. 155f,60.

Le poids du vin étant représenté par 1, le poids du vin et des barriques sera $1 + \frac{1}{12} = \frac{13}{12}$. Les $\frac{13}{12}$ du poids du vin sont donc de 24 453kg, par suite le poids du vin est égal à

$$\frac{24\ 453 \times 12}{13} = 22\ 572^{kg}.$$

Connaissant le poids du vin et sa densité, on trouvera son volume en décimètres cubes ou en litres, en divisant son poids par sa densité, donc :

$$\textit{Nombre de litres de vin} = \frac{22\ 572}{0{,}99} = 22\ 800 \text{ litres.}$$

31 hectolitres de ce vin ont coûté

$$\frac{2\ 945^{f} \times 3\ 100}{22\ 800} = 400^{f},42.$$

Le marchand, ayant gagné 14 %, a revendu 114f ce qui lui a coûté 100f, donc ce qui a coûté 400f,42 a été revendu

$$\frac{400{,}42 \times 114}{100} = 456^{f},48.$$

Soit 456f,45.

L'acheteur paye cette somme avec 3 billets de même valeur nominale, mais payables à des époques différentes. Le 1er billet est payable dans 72 jours, le second dans 141 jours, et le 3e dans 235 jours. Or,

l'intérêt de 100f pour 72 jours à 5 1/4 % est :

$$\frac{100 \times 5{,}25 \times 72}{360 \times 100} = 1^{f},05$$

— 100f — 141 — $\frac{5{,}25 \times 141}{360} = 2^{f},056$

— 100f — 235 — $\frac{5{,}25 \times 235}{360} = 3^{f},427$

(1) Ce problème et quelques autres qui figurent également dans cet ouvrage ont été donnés dans divers examens.

Si l'on désigne par x le montant de chaque billet, on est conduit à ce raisonnement pour le 1er billet.

Un billet de 101f,05 payable dans 72 jours vaut 100f aujourd'hui.

— 1f — — — $\frac{100}{101,05}$ —

— x^f — — — $\frac{100\,x}{101,05}$ —

Pour le 2e billet, on a de même $\frac{100\,x}{102,056}$

— 3e — — $\frac{100\,x}{103,427}$

Puisque la somme de ces 3 billets doit être égale à 456f,45, on a

$$\frac{100\,x}{101,05}+\frac{100\,x}{102,056}+\frac{100\,x}{103,427}=456^f,45.$$

Mettant $100\,x$ en facteur commun, il vient

$$100\,x\left(\frac{1}{101,05}+\frac{1}{102,056}+\frac{1}{103,427}\right)=456,45.$$

Réduisant les fractions au même dénominateur, on a

$$100\,x\left(\frac{10\,555,34}{1\,067\,617}+\frac{10\,451,3}{1\,067\,617}+\frac{10\,312,75}{1\,067\,617}\right)=456,45.$$

Faisant la somme des numérateurs, on trouve

$$100\,x\times\frac{31\,319,39}{1\,067\,617}=456,45,$$

d'où

$$x=\frac{456,45\times1\,067\,617}{100\times31\,319,39}=155^f,60.$$

La somme des 3 billets est égale à 466f,80 dont 456f,45 de capital, et 10f,35 d'intérêt.

Comme vérification, on peut calculer ce que vaut actuellement le billet de 155f,60 payable dans 72 jours ; de même, ce que vaudrait ce billet payable dans 141 jours et dans 235 jours ; la somme de ces trois valeurs sera, à peu près, égale à 456f,45.

687. *Un industriel a loué, pendant 18 ans, une forge à laminoirs* (1) *à raison de 20 000*f *par an, payables à la fin de chaque année. Pour faire marcher l'usine, qui produit annuellement*

(1) Un *laminoir* se compose de deux cylindres horizontaux d'acier ou de fer, placés parallèlement l'un au-dessus de l'autre, tournant en sens inverse, et entre lesquels on fait passer les pièces de métal à laminer, c'est-à-dire à transformer en barres ou en lames.

10 000 tonnes de fer marchand, il faut 500 000^f de fonds de roulement. 2 ans après son entrée dans l'usine, l'industriel a dû faire, pour améliorations, des dépenses qui s'élèvent à 35 000^f. On demande de combien, à partir de cette époque, le prix de location, l'intérêt à 6 % du fonds de roulement et la dépense de 35 000^f, qui devra être amortie en 16 ans (1), *grèvent le prix de revient d'une tonne de fer. L'intérêt de la somme à amortir sera calculé également à 6 %.*

RÉP. 5^f,3463.

Pour trouver l'annuité a qui doit servir à amortir cette somme en 16 ans, il suffit de remplacer dans la formule (622)

$$a = \frac{A r (1 + r)^n}{(1 + r)^n - 1}$$

les lettres par leurs valeurs respectives ; on a alors

$$a = \frac{35\,000 \times 0{,}06 \times (1{,}06)^{16}}{(1{,}06)^{16} - 1} :$$

$$16 \, log.\, 1{,}06 = 0{,}4048944.$$

Ce log. correspond au nombre 2,540455 ; de sorte qu'il vient

$$a = \frac{35\,000 \times 0{,}06 \times (1{,}06)^{16}}{1{,}540455} :$$

$$\begin{aligned} log.\, 35\,000 &= 4{,}5440680 \\ log.\, 0{,}06 &= \bar{2}{,}7781513 \\ 16\, log.\, 1{,}06 &= 0{,}4048944 \\ c^1 log.\, 1{,}540455 &= 9{,}8123509 \\ \hline log.\, a &= 3{,}5394646 \\ a &= 3\,463^f{,}10. \end{aligned}$$

Les 10 000 tonnes de fer se trouvent déjà grevées de l'annuité a ou de . . . . 3 463^f,10

Ensuite de la location de 20 000

Enfin de l'intérêt à 6 % du fonds de roulement, c'est-à-dire de. 30 000

Pour ces articles les 10 000 tonnes se trouvent grevées de . . . . 53 463^f,10

1 tonne est donc grevée de 5^f,3463.

(1) Lorsqu'un industriel fait lui-même construire une usine, il doit compter dans le prix de revient de ses produits : 1° l'intérêt à 5 % des sommes consacrées à l'acquisition des terrains, et des cours d'eau ; 2° l'intérêt à 5 %, et l'amortissement en 75 ans environ, des dépenses occasionnées pour l'organisation des cours d'eau, routes, canaux, travaux d'art et maisons d'habitations ; 3° l'intérêt à 6 %, et l'amortissement en 50 ans, des sommes nécessaires à la construction des magasins, halles et autres bâtiments et dépendances directes de l'exploitation ; 4° l'intérêt à 6 %, et l'amortissement en 15 ans, des sommes nécessaires à l'acquisition et à l'installation des machines et appareils primitifs.

688. *Une usine a dépensé dans un an : 1° pour acquisition des matières nécessaires à son alimentation* 430 000f*; 2° pour main-d'œuvre* 12 000f*; 3° elle a pour les frais généraux, d'abord une location de* 8 000f *payés en deux termes égaux de 6 mois en 6 mois; ensuite l'intérêt à 6 % d'un fonds de roulement de* 130 000f (1)*; enfin, d'autres frais généraux* (2) *s'élevant à* 16 000f. *Les ventes de l'année et ce qui reste en magasin représentent une valeur de* 560 000f. *On demande le bénéfice net de l'usine, en tenant compte à 6 % de la perte d'intérêt occasionnée par le 1er versement du loyer.*

Rép. 86 080f.

Les dépenses de l'usine sont :

1° Achat des matières nécessaires à son alimentation.	430 000f
2° Main-d'œuvre	12 000
3° Loyer.	8 000
4° Intérêt de 4 000f de loyer à 6 %, pendant 6 mois.	120
5° Intérêt à 6 % des 130 000f de fonds de roulement.	7 800
6° Autres frais généraux	16 000
Total des dépenses	473 920f

Recettes :	560 000f
Dépenses :	473 920f
Bénéfice net	86 080f.

(1) En raison des rentrées de fonds provenant de ventes à 90 ou à 120 jours, 130 000 fr. peuvent suffire comme fonds de roulement.

(2) **Détail des Frais généraux.**

1° L'*Entretien général* de l'usine :

L'entretien des cours d'eau, digues, barrages, etc.;

L'entretien des murs de clôture, chantiers, ateliers, magasins, etc.;

L'entretien des routes, ponts et chemins qui servent à l'usine;

L'entretien des maisons de maîtres, d'employés, et d'ouvriers, dépendant de l'usine;

L'assainissement et le nettoyage de toutes les parties de l'établissement.

2° Les *Contributions.* Sous ce nom on comprend :

Les contributions proprement dites;

Les patentes et les assurances.

3° Les *Frais de Régie,* c'est-à-dire :

Les appointements de tous les employés;

Les frais de bureau;

Les frais de déplacement pour le service général,

Les frais de poursuites, procès et autres dépenses de même genre;

L'intérêt du fonds de roulement;

L'intérêt du capital engagé et l'amortissement d'une partie de ce capital. On comprend, en effet, qu'il ne suffise pas à un industriel qui emprunte de l'argent,

PHYSIQUE, CHIMIE, MÉCANIQUE ET COSMOGRAPHIE

689. *Calculer la pression qu'exerce l'atmosphère sur un cercle de* 1^m *de diamètre, en supposant la hauteur barométrique de* $0^m,76$*; on sait d'ailleurs que la densité du mercure est* 13,596.

Rép. 8 115kg.

La pression demandée est évidemment celle qu'exercerait une colonne de mercure ayant 1^m de diamètre et $0^m,76$ de hauteur. Si l'on représente le volume de cette colonne par V et son poids par P, on a

$$V = 3,1416 \times \overline{0,5^2} \times 0,76.$$

et $$P = 3,1416 \times \overline{0,5^2} \times 0,76 \times 13,596 = 8\,115^{kg}.$$

690. *D'après Péclet et divers autres savants, une personne vicie en moyenne* 6^{mc} *d'air par heure.* 1° *Pendant combien de temps 80 personnes auraient-elles la quantité d'air suffisante dans une salle hermétiquement fermée, et dont les dimensions seraient les suivantes : longueur* 20^m*, largeur* $9^m,30$*, hauteur* 4^m*?* 2° *Combien faudrait-il introduire d'air par minute, pour avoir une aération suffisante pendant 3 heures ?* 3° *L'air entrant, avec une vitesse de* $0^m,50$ *à la seconde, quelle devrait être la surface de l'ouverture des vasistas ?*

Rép. $1^h\ 33^m$; $3^{mc},8666$; $12^{dmq},88$.

1° Le volume de l'air contenu dans la salle est égal à

$$20 \times 9,30 \times 4 = 744^{mc}.$$

Le volume d'air vicié par les 80 personnes en 1 heure est

$$6^{mc} \times 80 = 480^{mc}.$$

---

ou qui dispose de ses propres fonds pour construire une usine, de compter dans le prix de revient de ses produits, les intérêts à 5 ou à 6 % du capital engagé, il doit, en outre, y comprendre l'amortissement de toute la partie de cette somme affectée à des constructions dont la durée est limitée, et qui n'ont de valeur que par le fait même de son exploitation.

Le temps pendant lequel la respiration peut s'effectuer sans gêne, est donc

$$744 : 480 = 1^{h}\,33^{m}.$$

A partir de ce moment, la respiration deviendrait de plus en plus pénible dans la salle.

2° Pour que la respiration pût s'effectuer dans de bonnes conditions pendant 3 heures, il faudrait un volume d'air frais égal à

$$6^{mc} \times 80 \times 3 = 1\,440^{mc}.$$

Or, la salle contient déjà 744^{mc}; le volume d'air frais à introduire est donc égal à

$$1\,440^{mc} - 744 = 696^{mc}.$$

Puisqu'on doit rester 3 heures dans la salle, le volume à introduire par minute est égal à

$$\frac{696}{3 \times 60} = 3^{mc},8666.$$

3° Le volume qui doit entrer par seconde est donc

$$\frac{3,8666}{60} = 0^{mc},06444.$$

Soit x la surface de l'ouverture des vasistas qui laisseraient passer ce volume d'air par seconde. On peut considérer ce volume comme un parallélipipède dont la base serait x, et la hauteur $0^{m},50$ (vitesse de l'air par seconde); de sorte qu'on peut écrire

$$x \times 0,50 = 0^{mc},06444$$

$$x = \frac{0,06444}{0,50} = \frac{6,444}{50}$$

$$x = 0^{mq},1288 = 12^{dmq},88.$$

691. *Dans la transmission des pressions par les liquides, la pression transmise est proportionnelle à la surface pressée. Le rayon du plus petit piston d'une presse hydraulique* (1) *a* $0^{m},02$, *la surface du grand est* 150 *fois plus grande que celle du* 1er. *On demande la puissance à exercer sur le petit piston pour obtenir une pression de* 7 800 *kg. sur le grand, sachant que le rendement de cette machine est* 0,65 (2).

RÉP. $80^{kg},21$.

(1) On emploie la presse hydraulique pour extraire l'huile des plantes oléagineuses, le suc des pommes à cidre et des betteraves destinées à faire du sucre; on s'en sert aussi dans la fabrication du papier, pour fouler les draps, éprouver les canons, les chaudières à vapeur; pour comprimer les corps dont on veut réduire le volume (coton, laine, foin, etc.), afin d'en faciliter le transport.

(2) C'est-à-dire que cette machine ne produit que les 0,65 de ce qu'elle produirait s'il n'y avait aucune perte de travail. Le rendement des bonnes machines est compris entre 0,60 et 0,80.

La surface du petit piston est, si l'on prend le centimètre pour unité,

$$3,1416 \times 4 = 12^{cmq},5664 \text{ ou simplement } 12^{cmq},6.$$

La surface du grand piston est par conséquent

$$12,5664 \times 150 = 1\,884^{cmq},96 \text{ ou simplement } 1\,885^{cmq}.$$

Le poids 7 800^kg ne représente que les 0,65 du poids correspondant à la pression exercée sur le petit piston. Il faut donc exercer sur le petit piston un poids correspondant à

$$\frac{7\,800 \times 100}{65} = 12\,000^{kg}.$$

Si donc on désigne par x le poids à exercer sur le petit piston, on a

$$\frac{x}{12\,000} = \frac{12,6}{1\,88\,5}.$$

Multipliant les deux membres par 12 000, il vient

$$x = \frac{12,6 \times 12\,000}{1\,885} = 80^{kg},21.$$

692. *La profondeur du puits de Grenelle est de* 505^m, *et la température du fond du puits égale* 28°. *Dans les caves de l'Observatoire, qui sont à* 28^m *au-dessous du sol, le thermomètre marque* 12°. *Calculer de quelle profondeur vient l'eau de la source de Chaudes-Aigues (Cantal) dont la température est de* 88°. *On admettra que les accroissements de profondeur sont proportionnels aux accroissements de température.*

RÉP. 2 293^m,75.

Une température de 28° correspondant à une profondeur de 505^m, et une autre température de 12° à une profondeur de 28^m, il est évident que pour ces données l'accroissement de profondeur n'est point proportionnel à celui de température. Cette proportionnalité n'a donc lieu qu'à partir d'une profondeur de 28^m et d'une température de 12°; de sorte qu'on peut dire :

Une température de 28° — 12° ou 16° répond à une profondeur de

$$505^m - 28 \text{ ou } 477^m,$$

une température de 88° — 12° ou 76° répond à une profondeur de

$$\frac{477 \times 76}{16} = 2\,265^m,75.$$

Et si l'on ajoute les 28^m correspondant à 12°, on trouve pour la profondeur totale de la source

$$2\,265^m,75 + 28^m = 2\,293^m,75.$$

693. *Un fragment de métal pèse* 272gr,40 *dans l'air,* 248gr,40 *dans l'eau,* 254gr,15 *dans un liquide* A *et* 241gr,50 *dans un liquide* B. *On demande par rapport à l'eau :* 1° *la densité du métal;* 2° *la densité du liquide* A; 3° *la densité du liquide* B.

RÉP. 1° 11,35 ; 2° 0,760 ; 3° 1,287.

On sait que la densité d'un corps s'obtient en divisant son poids par son volume (Ex. 192).

1° *Densité du métal.*

Poids du métal dans l'air = 272gr,40
— — l'eau = 248gr,40

Poids de l'eau déplacée 24gr

Le volume du métal est donc de 24cmc, par suite

$$\textit{Densité du métal} = \frac{272,40}{24} = 11,35.$$

2° *Densité du liquide* A.

Poids du métal dans l'air = 272gr,40
— — dans le liquide A = 254gr,15

Poids du liquide A déplacé = 18gr,25

Le poids du liquide A divisé par son volume donne sa densité, donc on a

$$\textit{Densité du liquide A} = \frac{18^{gr},25}{24} = 0,760.$$

3° *Densité du liquide* B.

Poids du métal dans l'air = 272gr,40
— — dans le liquide B = 241gr,50

Poids du liquide B déplacé = 30gr,90

$$\textit{Densité du liquide B} = \frac{30^{gr},90}{24} = 1,287.$$

694. *Un corps perd* 12gr *de son poids dans l'air : combien perdrait-il :* 1° *dans l'oxygène dont la densité est* 1,106; 2° *dans l'azote dont la densité est* 0,971 ?

RÉP. 1° 13gr,272; 2° 11gr,652.

Il est évident que plus le gaz sera dense, plus la perte de poids éprouvée par le corps qui y sera plongé sera grande. Si donc le gaz est 2, 3, 4.....fois plus dense que l'air, la perte sera 2, 3, 4..... fois plus grande que dans l'air. On obtiendra donc cette perte, en multipliant la perte éprouvée dans l'air, par la densité du gaz dont il s'agit : donc

$$\textit{Perte éprouvée dans l'oxygène} = 12^{gr} \times 1,106 = 13^{gr},272;$$

$$\textit{Perte éprouvée dans l'azote} = 12 \times 0,971 = 11^{gr},652.$$

698. *Un litre d'air à* 0° *et à la pression* 0,76 *pèse* 1gr,293. *On demande : 1° ce que pèse, à la même température et à la même pression, un demi-stère de bois dont la densité est* 0,5*; 2° le côté d'un cube de laiton qui pèserait dans l'air autant que le demi-stère de bois, la densité du laiton étant* 8,4.

Rép. 1° 249kg,3535 ; 2° côté du cube : 32cm,737.

1° On sait que 1mc d'eau pure pèse dans le vide..... 1 000kg
0mc,5 — — 500kg

Par suite 1 demi-stère ou 1 demi-mètre cube de bois dont la densité est 0,5 pèse dans le vide $500^{kg} \times 0,5 = 250^{kg}$.

Ce demi-stère de bois pèsera *dans l'air* 250kg moins le poids de l'air déplacé; or, 1 demi-stère déplace 500dmc ou 500l, le poids de l'air déplacé sera par conséquent égal à

$$1,293 \times 500 = 0^{kg},6465$$

Le poids du demi-stère de bois dans l'air sera donc

$$250^{kg} - 0^{kg},6465 = 249^{kg},3535$$

2° Soient a le côté du cube de laiton, et P le poids de ce cube *dans le vide*, il est évident qu'on a

$$P = \text{volume} \times \text{densité}$$

ou $$P = a^3 \times 8,4.$$

Dans l'air, on a pour son poids P′, exprimé en grammes,

$$P' = 8,4 \times a^3 - 1,293 \times a^3,$$

ou $$P' = a^3\,(8,4 - 1,293).$$

Mais comme le poids P′ doit égaler le poids du demi-stère de bois, il vient

$$a^3\,(8,4 - 1,293) = 249\,353,5 :$$

d'où $$a^3 = \frac{249\,353,5}{8,4 - 1,293} = \frac{249\,353,5}{7,107}$$

et $$a = \sqrt[3]{\frac{249\,353,5}{7\,107}} :$$

$$\begin{aligned} log.\ 249\ 353{,}5 &= 5{,}3968155 \\ c^t\ log.\ 7{,}107 &= \underline{9{,}1483137} \\ log.\ a &= \frac{1}{3}\,[4{,}5451292] \\ log.\ a &= 1{,}5150431 \\ a &= 32^{cm}{,}737. \end{aligned}$$

696. *Un cube creux, en cuivre, ayant* $0^m{,}05$ *de côté, pèse* 102 *gr. Il est lesté par une balle de plomb de* $0^m{,}01$ *de rayon. La densité du plomb est* 11,352. *Le système de ces deux corps plonge entièrement et se trouve en équilibre dans une dissolution saline : on demande la densité de cette dissolution.*

RÉP. 1,157.

Soit D la densité cherchée. Le volume du cube est 5^3, en prenant le centimètre pour unité, de même le volume de la balle est $\frac{3}{4}\pi \times 1^3 = \frac{4}{3}\pi$.

Le cube et la balle plongeant entièrement et étant en équilibre dans la dissolution, on a évidemment

Poids du cube creux + poids de la balle = poids du liquide déplacé

$$\text{ou } 102^{gr} + \frac{4}{3}\pi \times 11{,}352 = \left(\frac{4}{3}\pi + 5^3\right) \times D :$$

d'où on déduit
$$D = \frac{102 + \frac{4}{3}\pi \times 11{,}352}{\frac{4}{3}\pi + 5^3} = 1{,}157.$$

697. *On connaît le poids, le titre et le diamètre de la pièce de* 5 *fr.; trouver :* 1° *le volume d'argent et de cuivre qu'elle contient ;* 2° *son épaisseur. On sait d'ailleurs que le poids spécifique de l'argent est* 10,47 *et celui du cuivre* 8,85.

RÉP. 1° volume de l'argent $2^{cmc}{,}149$, vol. du cuivre $0^{cmc}{,}282$; 2° $0^{cm}{,}2261$.

1° Une pièce de 5^f renferme $22^{gr}{,}5$ d'argent et $2^{gr}{,}5$ de cuivre. On a par conséquent (Ex. 192)

$$\text{Volume de l'argent} = \frac{22{,}5}{10{,}47} = 2^{cmc}{,}149$$

$$\text{Volume du cuivre} = \frac{2{,}5}{8{,}85} = 0^{cmc}{,}282$$

Par suite, volume de la pièce. . . . . $= 2^{cmc}{,}431.$

2° Si l'on désigne l'épaisseur de la pièce par h, on a,

$$\pi \times \left(\frac{3,7}{2}\right)^2 \times h = 2^{\text{cmc}},431,$$

ou $$3,1416 \times 3,4225 \times h = 2,431 :$$

donc on a $$h = \frac{2,431}{3,1416 \times 3,4225} = 0^{\text{cm}},2261.$$

698. *Une colonne de mercure qui pèse 1 gr. à 0° occupe dans un tube capillaire une longueur de $0^{\text{m}},137$: on demande le diamètre du tube, sachant que la densité du mercure est 13,598.*

Rép. $0^{\text{mm}},82$.

Si l'on désigne le diamètre cherché par d, on a pour le volume de la petite colonne de mercure, en prenant le décimètre pour unité,

$$\frac{3,1416 \times d^2}{4} \times 1,37.$$

Or, en multipliant ce volume par la densité du mercure, on aura le poids de la colonne.

Donc

$$\frac{3,1416 \times d^2}{4} \times 1,37 \times 13,598 = 0,001.$$

Multipliant les deux membres par 4, il vient

$$3,1416 \times d^2 \times 1,37 \times 13,598 = 0,004$$

Divisant par les facteurs de d^2, on a

$$d^2 = \frac{0,004}{3,1416 \times 1,37 \times 13,598}$$

et, par suite, $$d = \sqrt{\frac{0,004}{3,1416 \times 1,37 \times 13,598}} = \sqrt{\frac{4}{58\,525,68}};$$

d'où

$$d = \sqrt{0,000068} = 0^{\text{dm}},0082 \text{ ou } 0^{\text{mm}},82.$$

699. *L'une des branches d'un siphon est remplie de mercure jusqu'à une hauteur de $0^{\text{m}},234$; l'autre branche est remplie d'un liquide dont la hauteur est $1^{\text{m}},69$. Ces deux colonnes se font équilibre. Trouver : 1° la densité du liquide par rapport au mercure dont la densité est 13,598, 2° la densité du même liquide par rapport à l'eau.*

Rép. 0,138 et 1,876.

1° Les hauteurs des deux colonnes de liquides, puisqu'elles se font équilibre, doivent être en rapport inverse des densités de ces mêmes liquides. Si l'on désigne par 1 la densité du mercure et pai x celle du liquide, on a

$$\frac{x}{1}=\frac{0,234}{1,69}:$$

d'où
$$x=\frac{0,234}{1,69}=0,138.$$

2° La densité de ce liquide par rapport à l'eau sera donc

$$13,598 \times 0,138 = 1,876.$$

700. *Un thermomètre Réaumur marque : 1° 19° au-dessus de zéro ; 2° 8° au-dessous : que doit marquer dans le même moment un thermomètre centigrade* (1)?

Rép. 1° 23°,75 au-dessus ; 2° 10° au-dessous.

1° 80° Réaumur valent 100° centigrades

1° — vaut $\frac{100}{80}=\frac{5}{4}$

19° — — $\frac{5}{4}\times 19 = 23°,75$.

2° De même, 8° Reaumur au-dessous de zéro valent

$\frac{5}{4}\times 8 = 10°$ centigrades au-dessous de zéro.

701. *Un thermomètre de Fahrenheit marque : 1° 68°; 2° 14° au-dessus de zéro ; 3° 16° au-dessous : que doit marquer dans le même moment un thermomètre centigrade?*

Rép. 1° 20° au-dessus; 2° 10° au-dessous ; 3° 26°,66 au-dessous.

---

(1) On distingue trois échelles dans la graduation des thermomètres : l'échelle centigrade, l'échelle de Réaumur et l'échelle de Fahrenheit ; dans la 1re le zéro correspond à la température de la glace fondante, et 100°, à la température de l'eau bouillante, sous la pression atmosphérique de 0m,76; dans la seconde, les 2 *points fixes* correspondent encore à la température de la glace fondante et à celle de l'eau bouillante, mais leur intervalle est seulement divisé en 80° au lieu d'être partagé en 100°, comme dans l'échelle centigrade ; et dans la 3e le point fixe supérieur correspond encore à la température de l'eau bouillante, mais le zéro correspond au degré de froid obtenu par le mélange, à poids égaux, de sel ammoniac pilé et de neige. L'intervalle de ces 2 points fixes est partagé en 212 parties. Le zéro des deux premières échelles correspond à 32° de Fahrenheit. Le thermomètre de Fahrenheit n'est guère usité qu'en Angleterre et dans l'Amérique du Nord.

1° Puisque 32° Fahrenheit correspondent à zéro de l'échelle centigrade, il arrive que

212° — 32 ou 180° Fahrenheit valent 100° centigrades.

$$1° \quad — \quad \text{vaut } \frac{100}{180} = \frac{5°}{9} \text{ centigrades.}$$

Par suite $36° (68° - 32°)$ valent $\frac{5}{9} \times 36° = 20°$ —

2° Les 14° valent évidemment en degrés Fahrenheit au-dessous de zéro de l'échelle centigrade :

$$32 - 14 \text{ ou } 18°.$$

Or, 1° Fahrenheit vaut $\frac{5°}{9}$ centigrades.

18° — valent $\frac{5}{9} \times 18 = 10°$ centigrades au-desous de zéro.

3° En degrés Fahrenheit, la température au-dessous de l'échelle centigrade est

$$32 + 16 = 48°.$$

Ces 48° Fahrenheit valent en degrés centigrades

$$\frac{5}{9} \times 48 = 26°,66 \text{ centigrades au-dessous de zéro.}$$

702. *Le coefficient de dilatation d'un métal est* $\frac{1}{795}$, *celui d'un autre* $\frac{1}{340}$ *: quelle longueur devrait avoir une barre du second métal pour se dilater autant qu'une barre de 2 mètres du 1er ?*

Rép. 0m,855.

Soit L la longueur demandée. Pour passer de 0° à 1° la barre du 1er métal se dilate de $2 \times \frac{1}{795}$; de même, la barre du second se dilate de $L \times \frac{1}{340}$; et comme ces deux dilatations doivent être égales, on a

$$L \times \frac{1}{340} = 2 \times \frac{1}{795} :$$

$$\text{d'où } L = \frac{340 \times 2}{795} = 0^m,855.$$

703. *On a une barre de* 3^m *d'un métal qui a pour coefficient de dilatation* $\frac{1}{754}$. *Une autre barre de* 5^m *d'un autre métal se dilate, pour un même nombre de degrés, autant que la* 1re. *Trouver son coefficient de dilatation.*

Rép. $\frac{3}{3\,770}$.

Soit k le coefficient cherché. Pour passer de 0° à 1°, la 1re barre se dilate de $3 \times \frac{1}{754}$ et l'autre de $5 \times k$; et comme ces dilatations sont les mêmes, on a

$$5 \times k = \frac{3}{754} :$$

d'où

$$k = \frac{3}{754 \times 5} = \frac{3}{3\,770}.$$

704. *On a un carré de tôle de* 3^m *de côté à* 0°; *on porte sa température à* 64°. *Calculer ce que deviendra sa surface, le coefficient de dilatation de la tôle étant* 0,0000122.

Rép. $9^{mq},0141$.

Si l'on représente par L le côté du carré à 64°, on a (Ex. 131)

$$L = 3 + 3 \times 0,0000122 \times 64 = 3^m,0023424.$$

La surface cherchée étant désignée par S, on aura donc

$$S = (3^m,0023424)^2 :$$

d'où

$$log.\ S = 2\ log.\ 3,0023424 = 0,9549256.$$

$$S = 9^{mq},0141.$$

705. *Une barre de fer, dont la longueur à* 0° *est* $1^m,15$, *est placée dans un four dont on veut connaître la température. On demande cette température, sachant que la longueur de la barre devient* $1^m,1621$, *et que le coefficient de dilatation du fer est* 0,0000118.

Rép. 891°.

Soit t la température du four. On a (Ex. 131)

$$1,1621 = 1,15 + 0,0000118 \times 1,15 \times t.$$

Retranchant 1,15 à chaque membre, il vient

$$1,1621 - 1,15 = 0,0000118 \times 1,15 \times t.$$

Divisant les deux membres par le multiplicateur de t, on trouve.

$$t = \frac{1,1621 - 1,15}{0,0000118 \times 1,15} = 891^\circ.$$

706. *Le coefficient de dilatation cubique* (1) *d'un corps est l'augmentation que subit l'unité de volume, lorsque la température s'élève de 0° à 1°. Cela étant connu, trouver : 1° le volume d'un corps solide à zéro ; 2° à 24°,7, sachant que ce corps a 1^{dmc} à 15°,4 et que son coefficient de dilatation cubique est $\frac{1}{8\,500}$.*

RÉP. 1° $0^{dmc},99819$; 2° $1^{dmc},00109$.

1° Soit V le volume du corps à 0°. Pour passer de 0° à 1° le volume s'est dilaté de $V \times \frac{1}{8\,500}$ et pour passer à 15°,4, il s'est dilaté de $V \times \frac{1}{8\,500} \times 15,4$; de sorte que le volume à 0° étant V, le volume 15°,4 est

$$V + V \times \frac{1}{8\,500} \times 15,4 \;;$$

on a donc l'égalité

$$1 = V + V \times \frac{1}{8\,500} \times 15,4.$$

Multipliant les deux membres par 8 500, il vient

$$8\,500 = 8\,500\,V + V \times 15,4.$$

Mettant V en facteur commun, on obtient

$$8\,500 = V \times (8\,500 + 15,4) :$$

d'où

$$V = \frac{8\,500}{8\,515,4} = 0^{dmc},99819.$$

2° Le volume à 0° étant $0^{dmc},99819$, le volume à 24°,7 sera, d'après ce qui précède,

$$0^{dmc},99819 + 0^{dmc},99819 \times \frac{1}{8\,500} \times 24,7 :$$

Si l'on représente ce volume par V′, on a donc

$$V' = 0,99819 + 0,99819 \times \frac{1}{8\,500} \times 24,7.$$

Effectuant les calculs, comme plus haut, on trouve

$$V' = \frac{0,99819 \times 8\,524,7}{8\,500} = 1^{dmc},00109.$$

(1) Le coefficient de dilatation cubique est *sensiblement* triple du coefficient de dilatation linéaire.

707. *On a dans un 1er vase de l'eau à 12°, et dans un second, de l'eau à 62° : combien faut-il prendre de kg. d'eau dans chacun d'eux, pour former un bain de 280 kg. à 28° ?*

RÉP. 190l,4 à 12°, et 89l,6 à 62°.

Il est facile de résoudre cette question à l'aide de la règle de mélange. On a

$$\begin{matrix} 12° & & 34 \\ & 28° & \\ 62° & & 16 \end{matrix}$$

On prendra par conséquent 34kg d'eau à 12° pour 16kg à 62°. Il s'agit donc simplement de partager 280 proportionnellement à 34 et à 16. Si l'on effectue les calculs, on trouve 190l,4 à 12° et 89l,6 à 62°.

708. *Pour un bain ordinaire, il faut environ 280 kg. d'eau à 30°. Combien, si l'on emploie de la houille comme combustible, dépensera-t-on pour chauffer 20 bains ordinaires ? On sait que l'eau froide employée était à 6°, qu'on peut utiliser 6 000 calories (1) (ou unités de chaleur) par kilogramme de houille, et enfin que le kg. de combustible revient à 0f,045.*

RÉP. 1f,017.

Les 20 bains contiendront un poids d'eau égal à

$$280 \times 20 = 5\,600^{kg}.$$

Or, on dépense une calorie pour élever de 0° à 1°, la température de 1kg d'eau, pour élever de 0° à 1° la température de 5 600kg, on dépensera évidemment 5 600 calories, et pour élever cette eau de 0° à 30° — 6 ou à 24°, il faut un nombre de calories égal à

$$5\,600 \times 24 = 134\,400.$$

Comme on peut utiliser 6 000 calories par kg. de houille, le nombre de kg. de houille qu'il faudra pour chauffer cette eau, sera par conséquent égal à

$$134\,400 : 6\,000 = 22^{kg},6.$$

On dépensera donc pour chauffer les 20 bains

$$0{,}045 \times 22{,}6 = 1^{f},017.$$

Remarque. Pour plus de facilité, dans la préparation des bains, on ne chauffe qu'une partie de l'eau, et on l'élève à la température de 80° environ ; dans le cas actuel il suffirait par conséquent de chauffer un poids d'eau égal à

$$\frac{134\,400}{80° - 6} = 1\,816^{kg} \text{ environ.}$$

---

(1) Voir note de la page 82.

709. *La chaleur spécifique* (1) *du fer étant* 0,1138, *celle de l'eau prise pour unité : quelle quantité de houille faudra-t-il pour élever, de zéro à* 100°, *une masse de fer pesant* 120 *kg. ? On supposera qu'on peut utiliser* 6 000 *calories par kg. de houille.*

RÉP. $0^{kg},227$.

Pour élever de zéro à 1 degré, 1^{kg} d'eau, il faut une calorie,
— zéro à 100 degrés, 1^{kg} d'eau, il faut 100 calories,
— zéro à 100 degrés, 120^{kg} d'eau — 100×120 calories

Si la capacité calorifique du fer était 2, 3, 4 ..... fois plus grande que celle de l'eau, il faudrait 2, 3, 4 ..... fois plus de calories : le nombre de calories sera donc

$$100 \times 120 \times 0,1138 = 1\,366 \text{ environ.}$$

La quantité de houille nécessaire sera, par conséquent,

$$\frac{1\,366}{6\,000} = 0^{kg},227.$$

710. *On a élevé la température de* 130 *grammes d'argent de* 9° *à* 461° *: combien de calories ce poids d'argent a-t-il gagné ? On sait que la chaleur spécifique de l'argent est* 0,0570.

RÉP. 3,35.

$130^{gr} = 0^{kg},13$. Si ce poids était de l'eau, il faudrait pour élever sa température de zéro à 461° dépenser un nombre de calories égal à (Exercice précédent)

$$0,13 \times (461 - 9).$$

Or, la chaleur spécifique de l'argent étant seulement 0,0570, il faudra dépenser un nombre de calories exprimé par

$$0,13 \times (461 - 9) \times 0,0570,$$

ou $$0,13 \times 452 \times 0,057 = 3,35 \text{ environ.}$$

711. *On met* $8^{kg},15$ *d'un corps à la température de* 120° *dans* $33^{kg},12$ *d'eau à* 14°,5, *le mélange prend une température de* 22°. *On demande la chaleur spécifique de ce corps.*

RÉP. 0,311.

Soit c la chaleur spécifique demandée. D'après l'exercice précédent,

---

(1) On appelle *chaleur spécifique* ou *capacité calorifique* d'un corps, le nombre de calories nécessaires pour élever de zéro à 1° la température de 1^{kg} de ce corps.

le corps, lorsque sa température s'abaisse de 120° à 22°, perd un nombre de calories égal à

$$8,15 \times (120° - 22) \times c.$$

D'autre part, le nombre de calories absorbées par l'eau est

$$33,12\,(22° - 14,5).$$

Or, il est évident que le nombre de calories perdues est égal au nombre de calories absorbées : donc on a

$$8,15\,(120 - 22) \times c = 33,12\,(22 - 14,5),$$

$$8,15 \times 98 \times c = 33,12 \times 7,5 :$$

d'où $$c = \frac{33,12 \times 7,5}{8,15 \times 98} = 0,311.$$

712. *La capacité calorifique de l'or est* 0,0324. *On demande quel poids de ce métal à* 148°, *il faudra pour élever de* 11°,2 *à* 14°,6 *la température de* 2^{kg},1 *d'eau.*

Rép. 1^{kg},65191.

Soit x le poids demandé. En se refroidissant de 148° à 14°,6, ce poids d'or perd un nombre de calories égal à

$$x \times (148° - 14°,6) \times 0,0324.$$

Le nombre de calories absorbées par l'eau est

$$2,1 \times (14°,6 - 11°,20),$$

Or, la chaleur cédée est égale à la chaleur absorbée; donc on a

$$x \times (148 - 14,6) \times 0,0324 = 2,1 \times (14,6 - 11,2),$$

$$x \times 133,4 \times 0,0324 = 2,1 \times 3,4 :$$

d'où $$x = \frac{2,1 \times 3,4}{133,4 \times 0,0324} = 1^{kg},65191.$$

713. *Un morceau de platine pesant* 60 *gr. est placé dans un four et y reste un temps suffisant pour en avoir la température; on le retire ensuite et on le plonge dans* 170 *gr. d'eau à* 8°, *on observe que la température de l'eau s'élève à* 20°. *On demande la température du four : on sait d'ailleurs que la capacité calorifique du platine est* 0,0329.

Rép. 1 053°.

60^{gr} = 0^{kg},06; 170^{gr} = 0^{kg},17. Soit t la température cherchée. En se refroidissant de t degrés à 20 le platine a cédé un nombre de calories égal à

$$0,06 \times (t - 20) \times 0,0329.$$

De même l'eau, dont la capacité calorifique est 1, pour s'échauffer de 8° à 20° a absorbé un nombre de calories égal à

$$0{,}17 \times (20 - 8);$$

Mais la quantité de chaleur absorbée par l'eau, est évidemment la même que celle qui est perdue par le platine; on a donc l'égalité

$$0{,}06 \times (t - 20) \times 0{,}0329 = 0{,}17 \times (20 - 8),$$

d'où on tire successivement :

$$(t - 20) \times 0{,}0329 \times 6 = 17 \times 12$$
$$(t - 20) \times 1{,}974 = 2\,040$$
$$t \times 1{,}974 - 20 \times 1{,}974 = 2\,040$$
$$t \times 1{,}974 = 2\,040 + 20 \times 1{,}974 = 2\,079{,}48$$
$$t = 1\,053° \text{ (1)}.$$

714. *Un vase en cuivre pesant* 0kg,534, *renferme* 60 *kg. d'eau à* 15°,5. *On plonge dans cette eau* 25 *kg. d'un métal à* 80°. *La température de l'eau monte à* 26°,4. *On demande la capacité calorifique de ce métal, celle du cuivre étant* 0,0951.

Rép. 0,4885.

Soit c la capacité calorifique du métal. La chaleur cédée par ce métal est

$$25 \times (80 - 26{,}4) \times c.$$

La chaleur absorbée par les 60kg d'eau est

$$60 \times (26°{,}4 - 15°{,}5).$$

La chaleur absorbée par le vase est

$$0{,}534 \times (26°{,}4 - 15°{,}5) \times 0{,}0951.$$

Or, il est évident que la quantité de chaleur cédée est égale à la quantité de chaleur absorbée, donc on a

$$25 \times (80 - 26{,}4) \times c = 60 \times (26{,}4 - 15{,}5) + 0{,}534 \times (26{,}4 - 15{,}5) \times 0{,}0951.$$

$$25 \times 53{,}6 \times c = 60 \times 10{,}9 + 0{,}534 \times 10{,}9 \times 0{,}0951.$$

Mettant 10,9 en facteur commun, il vient

$$25 \times 53{,}6 \times c = 10{,}9 \times (60 + 0{,}534 \times 0{,}0951).$$
$$25 \times 53{,}6 \times c = 10{,}9 \times 60{,}0507834.$$

(1) Ce résultat n'est pas tout-à-fait exact; car Dulong et Petit d'abord, puis M. Regnault ont constaté que les chaleurs spécifiques des corps ne sont point constantes, mais qu'elles croissent avec la température : le nombre trouvé 1 053 est donc trop fort.

Au lieu du facteur 60,0507834, on peut prendre sans erreur sensible, 60,0508, on a donc

$$c = \frac{10,9 \times 60,0508}{25 \times 53,6} = \frac{654,55372}{1\,340}.$$

$$c = 0,4885.$$

713. *Combien faut-il de kg. de vapeur d'eau pour porter un bain de 246 kg. d'eau de 13° à 28°, sachant que la chaleur de vaporisation de l'eau est 540 ?* (1)

RÉP. $6^{kg},029$.

Soit x le poids de vapeur demandé : 1^{kg} de vapeur, cédant 540 calories en se condensant, x^{kg} cèderont un nombre de calories égal à

$$540 \times x.$$

Mais les x^{kg} d'eau qu'on obtiendra à 100°, en passant à 28° cèderont encore un nombre de calories égal à

$$(100 - 28) \times x.$$

D'autre part, les 246^{kg} d'eau, en s'échauffant par la condensation de la vapeur de 13° à 28°, absorberont une quantité de chaleur exprimée par

$$246 \times (28 - 13).$$

---

(1) « Toute vaporisation, dit M. Jamin, est accompagnée d'une disparition de chaleur. Cette loi se prouve par la constance du point d'ébullition : puisqu'un liquide bouillant sur un foyer conserve toujours la même température, il faut que la chaleur de ce foyer soit absorbée par la vapeur et disparaisse sans qu'il y ait aucun effet thermométrique produit. On remarque également que l'évaporation de l'eau ou de l'éther sur une partie du corps la refroidit aussitôt.

Pour mesurer cette chaleur perdue, Black mit sur un poêle un vase plein d'eau et compara les temps nécessaires : 1° pour l'échauffer de 0° à 100° ; 2° pour la vaporiser tout entière. Il trouva le second égal à 5 fois et demie au premier ; il en conclut qu'il faut dépenser 550 calories pour vaporiser 1^{kg} d'eau sans l'échauffer.

Réciproquement, la vapeur qui se condense rend libres les 550 calories qu'elle avait empruntées pour se former. On le prouve en faisant passer 1^{kg} de vapeur dans 5,50 d'eau à zéro ; celle-ci s'échauffe jusqu'à 100°, moins l'abaissement qu'elle éprouve par le refroidissement pendant le temps que dure l'expérience. »

Cette chaleur employée seulement à changer l'état du liquide, a été désignée jusqu'ici sous le nom de *chaleur latente ;* on dit plus généralement aujourd'hui *chaleur de vaporisation.*

Quand on dit que la chaleur de vaporisation de l'eau est 540 (MM. Favre et Silbermann ont trouvé 536), cela signifie donc que 1^{kg} d'eau emprunte pour se vaporiser 540 calories ; lorsque le kg. de vapeur repasse à l'état liquide les 540 calories redeviennent libres.

On a donc l'égalité suivante :

$$540\,x + (100 - 28) \times x = 246 \times (28 - 13).$$

Mettant x en facteur commun, il vient

$$(540 + 100 - 28) \times x = 246 \times (28 - 13)$$

$$612\,x = 3\,690 :$$

d'où

$$x = \frac{3\,690}{612} = 6^{kg},029.$$

716. *On fait condenser 12 kg. de vapeur d'eau à 100°, dans 240 kg. d'eau à 10° : quelle doit être la température de la masse liquide ?*

Rép. 40°.

Soit t la température demandée.

En se condensant, les 12^{kg} de vapeur cèdent un nombre de calories égal à

$$540 \times 12.$$

Mais les 12^{kg} d'eau à 100°, produits par les 12^{kg} de vapeur à 100°, cèdent en outre pour descendre à t degrés, un nombre de calories égal à

$$(100 - t) \times 12.$$

D'autre part les 240^{kg} d'eau, en s'échauffant de 10° à $t°$ absorbent en calories

$$(t - 10) \times 240.$$

On a donc l'égalité

$$540 \times 12 + (100 - t) \times 12 = (t - 10) \times 240.$$

En mettant 12 en facteur commun, on a

$$(540 + 100 - t) \times 12 = (t - 10) \times 240,$$

ou en divisant chaque membre par 12, et effectuant les calculs indiqués,

$$640 - t = 20\,t - 200.$$

Ajoutant à chaque membre $200 + t$, il vient

$$21\,t = 840 :$$

d'où

$$t = 40°.$$

717. *On fait passer $34^{kg},26$ de vapeur d'eau à 100° dans une masse d'eau de 2 500 kg. à 16°. Cette eau est contenue dans un réservoir en laiton pesant 122 kg. On demande la température du mélange, sachant que la chaleur spécifique du laiton est* 0,0939.

Rép. 24°,7.

Soit t la température demandée. Par leur condensation les 34^{kg},26 de vapeur cèdent en calories

$$540 \times 34,26.$$

Mais l'eau produite par les 34^{kg},26 de vapeur, cèdent encore un nombre de calories égal à

$$(100 - t) \times 34,26.$$

D'autre part les 2 500^{kg} d'eau en passant de 16° à t° absorbent une quantité de chaleur représentée par

$$(t - 16°) \times 2\,500.$$

Le réservoir en passant de 16° à t° absorbe aussi une quantité de chaleur exprimée par

$$(t - 16) \times 122 \times 0,0939.$$

Or, la quantité de chaleur cédée est égale à la quantité de chaleur absorbée, on a donc

$$540 \times 34,26 + (100 - t) \times 34,26 = (t - 16) \times 2\,500 + (t - 16) \times 122 \times 0,0939.$$

Mettant 34,26 et $(t - 16)$ en facteurs communs, il vient successivement

$$34,26\,(540 + 100 - t) = (t - 16) \times (2\,500 + 122 \times 0,0930).$$
$$34,26 \times 640 - t \times 34,26 = (t - 16) \times 2\,511,4558.$$
$$21\,926,4 - t \times 34,26 = t \times 2\,511,4558 - 16 \times 2\,511,4558.$$
$$21\,926,4 - t \times 34,26 = t \times 2\,511,4558 - 40\,183,2928.$$

Ajoutant 40 183,2928 et $t \times 34,26$ à chaque membre, on trouve

$$62\,109,6228 = t \times 2\,511,4558 + t \times 34,26.$$

Mettant t en facteur commun, on a

$$62\,109,6228 = t \times (2\,511,4558 + 34,26) :$$

d'où $$t = \frac{62\,109,6228}{2\,511,4558 + 34,26} = 24°,7.$$

718. *On mêle 7 kg. de glace à zéro avec 30 kg. d'eau à 47°. On demande la température du mélange. On sait en outre que la chaleur de fusion de l'eau est 79, c'est-à-dire que 1 kg. de glace, pour se fondre, et donner de l'eau à zéro, absorbe 79 calories* (1).

RÉP. 28°,5.

---

(1) MM. de La Provostaye et Desains ont trouvé 79,25 pour la chaleur de fusion de la glace.

« Toute fusion, dit encore M. Jamin, est accompagnée d'une destruction de chaleur, et toute solidification, d'une production de chaleur. La *chaleur de fusion* d'un corps est le nombre de calories que l'unité de poids de ce corps absorbe, par le seul fait de sa fusion, ou qu'il dégage quand il passe de l'état liquide à l'état solide, sans que sa température change.

Cette chaleur, qui cesse d'être sensible au thermomètre pendant la fusion, était aussi désignée sous le nom de *chaleur latente*. » (Voir note de la page 330).

Soit t la température demandée. Les 7^{kg} de glace absorbent un nombre de calories égal à

$$7 \times 79.$$

Les 30^{kg} d'eau pour passer de 47° à t° cèdent un nombre de calories égal à

$$(47° - t) \times 30.$$

Mais il y a évidemment égalité entre la quantité de chaleur absorbée et la quantité de chaleur cédée, donc on a

$$7 \times 79 = (47 - t) \times 30,$$

ou

$$553 = 1\,410 - 30\,t$$

Ajoutant $30\,t$ à chaque membre, il vient

$$30\,t + 553 = 1\,410,$$

$$30\,t = 1\,410 - 553 = 857 :$$

d'où

$$t = \frac{857}{30} = 28°,5.$$

719. *On pratique une cavité dans un morceau de glace, et on y enferme 4^{kg} de cuivre dont la température a été portée préalablement à 100°. On demande le poids de la glace fondue, sachant que le calorique spécifique du cuivre est 0,095 et que la chaleur de fusion de la glace est 79.*

RÉP. $0^{kg},481$.

Soit x le poids en kg. de la glace fondue. Cette quantité de glace absorbe un nombre de calories égal à

$$79 \times x$$

D'autre part les 4^{kg} de cuivre en se refroidissant de 100° à zéro cèdent un nombre de calories exprimé par

$$4 \times 100 \times 0,095.$$

On a donc l'égalité

$$79 \times x = 400 \times 0,095 = 38 :$$

d'où

$$x = \frac{38}{79} = 0^{kg},481.$$

720. *Quel poids de glace a-t-on projetée dans 160 litres d'eau pour que la température de cette eau descende, par suite de la fusion de la glace, de 60° à 28° ? On sait que la chaleur de fusion de la glace est 79.*

RÉP. $47^{kg},7$.

Les 160^{l} d'eau pèsent 160^{kg}. Soit x le poids demandé. La chaleur absorbée par ces x^{kg} de glace pour la fusion seule est

$$79 \times x,$$

et cette eau pour monter de zéro à 28° absorbe encore une quantité de chaleur égale à

$$28 \times x.$$

D'autre part, les 160^{kg} d'eau, pour passer de 60° à 28°, cèdent en chaleur

$$160 \times (60 - 28).$$

La chaleur absorbée étant égale à la chaleur cédée, on a

$$79 \times x + 28 \times x = 160 \times (60 - 28),$$

ou

$$107 \times x = 160 \times 32 = 5\,120$$

$$x = \frac{5\,120}{107} = 47^{kg},7.$$

721. *Une boîte a pour dimensions intérieures $0^{m},20$ de longueur et de largeur, $0^{m},30$ de profondeur. On y verse 24 kg. de mercure, puis on ajoute 6 kg. de bismuth ; on a ainsi de l'amalgame de bismuth servant à étamer intérieurement les globes ou ballons de verre. On demande la hauteur à laquelle s'élève l'amalgame dans la boîte. On prendra 13,6 pour la densité du mercure et 9,8 pour celle du bismuth. On supposera d'ailleurs que, pour se produire, l'amalgame n'a subi ni contraction ni dilatation.*

Rép. $0^{m},0595$.

$13^{kg},6$ de mercure donnent un volume de 1^{dmc}.

1^{kg} — donne — $\frac{1}{13,6}$

24^{kg} — donnent — $\frac{24}{13,6}$

De même, les 6^{kg} de bismuth donnent un volume de $\frac{6}{9,8}$.

Le volume de l'amalgame est donc égal à

$$\frac{24}{13,6} + \frac{6}{9,8} = 2^{dmc},38, \text{ à } 0,01 \text{ près par excès.}$$

D'autre part, la boîte ayant 2^{dm} de longueur et 2^{dm} de largeur, la surface du fond est égale à $2 \times 2 = 4^{dmq}$, par suite la hauteur à laquelle s'élève l'amalgame est

$$2,38 : 4 = 0^{dm},595 \text{ ou } 0^{m},0595.$$

722. *L'eau est un composé d'oxygène et d'hydrogène, dans la proportion d'un volume d'oxygène et de deux volumes d'hydrogène. La densité de l'oxygène par rapport à l'air est 1,106, celle de l'hydrogène, 0,069, et celle de l'eau, 773,28. Trouver combien il entre de litres de chacun des deux gaz dans un litre d'eau pure.*

RÉP. 621l,6 d'oxygène, et 1 243l,2 d'hydrogène.

1 litre d'eau pure pesant 1 000gr, 1 litre d'air pèse 773,28 fois moins ou $\frac{1\,000}{773{,}28}$;

par suite, 1l d'oxygène pèse

$$\frac{1\,000 \times 1{,}106}{773{,}28},$$

et 1l d'hydrogène

$$\frac{1\,000 \times 0{,}069}{773{,}28}.$$

Si l'on prend 1l d'oxygène et 2l d'hydrogène, on aura un poids égal à

$$\frac{1\,000 \times 1{,}106 + 1\,000 \times 0{,}138}{773{,}28} = \frac{1\,000 \times 1{,}244}{773{,}28}.$$

Donc, autant de fois cette expression sera contenue dans le poids de 1 litre d'eau, ou 1 000gr, autant de litres d'oxygène et de fois 2 litres d'hydrogène, on aura

$$1\,000 : \frac{1\,000 \times 1{,}244}{773{,}28} = \frac{773{,}28}{1{,}244} = 621{,}6.$$

1 litre d'eau contient par conséquent 621l,6 d'oxygène et $621{,}6 \times 2 = 1\,243^{l}{,}2$ d'hydrogène.

723. *Combien 1 kg. de chlorate de potasse peut-il donner de litres d'oxygène? On sait : 1° que le chlorate de potasse est un sel composé en poids de 39,14 parties de potassium, de 35,43 parties de chlore et de 48 parties d'oxygène; 2° que la densité de l'oxygène par rapport à l'air est 1,1057 et que 1l d'air pèse environ 1gr,3, et enfin, que, dans la décomposition du chlorate de potasse, on obtient tout l'oxygène qu'il renferme.*

RÉP. 273l.

$39{,}14 + 35{,}43 + 48 = 122{,}57$. On peut donc dire :

122gr,57 de chlorate de potasse contiennent 48gr d'oxygène.

1gr — — contient $\frac{48}{122{,}57}$.

1 000gr ou 1kg — — contiennent $\frac{48 \times 1\,000}{122{,}57} = 391^{gr}$ d'oxygène.

Or, 1 litre d'air pesant $1^{gr},3$, il est évident que 1^{l} d'un gaz 2, 3.... fois plus dense pèsera 2, 3.... fois plus : par conséquent 1 litre d'oxygène pèse

$$1^{gr},3 \times 1,1057 = 1^{gr},43.$$

1 litre d'oxygène pesant $1^{gr},43$, le nombre de litres contenus dans 391^{gr} est

$$391 : 1,43 = 273 \text{ environ.}$$

724. *Quelle force faut-il appliquer à l'extrémité d'un levier* (1) *de* $1^{m},10$ *de longueur, pour faire équilibre à un poids de 54 kg. appliqué à l'autre extrémité, laquelle est éloignée de* $0^{m},60$ *du point d'appui? On sait d'ailleurs que deux forces se font équilibre à l'aide d'un levier, lorsque leurs intensités sont en raison inverse des bras de levier auxquels elles sont appliquées.*

RÉP. 45^{kg}.

Soient le levier A B et c le point d'appui placé à $0^{m},60$ du point

A —— l —— c —— l' —— B

A où se trouve appliqué le poids de 54^{kg}. Si l'on désigne par l, l' les longueurs Ac, cB des bras de levier, et par x le poids qui doit être appliqué en B pour établir l'équilibre, on a

$$\frac{x}{54} = \frac{l}{l'},$$

par suite

$$x = \frac{l \times 54}{l'} ;$$

d'où

$$x = \frac{0,50 \times 54}{0,60} = 45^{kg}.$$

725. *On pèse un corps dans l'un des plateaux d'une balance, et l'on constate que pour lui faire équilibre, il faut placer dans l'autre plateau un poids de 1 kg. On met ensuite le corps dans le 2e plateau, et l'on trouve qu'il faut placer* $1^{kg},2$ *dans le 1er pour qu'il y ait de nouveau équilibre. On demande : 1° le rapport qui*

(1) Il y a 3 genres de levier. Dans les leviers du 1er genre, le point d'appui est placé entre la puissance et la résistance : exemple, la balance ; dans les leviers du second genre, la résistance est entre le point d'appui et la puissance : exemple, la brouette ; dans les leviers du 3e genre, la puissance est entre le point d'appui et la résistance : exemple, les pincettes.

existe entre les longueurs des deux bras de cette balance ; 2° le poids réel du corps. On sait d'ailleurs que la balance n'est qu'un levier du 1er genre.

RÉP. 1° 0,913 ; 2° 1kg,0954.

1° Soient P le poids réel du corps, et l et l' les longueurs des 2 bras de levier de la balance (figure de l'exercice précédent), on a, d'après les données,

$$\frac{l}{l'} = \frac{1}{P} \quad [1]$$

et

$$\frac{l}{l'} = \frac{P}{1,2} \quad [2]$$

Si l'on multiplie ces égalités membre à membre, on a

$$\frac{l}{l'} \times \frac{l}{l'} = \frac{1}{P} \times \frac{P}{1,2},$$

ou

$$\frac{l^2}{l'^2} = \frac{1}{1,2};$$

on trouve, par suite

$$\frac{l}{l'} = \sqrt{\frac{1}{1,2}} = 0,913.$$

2° Si l'on divise les égalités [1] et [2] membre à membre, il vient

$$\frac{l}{l'} : \frac{l}{l'} = \frac{1}{P} : \frac{P}{1,2},$$

ou

$$\frac{l}{l'} \times \frac{l'}{l} = \frac{1}{P} \times \frac{1,2}{P},$$

ou encore

$$1 = \frac{1,2}{P^2}.$$

Multipliant les deux membres par P^2, on trouve

$$P^2 = 1,2$$

et

$$P = \sqrt{1,2} = 1^{kg},0954.$$

726. *Dans le treuil* (1), *la puissance est à la résistance comme le rayon du tambour est au rayon de la circonférence décrite par le*

(1) Le treuil est une machine bien connue : le treuil des puits, le treuil des carriers.

On désigne sous le nom de *tambour* le cylindre sur lequel s'enroule la corde destinée à supporter le poids à soulever.

point d'application de la puissance. On suppose que la circonférence décrite par le point d'application de la puissance doit avoir $2^{m},40$ de rayon, le tambour $0^{m},15$: d'ailleurs, le poids à soulever est un bloc de pierre ayant un volume de $1^{mc},1$ et dont la densité est 2,5 : on demande la puissance à déployer pour faire équilibre à ce poids, en supposant qu'il n'y ait aucune perte de travail.

RÉP. 172^{kg} environ.

$1^{mc},1 = 1\,100^{dmc}$. Le poids de la pierre est par conséquent

$$2,5 \times 1\,100 = 2\,750^{kg}.$$

Si l'on désigne la puissance par x, il vient donc

$$\frac{x}{2\,750} = \frac{0,15}{2,40};$$

d'où

$$x = \frac{0,15 \times 2\,750}{2,40} = 172^{kg} \text{ environ.}$$

727. *Dans le palan* (1) *ordinaire, la puissance est égale à la résistance divisée par le nombre des poulies. Si l'on suppose que le rendement d'un palan est 0,80, quelle force faut-il appliquer à l'extrémité libre de la corde d'un palan à 6 poulies, pour équilibrer le poids d'un bloc de pierre ayant $1^{m},60$ de long, $0^{m},80$ de large et $0^{m},60$ de hauteur, sachant que la densité de cette pierre est 2,7?*

RÉP. 432^{kg}.

Le poids de la pierre est égal à son volume exprimé en décimètres cubes multiplié par sa densité, c'est-à-dire à

$$16 \times 8 \times 6 \times 2,7 = 2\,073^{kg},6.$$

Ce poids représente les 0,80 du poids correspondant à la force à appliquer. Le poids correspondant à cette force est donc

$$\frac{2\,073,6 \times 100}{80} = 2\,592^{kg}.$$

La force à appliquer sera donc

$$\frac{2\,592}{6} = 432^{kg}.$$

(1) Le *palan* ordinaire est composé de l'ensemble de deux moufles ayant le même nombre de poulies. La *moufle* est un système de poulies toutes de même diamètre et réunies dans une seule *chape* ou support. Elles sont généralement montées sur le même axe autour duquel elles peuvent tourner. Les poulies sont quelquefois inégales et montées sur des axes différents.

728. *L'année se compose de 365 jours 6 heures; une lunaison (1) de* $29^j \frac{499}{940}$ *: trouver le plus petit intervalle de temps qui soit, à la fois, un nombre exact d'années et un nombre exact de lunaisons.*

RÉP. 19 ans.

Si l'on réduit au même dénominateur les deux données de l'énoncé, on trouve que

$$1 \text{ année} = 365^j + \frac{1}{4} = 365^j + \frac{235}{940} = \frac{343\,335^j}{940}.$$

$$1 \text{ lunaison} = 29^j + \frac{499}{940} = \frac{27\,759^j}{940}.$$

Si l'on suppose l'intervalle de temps cherché réduit en 940mes de jour, le numérateur de cette expression doit être le plus petit multiple commun des deux numérateurs 243 335 et 27 759.

Or, on a $$243\,335 = 3 \times 5 \times 47 \times 487$$
et $$27\,759 = 3 \times 19 \times 487.$$

Le plus petit multiple commun est donc égal à

$$3 \times 5 \times 19 \times 47 \times 487.$$

L'intervalle de temps cherché, exprimé en jours, est par conséquent

$$\frac{3 \times 5 \times 19 \times 47 \times 487}{940},$$

ou $$\frac{3 \times 5 \times 19 \times 47 \times 487}{4 \times 5 \times 47} = \frac{3 \times 19 \times 487}{4}.$$

Mais une année vaut

$$365^j + \frac{1}{4} = \frac{1\,461^j}{4}.$$

L'intervalle de temps cherché, exprimé en années, sera donc

$$\frac{3 \times 19 \times 487}{4} : \frac{1\,461}{4} = \frac{3 \times 19 \times 487}{1\,461},$$

ou $$\frac{19 \times 487}{487},$$

ou enfin 19 ans (2).

(1) Intervalle de temps qui s'écoule entre deux nouvelles lunes.

(2) Cette période de 19 ans est appelée *cycle lunaire*. Sa découverte en est attribuée à l'Athénien Méton, qui vivait 430 ans avant J.-C.

729. *Une montre porte 3 aiguilles, celle des heures, celle des minutes et celle des secondes. Cette montre marque midi. A quelle heure se rencontreront dans le tour du cadran : 1° l'aiguille des heures et celle des secondes; 2° l'aiguille des minutes et celle des secondes; 3° les 3 aiguilles; 4° combien de rencontres de l'aiguille des heures et des secondes; 5° de l'aiguille des minutes et des secondes; 6° des 3 aiguilles?*

RÉP. 1° $1^m \frac{1}{719}$ après midi; 2° $1^m \frac{1}{59}$ après midi; 3° à midi; 4° 719; 5° 708; 6° 1.

1° Dans 1 heure, l'aiguille des secondes parcourt 60 fois le tour du cadran ou $60 \times 60 = 3\,600$ divisions, et la petite 5; l'aiguille des secondes gagne donc 3 595 divisions par heure. Or, au moment où les 3 aiguilles sont sur midi, l'aiguille des secondes est par rapport à la petite en retard de 60 divisions. Puisque l'aiguille des secondes gagne 3 595 divisions par heure, pour gagner 1 division, elle mettra $\frac{1}{3\,595}$ d'heure, et pour en gagner 60, elle mettra $\frac{60}{3\,595}$ d'heure, ou $\frac{60 \times 60}{3\,595}$ de minute.

La 1re rencontre de l'aiguille des heures et de celle des secondes, aura donc lieu après $\frac{60 \times 60}{3\,595}$ de minute, ou $1^m + \frac{1}{719}$.

2° Dans 1 heure, l'aiguille des secondes parcourt 3 600 divisions et celle des minutes 60, l'aiguille des secondes gagne donc 3 600 — 60 ou 3 540 divisions par heure. Mais, de même que dans le 1er cas, lorsque l'aiguille des secondes et celle des minutes se trouvent sur midi, l'aiguille des secondes est par rapport à celle des minutes en retard de 60 divisions. Puisque l'aiguille des secondes gagne 3 540 divisions par heure, pour gagner 1 division elle met $\frac{1}{3\,540}$ d'heure et pour en gagner 60, elle met $\frac{60}{3\,540}$ d'heure, ou encore $\frac{60 \times 60}{3\,540}$ de minute, ou $1^m \frac{1}{59}$. La 1re rencontre de l'aiguille des minutes et celle des secondes aura lieu après $1^m \frac{1}{59}$.

3° L'aiguille des secondes fait le tour du cadran en 1 minute, la grande aiguille en 60 minutes et la petite en 12 heures ou 720 minutes. A partir du moment où les 3 aiguilles sont sur midi, la plus prochaine rencontre aura donc lieu après un certain nombre de fois 1^m un certain nombre de fois 60^m et enfin un certain nombre de fois 720^m. Le temps demandé est donc un nombre de minutes divisible à la fois par 1, par 60 et par 720. C'est par conséquent dans 720 minutes, plus petit multiple des 3 nombres 1, 60 et 720, que la 1re rencontre aura lieu; et comme 720^m font 12 heures, la rencontre des trois aiguilles n'a jamais lieu que sur 12 heures.

4° Il y a 12 heures de midi à minuit. D'ailleurs, une rencontre de l'aiguille des secondes et de celle des heures a lieu après $\frac{60}{3\,595}$ d'heure : il y aura donc autant de rencontres que $\frac{60}{3\,595}$ d'heure sont contenus de fois dans 12 heures; on a

$$12 : \frac{60}{3\,595} = 719 \text{ rencontres.}$$

5° De même, le nombre de rencontres de l'aiguille des secondes et celle des minutes est

$$12 : \frac{60}{3\,540} = 708 \text{ rencontres.}$$

6° Les 3 aiguilles ne se rencontrant que sur midi, il n'y a qu'une rencontre par 12 heures. (1)

DES ASSURANCES

Assurances sur la vie en général. Les assurances sur la vie se divisent en 2 classes : *les assurances en cas de mort*, et les *assurances en cas de vie*. Une 3e combinaison, participant de ces 2 classes d'assurance, a reçu, pour ce motif, la dénomination *d'assurances mixtes.*

On appelle *Police*, le contrat qui règle les conditions de l'assurance. L'*Assuré* est la personne sur la tête de laquelle repose l'assurance.

Le *Contractant* est la personne qui signe la police et qui doit exécuter les engagements pris envers la compagnie.

Le *Bénéficiaire* est celui qui est appelé à jouir du *bénéfice* de l'assurance. La même personne peut être à elle seule l'assuré, le contractant et le bénéficiaire.

(1) Voir Exercice 100.

ASSURANCES EN CAS DE MORT.

L'Assurance en cas de mort, a pour objet le payement d'un capital déterminé au décès de l'assuré.

Les combinaisons de l'assurance en cas de mort comprennent, dans la pratique, 3 divisions principales : 1° les *assurances pour la vie entière ;* 2° les *assurances temporaires* ; 3° les *assurances de survie.*

1° **Assurances pour la vie entière.** L'assurance pour la vie entière est une combinaison par laquelle la *Compagnie* s'oblige à verser lors du décès de l'assuré, à *quelque époque qu'il arrive*, un capital déterminé à ses héritiers ou ayants droit. L'assuré, de son côté, est tenu de payer à la Compagnie une prime unique, ou encore une prime annuelle, qui doit être acquittée, par avance, chaque année, jusqu'au décès de l'assuré.

Ainsi, *une personne âgée de* 35 *ans, pour garantir, de cette manière à ses héritiers, un capital de* 50 000f, *aurait à payer pendant toute sa vie, une prime annuelle de* 1 420f. Mais si cette personne meurt après avoir versé une seule prime, ses héritiers reçoivent immédiatement la somme de 50 000f. La même personne aurait pu assurer le même capital en versant une prime unique de 21 575f.

2° **Assurances temporaires.** L'assurance temporaire est un contrat par lequel la Compagnie, moyennant une prime unique ou annuelle, s'engage à payer une certaine somme au décès de l'assuré, si ce décès a lieu dans un espace de temps fixé par la police (1 an, 2 ans, 5 ans, etc.) Si l'assuré survit à ce nombre d'années, la Compagnie est libérée de ses engagements, et les primes payées lui demeurent aquises comme prix du risque qu'elle a couru.

Un commerçant, âgé de 35 *ans, réalise chaque année de très-beaux bénéfices ; il espère que* 10 *ans lui suffiront pour créer le bien-être de sa famille. Mais il réfléchit que si la mort le surprend avant ce temps, il laissera les siens dans une position précaire ; afin de prévenir ce malheur, il fait assurer sur sa vie, pour* 10 *années, une somme de* 100 000f, *pour laquelle il devra payer,* 1 860f *chaque année.* Si le commerçant vit encore à l'expiration de cette période de dix années, il aura dépensé sans profit un capital de 18 600f. Mais alors les bénéfices qu'il a réalisés suffiront sans doute pour assurer l'avenir de sa famille. Si, au contraire, il meurt dans cette période de 10 ans, il lui laissera le bénéfice de son assurance ou 100 000f.

3° **Assurances de survie.** Dans cette espèce d'assurance, la Compagnie s'engage à payer un capital, ou à servir une rente, à une personne désignée par l'assuré, mais seulement dans le cas où cette personne survivrait à l'assuré lui-même.

Un fils, âgé de 30 *ans, est le seul soutient de sa mère qui vient d'atteindre sa* 65e *année. Ce fils, craignant de mourir avant elle, et de la laisser ainsi dans le besoin, contracte une assurance de 20 000f. Pendant toute l'existence de sa mère, il aura à payer annuellement une somme de 320f*; mais s'il venait à mourir avant elle, celle-ci toucherait immédiatement les 20 000f. *Pour créer dans les mêmes conditions une rente de 1 000f à sa mère, ce qui est plus naturel, ce fils aurait dû donner seulement 96f,20 de prime annuelle.*

ASSURANCES EN CAS DE VIE.

Les combinaisons les plus pratiques de l'assurance en cas de vie sont aussi au nombre de 3 : 1° la constitution d'une *rente viagère immédiate* sur une ou deux têtes ; 2° d'une *rente viagère différée* ; 3° l'assurance d'un *capital différé.*

Rentes viagères immédiates sur une seule tête. La rente viagère immédiate est constituée par le versement d'un capital quelconque à une Compagnie d'assurance. Il est bien évident que la rente est d'autant plus forte que la somme versée est plus considérable et que l'âge de l'assuré est plus avancé.

Ainsi, *en versant une somme de 10 000f, une personne, âgée de 42 ans, se constituerait une rente viagère immédiate de 662f, payable par trimestre.*

Rentes viagères immédiates sur 2 têtes. Une rente viagère constituée sur 2 têtes revient en totalité ou en partie, suivant les conventions faites avec la Compagnie, au rentier qui survit à l'autre.

Par exemple : *deux personnes, l'une âgée de 50 ans et l'autre de 60 versant 20 000f à une Compagnie recevraient une rente viagère immédiate de 1 386f, payable par semestre, et à la mort de l'un des rentiers le survivant toucherait encore la même rente viagère.*

2° Rentes viagères différées. Dans ce genre d'assurance, on verse, soit en une seule fois, soit en payements annuels un capital dont on ne doit pas recevoir la rente avant une époque déterminée. Il est bien évident que cette rente est d'autant plus considérable que le terme fixé est plus éloigné.

Ainsi, *une personne âgée de 42 ans se constituerait une rente de 1 371f, payable par semestre, en versant en une seule fois un capital de 10 000f et en attendant 10 ans pour recevoir la 1re rente.*

3° Assurance d'un capital différé. Cette assurance consiste à verser une prime unique ou des primes annuelles, afin de recevoir à une époque fixe, un certain capital si l'on est encore vivant.

Si, par exemple, on payait pour un enfant de 5 ans, une prime annuelle de 405f, on toucherait 16 ans après, si l'enfant était encore en vie, un capital de 10 000f.

REMARQUE. Les sommes versées, soit pour constituer une rente viagère immédiate, soit pour jouir après un certain temps d'une rente viagère, soit enfin pour contracter l'assurance d'un capital différé, sont encaissées par les Compagnies d'assurances. Si l'assuré désire que ces sommes retournent à ses héritiers, il souscrit une *contre-assurance* dont l'objet est de garantir à ses ayants droit le remboursement d'un capital égal aux sommes versées par lui.

Bases du calcul des primes d'assurances sur la vie.

1re BASE : *Le taux d'intérêt.* Les Compagnies françaises payent généralement à 4 % les intérêts composés des sommes qu'elles reçoivent des contractants.

2e BASE. *Chances de mortalité.* Les Compagnies françaises d'assurance sur la vie, font usage de la table de Duvillard, pour les assurances en cas de décès, et elles emploient la table de Deparcieux pour les assurances en cas de vie. La table de Deparcieux, bien que dressée dès 1746 pour des têtes choisies(1), représente encore aujourd'hui, assez exactement la loi de mortalité pour des têtes choisies.

La table de Duvillard date de 1806 : « Elle présente, dit-il, tous les résultats de la mortalité générale recueillis, avant la Révolution, dans divers lieux de la France, et elle doit représenter assez exactement la loi de mortalité. » Mais, depuis cette époque, il est survenu de grands changements dans les divers éléments de la population, de sorte que cette table donne aujourd'hui une loi de mortalité beaucoup trop rapide. Les tarifs calculés d'après cette table procuraient donc aux Compagnies des bénéfices par trop considérables ; c'est pour ce motif qu'elles accordent, presque toutes maintenant, une part de ces mêmes bénéfices à leurs clients.

Participation dans les bénéfices de la Compagnie. Les assurés dont les polices ont au moins une année de date, jouissent d'une participation de 50 % dans les bénéfices produits par leur catégorie d'assurance. Cette participation est payée comptant, ou vient en diminution de la prime, ou en accroissement du capital, et les primes rapportent alors un intérêt qui varie de 3f,50 à 4f,50 % :

REMARQUE. Dans les assurances *en cas de vie,* les assurés ne participent point aux bénéfices de la Compagnie.

ASSURANCES MIXTES.

Ce genre d'assurance profite soit à l'assuré lui-même, soit à ses ayants droit; car, moyennant une prime annuelle, la Compagnie garantit un capital déterminé à l'assuré, s'il est vivant à une époque fixée d'avance; s'il meurt auparavant, c'est-à-dire pendant le cours de l'assurance, les primes cessent d'être dues, et ses ayants droit touchent immédiatement le capital assuré.

Ainsi, *une personne âgée de* 36 *ans qui constituerait une assurance mixte de* 12 000f, *aurait à verser chaque année, pendant* 10 *ans, une somme de* 1 197f,60. Si la personne meurt après avoir versé la 1re prime seulement, ses héritiers touchent immédiatement les 12 000f, si dans 10 ans elle est encore en vie, c'est elle qui recevra les 12 000f.

REMARQUE. Pour l'assurance mixte, la participation dans les bénéfices de la Compagnie est aussi de 50 %.

---

(1) C'est-à-dire pour des sujets n'ayant aucun genre apparent de maladie pouvant occasionner prématurément leur mort.

ASSURANCES SOUS LA GARANTIE DE L'ÉTAT.

Assurances en cas de décès. L'État n'est point venu faire concurrence aux Compagnies; il ne s'adresse qu'aux petites bourses des classes ouvrières. Si l'on veut constituer à ses héritiers un capital de quelque importance : dix, vingt, cinquante, cent mille francs, on est obligé de recourir aux Compagnies.

D'après la Loi du 11 juillet 1868, il a été créé une Caisse d'assurance ayant pour objet de payer au décès de chaque assuré, à ses héritiers ou ayants droit, une somme déterminée suivant les bases fixées ci-après.

La participation à l'assurance est acquise par le versement de primes uniques ou primes annuelles.

La somme à payer au décès de l'assuré est fixée conformément à des tarifs tenant compte :

1° De l'intérêt composé à 4 % par an des versements effectués; 2° des chances de mortalité, à raison de l'âge des déposants, calculées d'après la table de Deparcieux.

Les primes établies d'après les tarifs sus-énoncés seront augmentées de 6 %.

Toute assurance faite moins de 2 ans avant le décès de l'assuré demeure sans effet. Dans ce cas, les versements effectués sont restitués aux ayants droit, avec les intérêts simples à 4 %.

Les sommes assurées sur une tête, ne peuvent excéder 3 000f. Elles sont insaisissables et incessibles, jusqu'à concurrence de la moitié, sans toutefois que la partie incessible ou insaisissable puisse descendre au-dessous de 600f.

Nul ne peut s'assurer s'il n'est âgé de 16 ans au moins et de 60 au plus.

A défaut de payement de la prime annuelle dans l'année qui suivra l'échéance, les versements effectués sont ramenés à un versement unique donnant lieu, au profit des ayants droit de l'assuré, à la liquidation d'un capital au décès.

PRIMES A PAYER D'APRÈS LES TARIFS POUR UNE ASSURANCE DE 100 FRANCS PAYABLE AU DÉCÈS.

AGES.	PRIMES UNIQUES.	PRIMES ANNUELLES A PAYER PENDANT				
		5 ans.	10 ans.	15 ans.	20 ans.	la durée de la vie.
De 16 à 17 ans...	25f 9679	5f 63623	3f 15223	2f 34572	1f 95636	1f 32283
De 20 à 21......	27 5582	5 98608	3 35240	2 49722	2 08417	1 43231
De 25 à 26......	29 6755	6 44793	3 61497	2 69505	2 24927	1 58514
De 30 à 31......	32 1799	6 99445	3 92395	2 92419	2 44224	1 77723
De 35 à 36......	35 2214	7 65197	4 28798	3 19878	2 68316	2 02879
De 40 à 41......	39 3872	8 55975	4 80886	3 61157	3 05324	2 41063
De 45 à 46......	44 4122	9 67047	5 48563	4 16260	3 55143	2 93995
De 50 à 51......	49 5234	10 8187	6 20426	4 75663	4 10601	3 57499
De 55 à 56......	54 8156	12 0165	6 96580	5 41903	4 77607	4 36616
De 59 à 60......	59 4466	13 0657	7 67653	6 10727	5 50359	5 20604

Il a été créé à la même date du 11 juillet 1868, et également sous la garantie de l'Etat, une Caisse d'assurance en cas d'accidents, ayant pour objet de servir des pensions viagères aux personnes assurées, qui dans l'exécution des travaux agricoles, ou industriels, seront atteintes de blessures entraînant une incapacité permanente de travail, et de donner des secours aux veuves et aux enfants mineurs des personnes assurées qui auront péri par suite d'accidents survenus dans l'exécution desdits travaux.

Les assurances en cas d'accidents ont lieu par année. L'assuré verse à son choix et pour chaque année 8f, 5f ou 3f.

Pour le règlement des pensions viagères à concéder, les accidents sont distingués en 2 classes :

1° *Accidents ayant occasionné une incapacité absolue de travail*;

2° *Accidents ayant entraîné une incapacité permanente de travail.*

La pension accordée pour les accidents de la seconde classe n'est que de *la moitié* de la pension afférente aux accidents de la 1re.

CAISSE D'ASSURANCES EN CAS D'ACCIDENTS.

COTISATIONS.	PENSIONS ALLOUÉES POUR LES ACCIDENTS ENTRAINANT INCAPACITÉ ABSOLUE DE TRAVAIL ET ARRIVÉS A L'ÂGE DE					
	12 ans.	20 ans.	30 ans.	40 ans.	50 ans.	60 ans.
8 francs.	313f	325f	342f	372f	437f	545f
5 francs.	200	203	214	232	273	341
3 francs.	150	150	150	150	164	204

RENTES VIAGÈRES.

Il est créé, sous la garantie de l'Etat, une Caisse de retraites ou rentes viagères pour la vieillesse (Loi du 18 juin 1850). Le montant de la rente viagère est fixé conformément à des tarifs tenant compte, pour chaque versement : 1° *de l'intérêt composé du capital à raison de* 5 % (Loi du 20 décembre 1872); 2° *des chances de mortalité, en raison de l'âge du titulaire au jour du versement et de l'âge auquel commence la jouissance de la rente, calculée d'après les tables de Deparcieux;* 3° *du remboursement au décès, du capital versé, si la réserve en a été faite par le déposant.*

L'âge du déposant est calculé comme si ce déposant était né le 1er jour du trimestre qui a suivi la date de sa naissance. L'intérêt de tout versement n'est compté qu'à partir du 1er jour du trimestre qui suit la date du versement.

Les versements peuvent être faits au profit de toute personne âgée de plus de 3 ans.

Les versements sont facultatifs; ils peuvent être interrompus ou continués au gré des déposants.

Il ne peut être inscrit sur la même tête une rente supérieure à 1 500f.

Les sommes versées dans le courant d'une année, au compte de la même personne, ne peuvent excéder 4 000f.

L'entrée en jouissance peut être fixée, au choix du déposant, à une année d'âge accomplie de 50 à 65 ans.

Tout déposant qui, soit par lui-même, soit par un intermédiaire, opère un 1er versement fait connaître ses nom, prénoms, qualités civiles, âge, profession et domicile.

Il produit son acte de naissance; il déclare s'il entend faire l'abandon du capital versé, ou s'il veut que ce capital soit remboursé, lors de son décès, à ses ayants droit; à quelle année d'âge accomplie, à partir de la 50e année, il a l'intention d'entrer en jouissance de la rente viagère. Les rentes viagères sont inscrites au Grand-Livre de la dette publique et sont payables par trimestre.

Nota. Les versements sont reçus à la Caisse des dépôts et consignations, chez les Percepteurs des contributions directes et les Receveurs des postes.

Tous les actes destinés à être produits à la Caisse des retraites et aux Caisses d'assurances, doivent être délivrés *gratuitement* et dispensés du timbre.

Des notices relatives à chacune des trois Caisses sont délivrées gratuitement à la Caisse des dépôts et consignations, chez les Percepteurs des contributions directes et les Receveurs des postes. Elles sont adressées *franco* aux personnes qui en font la demande à la Direction générale de la Caisse des dépôts et consignations.

DIFFÉRENCE ENTRE LES TARIFS DES COMPAGNIES ET CEUX DE L'ÉTAT.

Réaliser des bénéfices : tel est le but principal de toutes les Compagnies d'assurances. Venir en aide aux petits capitalistes et aux classes ouvrières : tel a été le mobile de l'Etat.

On comprend dès lors que les tarifs ne peuvent être les mêmes dans les deux cas : ceux des Compagnies sont, en effet, un peu plus élevés que ceux de l'Etat.

Ainsi, pour assurer, à l'âge de 25 ans, un capital de 1 000f à ses héritiers, lors de son décès, on aurait à payer toute sa vie à une Compagnie d'assurance (1), une prime annuelle de 22f,10, et à l'Etat, une prime annuelle de 15f,85. Seulement, dans le 1er cas, il y aurait participation de 50 % dans les bénéfices de la Compagnie.

De même, d'après les tarifs des Compagnies, si l'on versait à 40 ans un capital de 100f, on toucherait à 50 ans une rente viagère de 12f,97. Pour le même capital versé à l'Etat, une personne du même âge recevrait une rente viagère de 15f,81.

(1) Les agents de toutes les Compagnies d'assurance mettent, à la disposition de chacun, les tarifs des Compagnies qu'ils représentent.

CAISSE DE RETRAITES POUR LA VIEILLESSE.

AGE au versement unique ou au premier versement.	PRODUIT DE CHAQUE FRANC VERSÉ.						PRODUITS DE VERSEMENTS ANNUELS DE 10f.					
	CAPITAL ALIÉNÉ.			CAPITAL RÉSERVÉ.			CAPITAL ALIÉNÉ.			CAPITAL RÉSERVÉ.		
	RETRAITE A L'AGE DE			RETRAITE A L'AGE DE			RETRAITE A L'AGE DE			RETRAITE A L'AGE DE		
	50 ans.	55 ans.	60 ans.	50 ans.	55 ans.	60 ans.	50 ans.	55 ans.	60 ans.	50 ans.	55 ans.	60 ans.
3 ans.	1f 4962	2f 3351	3f 8368	1f 1712	1f 8278	3f 0033	233f 81	370f 73	615f 87	183f 06	288f 99	478f 26
10 ans.	0 9318	1 4543	2 3895	0 7630	1 1908	1 9566	148 50	237 59	397 11	114 42	181 86	302 24
20 ans.	0 5260	0 8209	1 3489	0 4119	0 6428	1 0563	75 43	123 55	209 73	55 55	90 00	151 30
30 ans.	0 2894	0 4517	0 7423	0 2159	0 3369	0 5536	34 59	59 83	105 02	24 14	40 98	70 75
40 ans.	0 1581	0 2467	0 4054	0 1085	0 1693	0 2783	12 22	24 90	47 64	7 92	15 65	29 14
50 ans.	0 0853	0 1331	0 2188	0 0499	0 0778	0 1279	»	5 83	16 80	»	3 29	8 83
60 ans.	»	»	0 1064	»	»	0 0500	»	»	»	»	»	»

LOI DE LA MORTALITÉ EN FRANCE

D'APRÈS DUVILLARD.

AGES.	VIVANTS.	AGES.	VIVANTS.	AGES.	VIVANTS.	AGES.	VIVANTS.
0	1 000 000	28	451 635	56	248 782	84	15 175
1	767 525	29	444 932	57	240 214	85	11 886
2	671 834	30	438 183	58	231 488	86	9 224
3	624 668	31	431 398	59	222 605	87	7 165
4	598 713	32	424 583	60	213 567	88	5 670
5	583 151	33	417 744	61	204 380	89	4 686
6	573 025	34	410 886	62	195 054	90	3 830
7	565 838	35	404 012	63	185 600	91	3 093
8	560 245	36	397 123	64	176 035	92	2 466
9	555 486	37	390 219	65	166 377	93	1 938
10	551 122	38	383 300	66	156 651	94	1 499
11	546 888	39	376 363	67	146 882	95	1 140
12	542 630	40	369 404	68	137 102	96	850
13	538 255	41	362 419	69	127 347	97	621
14	533 711	42	355 400	70	117 656	98	442
15	528 969	43	348 342	71	108 070	99	307
16	524 020	44	341 235	72	98 637	100	207
17	518 863	45	334 072	73	89 404	101	135
18	513 502	46	326 843	74	80 423	102	84
19	507 949	47	319 539	75	71 745	103	51
20	502 216	48	312 148	76	63 424	104	29
21	496 317	49	304 662	77	55 511	105	16
22	490 267	50	297 070	78	48 057	106	8
23	484 083	51	289 361	79	41 107	107	4
24	477 777	52	281 527	80	34 705	108	2
25	471 366	53	273 560	81	28 886	109	1
26	464 863	54	265 450	82	23 680	110	0
27	458 282	55	257 193	83	19 106		

LOI DE LA MORTALITÉ EN FRANCE

D'APRÈS DEPARCIEUX.

AGES.	VIVANTS à chaque âge.	AGES.	VIVANTS à chaque âge.	AGES.	VIVANTS à chaque âge.
0	1 286	32	718	64	409
1	1 071	33	710	65	395
2	1 006	34	702	66	380
3	970	35	694	67	364
4	947	36	686	68	347
5	930	37	678	69	329
6	917	38	671	70	310
7	906	39	664	71	291
8	896	40	657	72	271
9	887	41	650	73	251
10	879	42	643	74	231
11	872	43	636	75	211
12	866	44	629	76	192
13	860	45	622	77	173
14	854	46	615	78	154
15	848	47	607	79	136
16	842	48	599	80	118
17	835	49	590	81	101
18	828	50	581	82	85
19	821	51	571	83	71
20	814	52	560	84	59
21	806	53	549	85	48
22	798	54	538	86	38
23	790	55	526	87	29
24	782	56	514	88	22
25	774	57	502	89	16
26	766	58	489	90	11
27	758	59	476	91	7
28	750	60	463	92	4
29	742	61	450	93	2
30	734	62	437	94	1
31	726	63	423	95	0

USAGE DES TABLES DE MORTALITÉ

730. *Sur 2 000 personnes âgées de 30 ans, combien, d'après la table de Duvillard, atteindront l'âge de 50 ans? Combien d'après la table de Deparcieux?*

1° 1 356 ; 2° 1 583.

1° Selon Duvillard, sur 438 183 personnes âgées de 30 ans 297 070 atteignent l'âge de 50 ans; si, par conséquent, on désigne par x le nombre demandé, on a

$$\frac{x}{2\,000}=\frac{297\,070}{438\,183}\,;$$

d'où
$$x=\frac{297\,070\times 2\,000}{438\,183}=1\,356.$$

2° Selon Deparcieux, sur 734 personnes âgées de 30 ans 581 atteignent l'âge de 50 ans. En désignant par y le nombre demandé, on a donc

$$\frac{y}{2\,000}=\frac{581}{734}\,;$$

d'où
$$y=\frac{581\times 2\,000}{734}=1\,583.$$

731. *Trouver, 1° selon Deparcieux, 2° selon Duvillard, la durée de la vie probable* (1) *d'une personne âgée de 50 ans*

Rép. 1° 21 ans ; 2° 16 ans 10 mois.

1° Sur 581 personnes âgées de 50 ans, la moitié ou 291 environ atteignent 71 ans. La durée de la vie probable à 50 ans est donc 71 — 50 ou 21 ans.

2° D'après la table de Duvillard, sur 1 000 000 de personnes nées le même jour, il en existe encore 297 070 à 50 ans, dont la moitié est de 148 535.

Si l'on cherche à quel âge correspond ce nombre de vivants, on trouve qu'il tombe entre 66 ans et 67 ans. La différence entre les

(1) La vie probable d'un individu d'un certain âge est égale au nombre d'années qui doivent s'écouler pour que le nombre des vivants de cet âge soit réduit à moitié.

vivants à 66 ans et les vivants à 67 est de 9 769 ; d'ailleurs, la différence entre les vivants à 66 ans et le nombre 148 535 est de 8 116 : on peut par conséquent dire que 9 769 personnes meurent dans un an : combien 8 116 personnes dans ces conditions serontelles de temps avant de mourir?

Si l'on désigne ce temps par x, on a

$$\frac{9\,769}{1} = \frac{8\,116}{x}:$$

d'où
$$x = \frac{8\,116}{9\,769} = 10 \text{ mois environ.}$$

Selon Duvillard, la moitié des personnes âgées de 50 ans, peuvent donc atteindre 66 ans 10 mois. La durée de la vie probable à 50 ans est donc 66 ans 10 mois moins 50 ans, ou 16 ans 10 mois.

EXERCICES

SUR LES ASSURANCES.

732. *Un jeune homme, ayant perdu son père, a un emploi qui lui permet d'économiser chaque année une somme assez importante. En souvenir des sacrifices que son père a faits pour lui, il veut récompenser ses deux jeunes frères. Il contracte alors à leur profit, et par portions égales, une assurance sur la tête de sa mère, âgée de 48 ans. Combien, au décès de leur mère, chacun des deux enfants recevra-t-il de la Compagnie, si la prime annuelle donnée par le frère aîné est de 387f,90, et si à 48 ans la prime °/₀ est de 4f,31.*

Rép. 4 500f chacun.

Une prime de 4f,31 répond à un capital de 100f.

$$387^f,90 \quad — \quad — \quad \frac{100 \times 387{,}90}{4{,}30} = 9\,000^f.$$

Chacun des deux frères recevra donc 4 500f.

733. *Un ouvrier économe âgé de 30 ans place chaque année à la Caisse de retraites pour la vieillesse et jusqu'à l'âge de 55 ans, une somme de 60 fr. : de quelle rente viagère jouira-t-il à cette époque, s'il a réservé le capital?*

Rép. 245f,88.

Si à 30 ans, on versait 10^f par an, on jouirait à 55 ans d'une rente de $40^f,98$; en versant 60^f, on aurait donc

$$\frac{40,98 \times 60}{0} = 245^f,88.$$

734. *Quelle somme faudrait-il verser annuellement pour qu'un enfant de 3 ans pût jouir à 50 ans d'une rente viagère de 600 fr., capital aliéné ?*

RÉP. $25^f,66$.

Une rente viagère de $233^f,81$ est créée par un versement annuel de 10^f. La rente viagère de 600^f sera donc créée en versant annuellement

$$\frac{10 \times 600}{233\ 81} = 25^f,66.$$

735. *Combien un employé âgé de 40 ans, devrait-il verser annuellement pour laisser à sa mort 3 000 fr. à ses héritiers ?*

RÉP. $72^f,32$.

Pour assurer un capital de 100^f il faut verser annuellement $2^f,41063$; pour assurer un capital de $3\ 000^f$, il faudra donc donner tous les ans

$$\frac{2,41063 \times 3\ 000}{100} = 72^f,32.$$

736. *Un ouvrier âgé de 30 ans contracte une assurance sur la vie, et verse chaque année une somme de 40 fr. : quelle somme ses héritiers toucheront-ils à sa mort, à quelque époque qu'elle arrive ?*

RÉP. $2\ 250^f,98$.

Une somme de $1^f,77723$ versée annuellement constitue un capital de 100^f ; une somme de 40^f versée chaque année constituera un capital égal à

$$\frac{100 \times 40}{1,777} = 2\ 250^f,98.$$

737. *Un père de famille, âgé de 35 ans, contracte une assurance sur la vie de 10 000 fr., il paye, en une seule prime, $4\ 315^f$, et en outre 10^f pour la police. Si l'on tient compte de l'intérêt composé à 4 % de la somme versée par le père de famille, au bout de combien de temps la Compagnie aura-t-elle le montant de l'assurance ?*

RÉP. 21 ans 4 mois 13 jours.

Après n années, la somme de 4 315f + 10f ou 4 325f sera devenue

$$4\,325 \times (1,04)^n.$$

On doit donc avoir l'égalité

$$4\,325 \times (1,04)^n = 10\,000 :$$

d'où $\quad \log. 4\,325 + n \log. 1,04 = \log. 10\,000.$

$$n \log. 1,04 = \log. 10\,000 - \log. 4\,325.$$

$$n = \frac{\log. 10\,000 - \log. 4\,325}{\log. 1,04}.$$

Or, $\log. 10\,000 - \log. 4\,325 = 4 - 3,6359861 = 0,3640139,$

et $\quad \log. 1,04 = 0,0170333.$

On a donc

$$n = \frac{0,3640139}{0,0170333} = 21 \text{ ans } 4 \text{ mois } 13 \text{ jours.}$$

738. *En vue de laisser à sa veuve et à ses enfants un capital d'une certaine importance, un père de famille âgé de 45 ans contracte une assurance sur la vie; il dispose d'une somme de 6 000 fr. qu'il donne pour acquitter la prime unique, il paye en outre 10 fr. pour la police. A cet âge, on donne 51f,13 de prime unique pour 100 fr. de capital assuré. 3 ans après l'assurance, ce père de famille vient à mourir. Combien ses héritiers doivent-ils à sa prévoyance? On sait d'une part qu'il aurait pu faire valoir le montant de la somme versée à 4,50 $^0/_0$ et à intérêt composé, et de l'autre, que la Compagnie lui a servi à 4 $^0/_0$ les intérêts de la prime proprement dite à partir du commencement de la seconde année, et que ces intérêts auraient pu être placés immédiatement, par le père de famille, à 4,50 $^0/_0$ à intérêt composé.*

Rép. 5 391f,30.

Le père de famille a versé 6 010f. Après 3 ans, cette somme serait devenue entre ses mains,

$$6\,010 \times (1,045)^3.$$

Si l'on désigne cette valeur par A, on a

$$A = 6\,010 \times (1,045)^3$$

$$\begin{aligned} \log. 6\,010 &= 3,7788745 \\ 3 \log. 1,045 &= 0,0573489 \\ \hline \log. A &= 3,8362234 \\ A &= 6\,858^f,40. \end{aligned}$$

Il a reçu de la Compagnie en intérêt pendant 2 ans

$$60{,}00 \times 4 = 240^{f}.$$

Le 1er intérêt valait à la mort du chef de famille $240 \times (1{,}045)^2$.
Le 2e — — — — $240 \times (1{,}045)$.
Si l'on désigne la somme de ces valeurs par A', on a

$$A' = 240 \times (1{,}045)^2 + 240 \times 1{,}045 = 240 \times 1{,}045\,(1{,}045 + 1)$$

$$A' = 240 \times 1{,}045 \times 2{,}045\,:$$

$$\begin{aligned} \log.\ 240 &= 2{,}3802112 \\ \log.\ 1{,}045 &= 0{,}0191163 \\ \log.\ 2{,}045 &= 0{,}3106933 \\ \log.\ A' &= 2{,}7100208 \\ A' &= 512^{f}{,}90. \end{aligned}$$

En réalité le père de famille n'a donc versé à la Compagnie que

$$6\,858^{f}{,}40 - 512^{f}{,}90 = 6\,345^{f}.50.$$

Si l'on désigne par x ce que ses héritiers ont reçu, il est évident qu'on a

$$\frac{x}{6\,000} = \frac{100}{51{,}13}\,;$$

d'où

$$x = \frac{100 \times 6\,000}{51{,}13} = 11\,734^{f}{,}80.$$

Par suite de l'assurance faite par son chef, la famille a donc gagné

$$11\,734^{f}{,}80 - 6\,345{,}50 = 5\,391^{f}{,}30.$$

TABLE DES MATIÈRES.

RÉCAPITULATION.

Paris. — Imp. E. Capiomont et V. Renault, 6, rue des Poitevins.

Notions de chimie, par C. Harabcourt, ancien élève de l'École de Cluny, agrégé des sciences physiques appliquées, professeur au lycée Corneille de Rouen.

Première et deuxième année. 1 volume in-8, broché . . . . . . 2 »

Cours de troisième année, par le même. 1 volume in-8, broché . . . 2 [illegible]

Cours de quatrième année, par le même. 1 volume in-8, broché . . . [illegible]

Leçons élémentaires de chimie, à l'usage des élèves des écoles normales d'institutrices, des classes supérieures des pensionnats de demoiselles et des jeunes personnes qui se préparent aux examens du brevet supérieur, par le même. 1 volume in-8, broché. . . . 2 »

Géométrie descriptive, traité élémentaire théorique et pratique conforme aux programmes officiels d'enseignement secondaire spécial, *troisième et quatrième année*, et de l'enseignement secondaire classique, contenant de nombreuses applications aux ombres, à la coupe des pierres, à la coupe des bois, au levé des plans, au nivellement et à la perspective, par MM. Thery-Canonville, ingénieur civil, ancien élève de l'École centrale, et Félicien Girod, ancien élève de l'École de Cluny, agrégés de l'Université, professeurs au lycée de Rouen.

Cours de troisième année, renfermant de nombreuses figures sur fond noir intercalées dans le texte. 1 volume in-8, broché. 2 50

Cours de quatrième année, par les mêmes. 1 volume in-8, broché. . 3 50

Géométrie élémentaire, exposée dans ses applications au dessin linéaire et à la mesure des surfaces et des volumes, à l'usage de l'enseignement primaire de tous les degrés, et des aspirants et aspirantes au brevet de capacité, par M. Bovier-Lapierre. 1 v. in-12, cart. . 1 60

La Géométrie simplifiée, à l'usage des écoles primaires, par le même. 1 vol. in-12, cart. . . . . 70 c.

Leçons nouvelles de mécanique rédigées conformément au programme du baccalauréat ès sciences et de l'École de Saint-Cyr, par M. Gand, ingénieur des arts et manufactures, ancien élève de l'École centrale, professeur de mathématiques. 1 volume in-8, br. . . . 3 50

Traité de mécanique théorique et pratique, contenant toutes les questions renfermées dans le programme de l'enseignement spécial, par le même.

Cours de troisième et quatrième année. 1 volume in-8, broché . . . . 3 »

Morceaux choisis des prosateurs et des poëtes français depuis la formation de la langue jusqu'à nos jours, avec Notices biographiques, Jugements littéraires extraits des meilleurs critiques, Rapprochements, Imitations, Notes explicatives, par Léo Ducros, professeur de l'Université. 1 beau vol. in-12 de plus de 600 pages, cart. . 3 »

Tenue des livres mise réellement à la portée de tous d'après une méthode ingénieuse et pratique, par M. Alexandre Assier, chef d'institution et auteur de plusieurs ouvrages classiques. *Deuxième édition*, revue et corrigée. 1 volume in-12, cartonné. . . . . 1 »

Boîte *monétaire auxiliaire à la méthode* . . . . 3 »

Paris. — Impr. E. Capiomont et V. Renault, rue des Poitevins, 6.

BIBLIOTHEQUE NATIONALE DE FRANCE

www.ingramcontent.com/pod-product-compliance
Ingram Content Group UK Ltd.
Pitfield, Milton Keynes, MK11 3LW, UK
UKHW020302230726
13925UKWH00001B/174